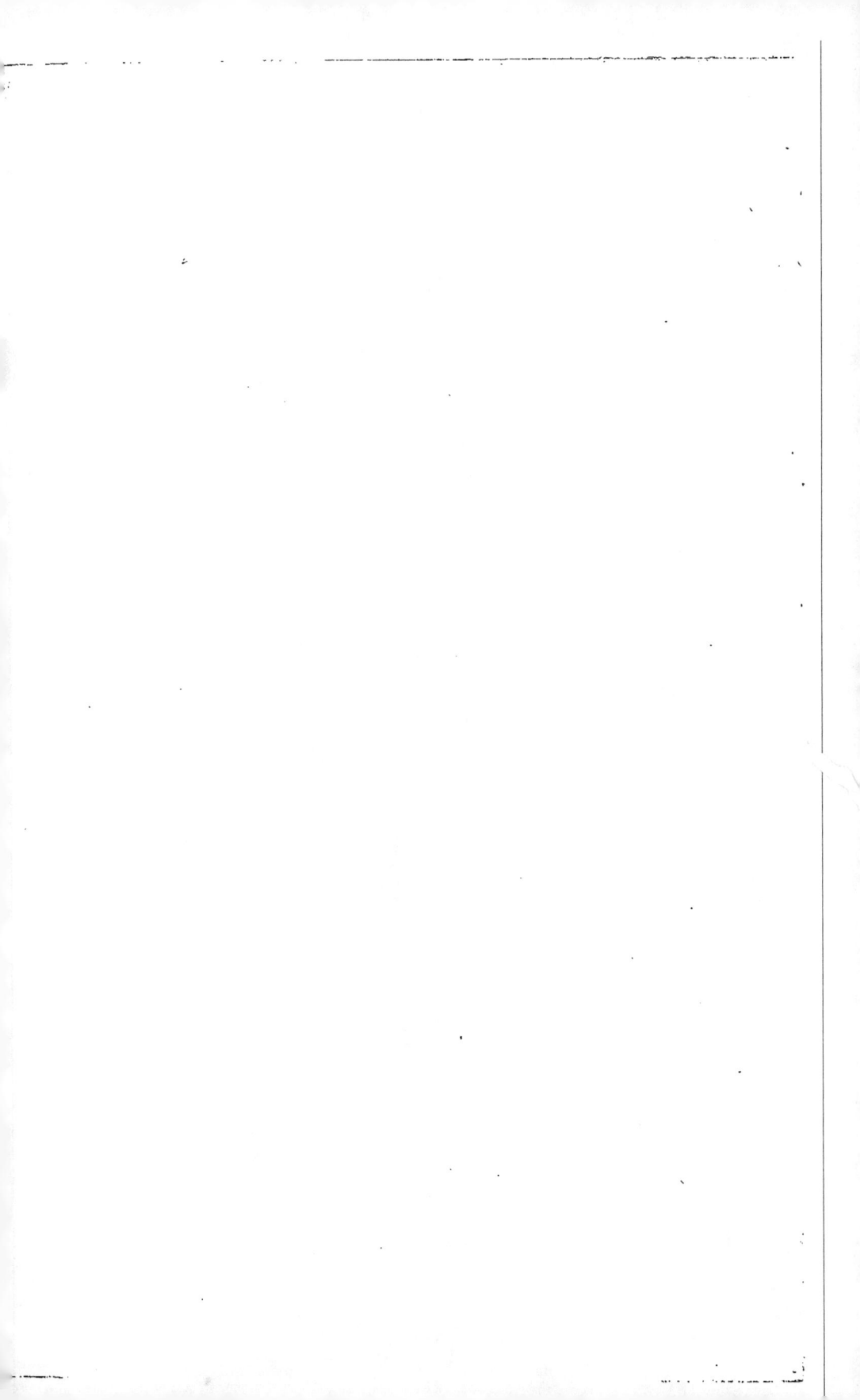

S

Ii

ÉTUDES PALÉONTOLOGIQUES

Association typographique lyonnaise. — Regard, rue Tupin, 34

ÉTUDES PALÉONTOLOGIQUES

SUR LES

DÉPOTS JURASSIQUES

DU

BASSIN DU RHONE

PAR

EUG. DUMORTIER

DEUXIÈME PARTIE

LIAS-INFÉRIEUR

AVEC 50 PLANCHES

PARIS

F. SAVY, ÉDITEUR

LIBRAIRE DES SOCIÉTÉS GÉOLOGIQUES & MÉTÉOROLOGIQUES DE FRANCE

24, RUE HAUTEFEUILLE

—

JANVIER 1867.

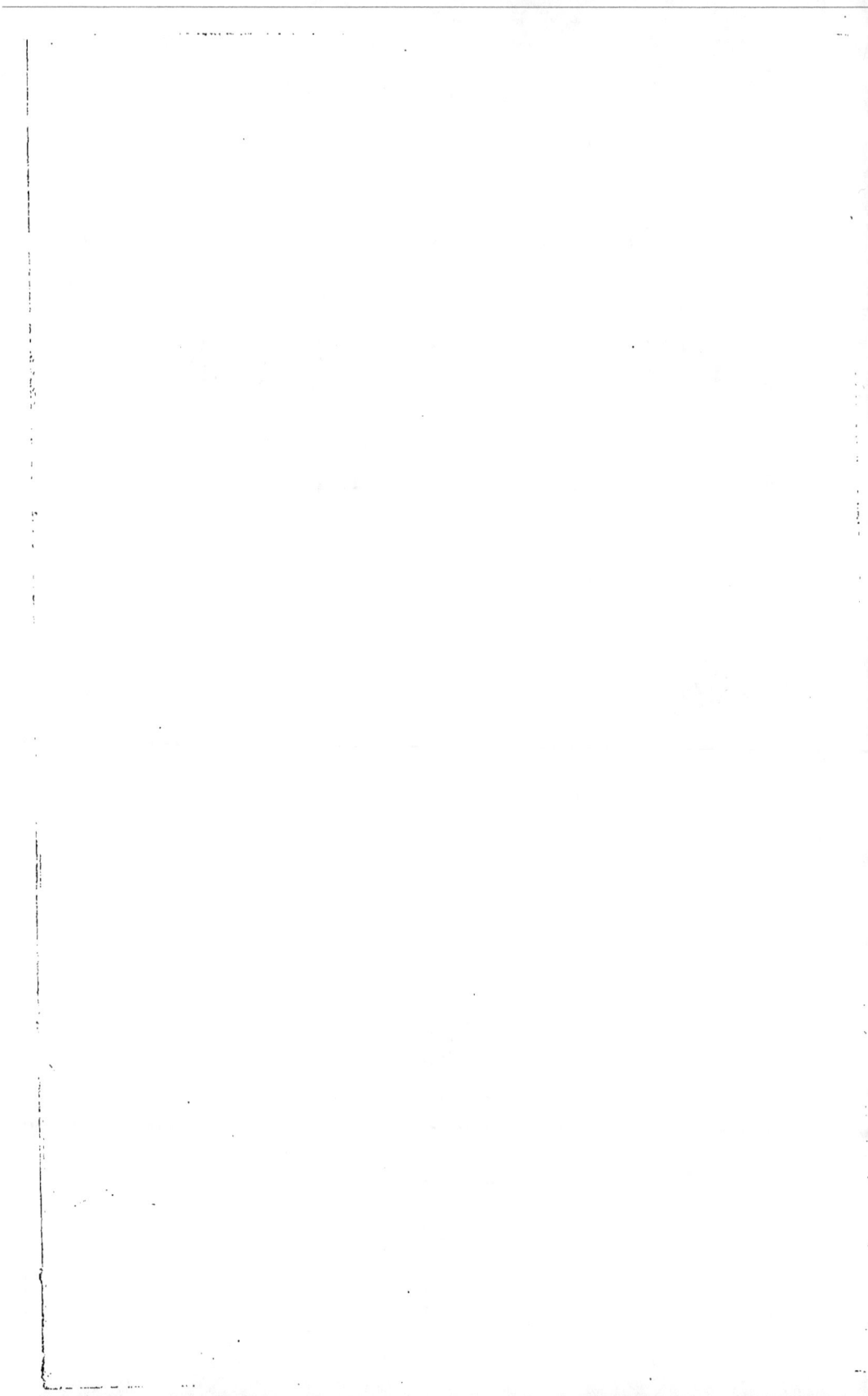

ÉTUDES PALÉONTOLOGIQUES

DÉPOTS JURASSIQUES

DU BASSIN DU RHONE

DEUXIÈME PARTIE. — LIAS.

Le lias qui paraissait, il y a peu d'années encore, former un tout compact, dans lequel on pouvait à peine distinguer trois horizons différents, a laissé voir une composition bien autrement compliquée, lorsque des observations plus détaillées et plus générales, en même temps, eurent appris à mieux le connaître.

Ainsi les terrains que l'on comprenait sous le nom de lias nous ont déjà fourni l'étage entier de l'infrà-lias, avec ses trois subdivisions, étage qui a fait le sujet de la première partie de ces études; et cependant, même après ce démembrement, il est impossible d'étudier ce qui reste de ces terrains, sans y reconnaître au moins six zones ou niveaux superposés, parfaitement caractérisés chacuns par des fossiles spéciaux.

Ces six zones, prises ensemble, forment l'étage du lias proprement dit, et peuvent se grouper deux par deux pour former ce que l'on est convenu d'appeler : lias inférieur, lias moyen et lias supérieur. En désignant chacune de ces zones par le nom du fossile le plus caractéristique, ce qui est la méthode la plus simple et la plus sûre, nous aurons donc dans l'étage du lias, en distribuant ces niveaux dans l'ordre naturel :

Zone de l'ammonites opalinus. }
Zone de l'ammonites bifrons. } lias supérieur.

Zone du pecten œquivalvis. }
Zone du belemnites clavatus. } lias moyen.

Zone de l'ammonites oxynotus. }
Zone de l'ammonites Bucklandi } lias inférieur.

Ces six différentes zones, que je ne fais pas plus nombreuses afin de ne pas multiplier les subdivisions, montrent cependant elles-mêmes, pour la plupart, plusieurs niveaux différents qui se retrouvent, avec une grande régularité de superposition, partout où le lias a été étudié avec soin; je m'efforcerai, pour tous les fossiles, d'indiquer ces niveaux toutes les fois que cela sera possible.

Le lias, au nord comme au midi, dans le *bassin du Rhône*, paraît être en stratification concordante avec l'infrà-lias. Il est à remarquer, de plus, que ce dernier étage ne manque presque jamais partout où se montre le lias inférieur; le *département du Jura*, cependant, fait exception; car, dans un grand nombre de localités des environs de *Lons-le-Saunier*, où les calcaires du lias inférieur sont bien développés, les deux zones à *ammonites angulatus* et à *ammonites planorbis* manquent, et l'on trouve immédiatement au-dessous du calcaire à gryphées, les couches supérieures de la zone à *avicula contorta,* zone qui présente un remarquable développement dans cette région. A peine peut-on voir, dans quelques gisements, au contact inférieur des premières *gryphées,* une épaisseur de calcaire bleuâtre, grisâtre d'un mètre environ où l'on rencontre les fossiles qui caractérisent la partie la plus supérieure de la zone à *ammonites angulatus.*

Je n'entre pas ici dans les détails sur la nature minéralogique des couches du lias, leur épaisseur, leurs relations; en abordant la description de chaque subdivision, je ne manquerai pas, avant de parler des fossiles, de signaler les faits les plus importants au point de vue de la géologie.

Cette seconde partie comprendra le lias inférieur seulement, c'est-à-dire la zone de l'*ammonites Bucklandi* et la zone de l'*ammonites oxynotus*. J'espérais d'abord pouvoir réunir dans ce volume l'étude de tout l'étage du lias, mais il m'a été bientôt démontré que ce projet ne pouvait pas se réaliser, et que, malgré mes efforts pour ne rien admettre d'inutile, la description seule des fossiles du lias inférieur demanderait un nombre de pages et sutout un nombre de planches déjà trop considérable.

J'avais annoncé dans la première partie, publiée en 1864, qu'une liste générale des fossiles paraîtrait à la fin de l'ouvrage. — Le long retard qu'a subi la publication de la seconde partie et l'abondance des matériaux m'engagent à donner cette liste dès aujourd'hui : l'on trouvera donc, à la fin de la deuxième partie, une table de tous les fossiles dont il a été question, soit dans la première partie, *infrà-lias*, soit dans la seconde partie, *lias inférieur*.

Avant d'entrer en matière, qu'il me soit permis de témoigner ici ma reconnaissance aux géologues qui ont bien voulu me communiquer les échantillons qu'ils avaient recueillis dans le bassin du Rhône et, de la sorte, concourir avec moi à l'étude de nos fossiles jurassiques. Je dois, à la complaisance de M. Desplaces de Charmasse, d'Autun, quelques-uns des types de sa belle collection ; MM. Albert Falsan et Locard ont été aussi généreux ; enfin, M. Edmond Pellat n'a pas craint de se priver, pendant longtemps, d'une partie de ses échantillons, pour m'aider à décrire des espèces remarquables que je n'aurai pas pu trouver ailleurs.

Je n'oublierai pas non plus la bienveillance avec laquelle M. Jourdan m'a permis d'observer et de comparer les fossiles de la collection *Victor Thiollière*, qui est réunie maintenant au Musée de la ville de Lyon. — Je dois aussi, à mon ami M. Louis Pillet, de Chambéry, de précieuses données sur le jurassique de la Savoie. Que ces Messieurs reçoivent ici mes plus sincères remercîments.

LIAS INFÉRIEUR.

Le lias inférieur, dans les départements du Rhône, de l'Ain, de Saône-et-Loire et du Jura, offre un ensemble de couches solides très-régulier, où tous les fossiles décrits au même niveau en Angleterre et en Allemagne, se montrent ave une concordance remarquable; mais, au midi de Lyon, l'allure de la formation se modifie, les épaisseurs des dépôts, leur nature minéralogique, subissent de grands changements et si quelques coquilles caractéristiques se retrouvent encore, l'ensemble de la faune cependant semble indiquer une mer différente pour ces dépôts méridionaux.

Le lias inférieur reste certainement, malgré cela, un des terrains qui conservent le plus uniformément, dans toutes les contrées où on a pu l'étudier, les mêmes caractères d'ensemble et les mêmes fossiles; — je ne connais que le petit dépôt du *Bone bed* qui, par son aspect caractéristique et ses fossiles si semblables sur les points les plus éloignés, puisse lutter, sous ce rapport, avec l'horizon du calcaire à gryphées.

Le lias inférieur n'a, sur aucun point, une grande épaisseur et varie peu pour la nature des roches; — partout, à la base, on trouve des calcaires durs, sublamellaires, grisâtres ou bleuâtres qui passent à d'autres calcaires jaunes blanchâtres ou jaunes rougeâtres, en général moins durs et moins compacts dans la zone supérieure.

Malgré cette uniformité dans les caractères de la roche, on y trouve plusieurs niveaux marqués par des fossiles différents; — les ammonites, surtout, y forment deux groupes séparés, aussi importants par le nombre que par la variété des espèces. Par leurs formes caractéristiques et la régularité de leurs positions, ces ammonites ont rendu facile la division du lias inférieur en deux zones parfaitement distinctes : la plus inférieure est celle de l'ammonites Bucklandi.

Lias inférieur.

ZONE DE L'AMMONITES BUCKLANDI

Cette subdivision la plus profonde, du lias inférieur, correspond à la partie supérieure du *blue lias* des géologues anglais, à la partie supérieure aussi du *lias alpha* de Quenstedt : c'est le *calcaire à gryphées arquées* (pars) de MM. Dufrenoy et Elie de Beaumont; enfin, c'est encore la partie moyenne de l'*étage siné-murien* de d'Orbigny.

La difficulté pratique, très-grande quelquefois, de distinguer la *gryphæa arcuata* de la *gryphæa obliqua*, qui lui succède dans la zone supérieure, a fait préférer au nom de zone à *gryphæa arcuata*, celui de zone de l'*ammonites Bucklandi*, parce que cette ammonite, très-abondante partout et très-caractéristique de ce niveau, ne permet aucune confusion.

La zone de l'*ammonites Bucklandi*, qui n'a pas une épaisseur considérable, ne contient pas non plus un grand nombre d'espèces fossiles; mais la constance remarquable des caractères minéra-logiques, la profusion avec laquelle certaines espèces sont amon-celées, dans toutes les contrées où le lias inférieur est à découvert, en ont fait un des horizons les plus sûrs, et par là même un des plus importants des terrains jurassiques.

Dans le centre du bassin du Rhône et dans les innombrables carrières des départements du Rhône et de Saône-et-Loire, la zone de l'*ammonites Bucklandi* est formée par une série de calcaires durs, sublamellaires, d'un gris plus ou moins foncé, en couches solides de 12 à 40 centimètres, à peine séparées par de très-minces feuillets de marnes; — ces calcaires, toujours exploités à ciel ouvert, fournissent des pierres de taille assez bonnes, mais dont la qualité varie beaucoup suivant les bancs. Dans la petite région montagneuse, connue sous le nom de Mont-d'Or lyonnais, on compte plus de 40 de ces bancs, exploités dans les calcaires du lias inférieur et connus chacun par un nom spécial. L'on peut voir, dans un ouvrage d'histoire naturelle déjà ancien (1), et qui contient des détails intéressants, que ces calcaires, avec la dénomination de tous les bancs, dont l'auteur donne la liste détaillée, étaient déjà connus dans le pays, il y a plus d'un siècle. Il est bien remarquable qu'à une époque où l'idée de l'ancienneté relative et de la superposition des couches était encore en germe, un observateur se soit rencontré qui, à l'aspect des carrières de *Saint-Fortunat*, ait su reconnaître que ces couches passaient sous les couches les plus profondes des carrières de *Couzon*; — cet observateur était l'ingénieur Perrache, dont les grands travaux devaient bientôt changer l'aspect de la ville de Lyon. Voici, en effet, la phrase que l'on peut lire dans l'ouvrage d'Alléon-Dulac (tome 2, page 116) :

« Les carrières de Saint-Fortunat fournissent la plus excellente « qualité de pierre de tout le Mont-d'Or; la direction de ses « lits fait penser à M. Perrache, que la superficie passe au- « dessous des endroits les plus fouillés de Saint-Romain et de « Couzon. »

Or, comme les couches inférieures de *Saint-Romain* et de *Couzon* appartiennent au lias supérieur, il en résulte que le niveau des calcaires (lias moyen et inférieur) de Saint-Fortunat et leurs relations géologiques sont très-nettement indiqués dans l'observation de Perrache, et ce qui ajoute au mérite de l'observateur, c'est que le lias de *Saint-Fortunat* est placé à une altitude qui dépasse de 100 mètres celle de l'oolite de *Couzon*, exploitée au niveau de la Saône, et que les deux gisements sont séparés par un intervalle de plusieurs kilomètres, circonstances qui augmen-

---

(1) *Mémoires pour servir à l'Histoire naturelle des provinces du Lyonnais, Forez et Beaujolais*, par Alléon-Dulac, in-12, Lyon, 1765. — 2 volumes.

taient la difficulté. Il ne faut pas oublier que cette observation de géologie stratigraphique a été faite avant l'année 1764.

La zone à *ammonites Buckandi* est liée par sa base aux calcaires durs avec grains de quarz, dans lesquels se trouve l'*ammonites angulatus* : le passage se fait par un ou deux petits bancs dans lesquels on rencontre une grande quantité de *cardinia* et de *lima* en fragments ; — elle se termine en haut, au-dessous des couches calcaires de même nature, où paraissent tout-à-coup *belemnites acutus*, *pentacrinus tuberculatus*, *terebratula cor* et les petites ammonites spéciales qui forment, sur un grand nombre de points, un horizon si constant au-dessous des couches à ammonites *stellaris* et *obtusus*.

L'épaisseur de la zone, dans la région qui se rapproche de Lyon, forme un ensemble qui ne dépasse pas 13 mètres. En remontant vers le nord, les carrières offrent à peu près les mêmes bancs, plutôt moins nombreux et l'épaisseur du total est aussi moins forte ; dans le midi, où je n'ai visité qu'un nombre de points assez restreint, la séparation du lias inférieur en deux zones, m'a paru moins facile à faire ; à la Croisée-de-l'Argentière (Ardèche), les calcaires inférieurs, en bancs minces, sont entremêlés de couches de marnes bleuâtres foncées ; les gryphées arquées sont là nombreuses comme partout à ce niveau, mais une autre coquille, la *lucina liasina*, abonde tellement que le nombre des individus n'est pas inférieur à celui des gryphées.

M. Emilien Dumas (1) a estimé à 300 mètres le calcaire à gryphées du département du Gard ; mais les listes des fossiles qu'il donne pour cet ensemble de couches, prouvent qu'il com-comprend le lias tout entier, même la zone supérieure à *ammonites radians*. Je crois, néanmoins, que la partie du lias inférieur qui correspond à notre zone à *ammonites Bucklandi*, arrive dans le Gard à une épaisseur plus grande que dans nos contrées ; comme les ammonites y sont des plus rares, il est presque impossible d'y trouver les limites des subdivisions.

***

(1) *Bulletin de la Société géologique*, 2ᵉ série, tome 3ᵉ, 1846, page 602.

Dans les environs d'Alais, que j'ai pu étudier, le lias inférieur paraît former une masse de couches uniformes, de calcaires gris clairs, ou peu foncé, qui ne permet pas de reconnaître le passage de la zone inférieure à la zone supérieure ; — les fossiles y sont presque tous silicifiés ; — il en est de même pour le lias inférieur de *Meyranne*, près de *Saint-Ambroix ;* — les mêmes calcaires se retrouvent dans les environs d'Anduze, de Saint-Hippolyte et d'une foule de localités de la Provence.

La contrée qui environne *Antun* , *Nolay* et *Couches*, où nous verrons la zone supérieure du lias inférieur si bien dévoloppée et si riche en fossiles, ne montre, pour la zone inférieure, qu'un ensemble peu important et dont l'épaisseur m'a paru au-dessous de 5 mètres en moyenne.

Les fossiles de la zone à *ammonites Bucklandi*, si l'on excepte les gryphées, se trouvent toujours à l'état de moules calcaires ; et comme la gangue qui les contient est des plus dures, les échantillons sont pour la plupart incomplets ou en fragments ; aussi les ammonites si importantes de cette subdivision sont loin d'être classées d'une manière satisfaisante, et cette difficulté subsistera tant que l'on ne pourra pas les étudier sur de bons échantillons.

La faune si intéressante des gastéropodes de petite taille, que nous avons étudiée dans la division supérieure de l'*infrà-lias*, manque ici tout à coup, et ce fait seul suffirait pour marquer un changement profond dans la nature et les circonstances des deux dépôts ; — en effet, si l'on excepte les gros pleurotomaires dont les moules se rencontrent assez souvent, les gastéropodes, dans la zone à *ammonites Bucklandi*, sont d'une rareté extrême et si l'on en voit encore figurer quelques espèces sur nos listes, l'extrême rareté de ces fossiles leur enlève toute importance ; leur présence dans ces couches n'est, pour ainsi dire, qu'un accident.

L'un des traits les plus saillants que nous aurons à noter est l'absence presque complète, dans la zone inférieure, de tout l'embranchement des animaux rayonnés ; quelques débris très-rares de pentacrinus et de cidaris font à peine exception.

Quoique l'on remarque une grande ressemblance entre les gisements, pour l'ensemble des fossiles, il y a cependant des contrées où tel genre est plus abondant ou manque tout à fait ; ces variations locales se retrouvent partout et s'accordent bien avec ce que l'on observe pour les dépôts des mers actuelles. Ainsi, par exemple, les carrières des environs de *Palinges* et de *Génelard* (Saône-et-Loire) n'offrent presque pas de brachiopodes ; les pentacrines et les bélemnites y sont aussi des plus rares et cependant le reste des fossiles n'offre aucune différence, avec ceux des carrières des autres régions du même département.

Dans la liste des localités qui va suivre, je ne signale que les gisements les plus connus et les plus rapprochés des communications ; il y a une foule de points, indépendamment de ceux indiqués, où l'on peut étudier dans le bassin du Rhône, la zone à *ammonites Bucklandi*.

DÉTAILS SUR LES GISEMENTS.

ZONE DE L'AMMONITES BUCKLANDI.

Saint-Cyr (Rhône). — Village sur le versant sud du Mont-d'Or lyonnais. — Nombreuses carrières.

Saint-Didier (Rhône). — Village du Mont-d'Or, près de Saint-Cyr. — Nombreuses carrières.

Saint-Fortunat (Rhône). — Village du Mont-d'Or, dépendant de la commune de Saint-Didier. — Très-importantes et nombreuses carrières.

Poleymieux (Rhône). — Village près des points culminants du Mont-d'Or. — Carrières.

La Glande. — Ferme et ancien four à chaux, commune de Poleymieux. — Carrières.

Limonest (Rhône). — Carrières à l'est.

Pommiers (Rhône). — Village près de Villefranche. — Carrières.

Limas (Rhône). — Village près de Villefranche. — Carrières.

Dardilly (Rhône). — Village sur la pente ouest du Mont-d'Or. — Carrières.

Marcy (Rhône). — Village près d'Anse. — Carrières.

Bully (Rhône). — Village près de l'Arbresle. — Carrières.

Bois-d'Oingt (Rhône). — Carrières et murs de clôture.

Ville-sur-Jarnioux (Rhône). — Village près de Villefranche. — Carrières.

Moiré — (Rhône). — Village près de Villefranche. — Carrières.

Cogny (Rhône). — Carrières, murs dans les vignes.

Belmont (Rhône). — Village près de l'Arbresle. — Carrières.

Villebois (Ain). — Carrières à l'ouest.

Saint-Rambert (Ain). — Carrières près de l'église, carrières au-dessus du Chapou.

Pannessières (Jura). — Prés de Lons-le-Saunier.

Saint-Thiébaud (Jura). — Canton de Salins.

Féchaux (Jura). — Près de Lons-le-Saunier.

Solutré (Saône-et-Loire). — Près de Mâcon,

Berzé-le-Châtel (Saône-et-Loire). — Carrières.

Sainte-Hélène (Saône-et-Loire). — Canton de Buxy. — Carrières.

Saint-Jean-de-Vaux (Saône-et-Loire). — Canton de Givry. — Carrières.

Saint-Denis-de-Vaux (Saône-et-Loire). — Canton de Givry. — Carrières.

Jambles (Saône-et-Loire) — Canton de Givry. — Carrières.

Péronne (Saône-et-Loire). — Canton de Lugny. — Carrières.

Génelard — (Saône-et-Loire). — Canton de Toulon-sur-Arroux. — Nombreuses carrières.

Clomot (Côte-d'Or). — Canton d'Arnay-le-Duc. — Carrières et murs de clôture.

Liernais (Côte-d'Or). — Plusieurs carrières : l'infrà-lias y est fort beau et bien développé.

Nolay (Côte-d'Or). — Plusieurs carrières.

Curgy (Saône-et-Loire). — Près d'Autun. — Nombreuses carrières.

Borgy (Saône-et-Loire). — Canton de Dezize. — Carrières.

Saint-Sernin-du-Plain (Saône-et-Loire). — Carrières.

Drevain — Près de Couches. (Saône-et-Loire). — Carrières.

Sivry — Commune de Saizy, canton d'Epinac. (Saône-et-Loire). — Carrières.

Saint-Quentin (Isère). — Près de La Verpillière. — Carrières.

Saint-Michel-en-Maurienne (Savoie) — Le pas du roc, près de la rivière.

Digne (Basses-Alpes).

Aix (Bouches-du-Rhône).

Privas (Ardèche).

La Cride (Var). — Près de Bandol.

Cuers (Var). — Chemin de Valcros. — Carrières.

Saint-Nazaire (Var),

Meyranne (Gard). — Près de Saint-Ambroix, dans les vignes.

Uzer (Ardèche). Près de l'Argentière. — Carrières.

La Croisée (Ardèche). — Près de l'Argentière.

La Meillerie — (Haute-Savoie). — Canton d'Évian. — Carrière de Maupas.

LISTE DES FOSSILES DE LA ZONE A AMMONITES BUCKLANDI.

Ichthyosaurus communis (de la
    Bèche) . . . . *r.* Saint-Fortunat, Dardilly.
Ichthyodorulites. . . . . . *rr.* Saint-Fortunat.
Acrodus nobilis (Agassiz) . . *rr.* Saint-Fortunat.
Nautilus striatus (Sowerby). . *c.* Saint-Fortunat, Saint-Cyr, Poley-
    mieux, Curgy, Saint-Rambert.
Ammonites Bucklandi (Sowerby) *cc.* Partout.
Ammonites bisulcatus (Bru -
    gnière) . . . . *c.* Saint-Fortunat, Lissieu, Limonest,
    Poleymieux, Cogny, Berzé-le-
    Châtel, Saint-Jean-de-Vaux,
    Sivry, Sainte-Hélène, Meyranne.
Ammonites Conybeari (Sowerby). *cc.* Saint-Fortunat, Poleymieux, Li-
    monest, La Glande, Saint-Jean-
    de-Vaux, Aix (Bex valais, gale-
    rie de fondement, d'après d'Or-
    bigny)
Ammonites rotiformis (Sowerby). *rr.* Sivry.
Ammonites aureus (E. Dumort.) *r.* Saint-Didier, Carrière du Montillet.
Ammonites Gmündensis (Oppel). *c.* Saint-Fortunat, Saint-Cyr, Limo-
    nest, Poleymieux.
Ammonites Falsani (E. Dumort.) *r.* Saint-Fortunat.
Ammonites spiratissimus (Quens.)   Saint-Fortunat, Limonest, Poley-
    mieux, Bois-d'Oingt, Féchaux.
Ammonites Arnouldi (E. Dum.). *r.* Saint-Fortunat, Saint-Cyr, Limo-
    nest, Clomot.
Ammonites Charmassei (d'Orbig.) *r.* Drevain, Clomot.
Ammonites geometricus (Oppel). *cc.* Partout, Villebois, Pannessière,
    Borgy, Saint-Michel (le Pas-du-
    Roc).

Ammonites Scipionianus (d'Orb.) *rr.* Saint-Didier, Nolay, Curgy, Borgy,
                                    Clomot, Mont-de-Lans, Salins.

Ammonites Davidsoni (d'Orbig.) *rr.* Drevain.

Chemnitzia nuda (Chapuis et
        Dewalque) . . . . . . *r.* Belmont.
Turritella Meyrannensis (Dum.). *rr.* Meyranne.
Turitella geometrica (E. Dumort.) *rr.* Sivry.
Orthostoma terebrans (E. Dum.) *rr.* Drevain.
Orthostoma Drevaini (E. Dum.) *rr.* Drevain.
Trochus geometricus (E. Dum.) *rr.* Sivry.
Trochus glaber (Koch et Dunker). *rr.* Saint-Fortunat.
Turbo diadematus (E. Dumort.). *rr.* Drevain.
Phasianella Æduensis (E. Dum.) *r.* Drevain, Sivry, Nolay.
Pleurotomaria lapicida (E. Dum.) *r.* Saint-Fortunat, Dardilly.
Pleurotomaria similis (Sower. Sp) *r.* Saint-Fortunat, Poleymieux.
· *Pleurotomaria rotundata* (Müns-
        ter in Goldfuss) . . . . *rr.* La Glande.
Pleurotomaria Rotellæformis
        (Dunker) . . . . . . *r.* Drevain, Sivry.
Pleurotomaria Expansa (Sow. Sp) *rr.* Sivry.

Pholadomya ventricosa (Agas. Sp) *rr.* Saint-Fortunat, Drevain.
Pholadomya glabra (Agassiz), . *cc.* Saint-Fortunat , Saint - Germain ,
                                    Pommiers, Ville-sur-Jarnioux ,
                                    Nolay, Sivry.
Pholadomya fortunata (E. Dum.) *r.* Saint - Fortunat , Saint- Germain ,
                                    Meyranne.
Pleuromya liasina (Schübler Sp.
        in Goldfuss) . . . . . *r.* Saint-Fortunat, Limonest.
Pleuromya crassa (Agassiz) . . *rr.* Limonest.
Pleuromya striatula (Agassiz) . *c.* Saint-Fortunat, Saint-Germain, La
                                    Glande, Limas, Pommiers, Saint-
                                    Sernin-du-Plain.
Pleuromya Charmassei (E. Dum.) *rr.* Sivry.

Pleuromya Berthaudi (E. Dum.) *r.* Nolay, Borgy.

Goniomya rhombifera(Goldfuss.) *rr.* Drevain.

Saxicava. . . . . *r.* Saint-Fortunat, Pommiers.

Cardinia copides (de Ryckolt). *c.* Saint-Fortunat, Poleymieux,Berzè-le-Châtel, Sivry.

Cardinia philea (d'Orbigny) . *r.* Drevain.

Cardinia crassiuscula (Sower. Sp) *c.* Saint-Fortunat, Poleymieux, Cogny, Drevain, Génelard.

Cardinia Listeri (Sowerby Sp.). La Glande.

Cardinia concinna (Sowerby Sp.) *r.* Poleymieux.

Cardinia sulcata (Agassiz) . . *r.* Limonest.

Cardinia hybrida (Sowerby Sp.) Sivry, Saint-Didier, Poleymieux.

Lucina liasina (Agassiz Sp.). . Saint-Fortunat, Drevain, Sivry, Uzès, Croisée-de-l'Argentière.

Pinna folium (Young et Bird) . *r.* Saint-Fortunat, Limonest.

Pinna Hartmanni (Zieten), . . *r.* Saint-Fortunat, Marcy, Jambles.

Myoconcha scabra (Terquem et Piette) . . . . Saint-Fortunat, Cogny, Limonest, Poleymieux, Drevain.

Mytilus Morrisi (Oppel) . . . Saint-Fortunat, Saint-Germain, Cogny, Belmont, Drevain.

Mytilus glabratrus (Dunker Sp.) *r.* Drevain.

Lima punctata (Sowerby Sp.) . *c.* Saint-Fortunat, Saint-Cyr, Pommiers, Cogny, Solutré.

Lima gigantea (Sowerby Sp.) . *cc.* Partout.

Lima succincta (Schlotheim Sp) *c.* Saint-Fortunat, Saint-Cyr, Saint-Germain,Limonest, Poleymieux, Saint-Jean-de-Vaux, Solutré.

Lima pectinoïdes (Sowerby Sp.) *cc.* Saint-Fortunat, Saint-Cyr, Saint-Germain, Saint-Didier,Limonest, Poleymieux, Belmont, Solutré, Génelard, Saint-Jean-de-Vaux, Sivry, Drevain.

Lima charta (E. Dumortier). . *rr.* Drevain.

Lima stigma (E. Dumortier). . *rr.* Drevain.

Avicula sinemuriensis (d'Orbig.) *r.* Saint-Fortunat,

Perna infraliasica (Quenstedt). *r.* Cogny, Drevain, Génelard.

Perna Pellati (E. Dumortier)   . *rr.* Drevain.

Pecten Hehli (d'Orbigny).   .   . *cc.* Saint - Fortunat , Saint - Didier, Saint-Cyr, Dardilly, Limonest, Poleymieux , Bully , Belmont, Cogny, Nolay, etc.

Pecten textorius (Schlotheim). *c.* Saint-Fortunat, Saint-Didier, Dardilly, Limas, Belmont, Poleymieux , Cogny, Limonest , Dardilly, Bully , Croisée-de-l'Argentière, Génelard.

Pecten sabinus (d'Orbigny).   . *r.* Saint-Fortunat, Pommiers.

Pecten acutiradiatus (Münster in Goldfuss) . . . . . . *r.* Saint-Fortunat, Clomot.

Harpax Sarcinulus (Münster in Goldfuss) . . . . . *rr.* Saint-Cyr.

Gryphœa arcuata (Lamarck).   . *cc.* Partout.

Ostrea irregularis (Münster in Goldfuss) . . . . . . Belmont, Saint-Fortunat, Limonest, Ville-sur-Jarnioux , Meyranne, Saint-Sernin, Drevain.

Ostrea arietis (Quenstedt). .   . *r.* Poleymieux, Drevain.

Ostrea electra (d'Orbigny). .   . *rr.* Saint-Fortunat, Villefranche.

Terebratula basilica (Oppel).   . *r.* Saint-Cyr.

Terebratula gregaria (Suess).   . *r.* La Meillerie.

Terebratula subpunctata(Davids.) *r.* Saint-Cyr, Saint-Fortunat , Dardilly.

Rhynchonella variabilis(Schlot.) *r.* Cogny, Belmont.

Rhynchonella calcicosta (Quenstedt Sp.) . . . . *r.* Féchaux, Nolay, Liernais.

Spiriferina Walcotti(Sowerby S.) *c.* Saint-Fortunat , Saint-Cyr, Limonest, Dardilly, Cogny, Nolay.

Spiriferina pinguis(Sowerby Sp.) *r.* Belmont, Liernais.

Cidaris . . . . *rr.* Belmont, Dardilly.

Pentacrinus scalaris (Goldfuss). *r.* Saint-Fortunat , Saint-Cyr, Saint-Germain, Féchaux.

Neuropora mamillata (E. de Fro.) *r.* Saint-Fortunat, Saint-Germain, Poleymieux, Jambles, Génelard, Cuers.

Neuropora hispida (Terquem et Piette) . . . . *rr.* Saint-Fortunat, Limonest.

Eryma Falsani (E. Dumortier.) *rr.* Saint-Didier, Saint-Fortunat.

Bois fossile . . . . *rr.* Saint-Fortunat.

DÉTAILS SUR LES FOSSILES DE LA ZONE A AMMONITES BUCKLANDI.

Ichthyosaurus communis (DE LA BÈCHE).

1822. De la Bèche et Conybeare, — *Transact. geol. society,* page 117.

Des débris de l'*Ichthyosaurus communis* ont été trouvés dans les calcaires à *Griphœa arcuata* des carrières de Saint-Fortunat et de Dardilly.

Des ossements, des vertèbres, des dents, appartenant soit à l'*Ichthyausorus communis*, soit à d'autres espèces du même genre, ont été rencontrés assez souvent à ce niveau ; malheureusement, la roche qui les entoure est d'une telle dureté qu'il est presque impossible d'obtenir des échantillons qui permettent de déterminer les espèces avec quelque sécurité ; — les dents trouvées sont toujours fortement striées en long.

Localités : Saint-Fortunat, Dardilly. *r.*

Ichthyodorulites........

(Pl. 1. fig. 1, 2, 3 et Pl. XV. fig. 9.)

Dimensions : longueur, 110 millim.; largeur moyenne. 20 millim.; épaisseur moyenne, 14 millim.

Les traces de poissons sont excessivement rares dans la zone inférieure. Ce n'est pas sans hésitation que je rapporte à un Ichthyodorulite le fragment que j'ai fait figurer pl. I, fig. 1, de grandeur naturelle; — ce fragment vient des couches inférieures des carrières de Saint-Fortunat; c'est une portion d'un cylindre déprimé et cannelé, pourvu en long de 10 à 11 sillons, sur lesquels on peut encore reconnaître, çà et là, des traces de stries dirigées dans le même sens. — La partie opposée à la face que présente la fig. 1 laisse voir un indice de dépression longitudinale; — l'échantillon n'est que la continuation d'une partie plus longue et plus importante qui a été perdue par le maître tailleur de pierre qui l'avait trouvée : les deux sections *a b*, prises aux extrémités *a b* du fragment, donnent une idée de sa forme.

Malgré sa forme déprimée, qui paraît s'éloigner de celle que l'on remarque ordinairement, il me semble que l'on doit ranger ce fossile parmi les débris de ces grands rayons osseux, connus sous le nom d'*Ichthyodorulites*. Sa coupe et la largeur des cannelures m'empêchent de le rapporter à aucune des espèces déjà décrites.

On trouvera, pl. XV, fig. 9, une empreinte de grandeur naturelle qui provient d'une autre carrière, toujours de la même localité de Saint-Fortunat et qui offre beaucoup de rapports avec le fragment figuré pl. I.

      Localité : Saint-Fortunat. *rr*.

      Explication des figures : Pl. I, fig. 1, *Ichthyodorulite* de Saint-Fortunat, de grandeur naturelle; fig. 2 et 3, coupes transversales du fragment; pl. XV, fig. 9, empreinte d'un autre fragment, aussi de Saint-Fortunat. De ma collection.

Acrodus nobilis (AGASSIZ).

1836. Agassiz, *Poissons*, tome III, p. 145, pl. 21.

Très-rare, un seul échantillon, des calcaires inférieurs de Saint-Fortunat.

Nautilus striatus (SOWERBY).

1813. Sowerby, *Mineral Conchology*, pl. 182.
1842. D'Orbigny, *Paléontologie française. Jurassique*, p. 148, pl. 25.

Le *Nautilus striatus* se rencontre assez communément dans la zone à *Ammonites Bucklandi*, mais en mauvais état et toujours à l'état de moules calcaires.
Localités : Saint-Cyr, Saint-Fortunat, Poleymieux, Curgy, Saint-Rambert.

Ammonites Bucklandi (SOWERBY).

1816. Sowerby, *Miner. conch.*, pl. 130.
1830. Von Buch, *Berlin. Akad.*, pl. 3, fig. 1.

L'*Ammonites Bucklandi*, de Sowerby, forme une espèce bien séparée de l'*Ammonites bisulcatus* : ses côtes sont plus fortes, plus cintrées, moins nombreuses, et ne portent aucune trace de tubercules; sa bouche, plus ou moins arrondie, n'est pas coupée carrément comme celle de l'*Ammonites bisulcatus*; il est surprenant que d'Orbigny ait réuni les deux espèces en une seule.

malgré toutes ces différences; probablement, la grande ressemblance des lobes l'avait fait passer sur la discordance des formes extérieures. Giebel, qui fait la même confusion, remarque que la figure de Sowerby ne porte que 23 côtes, au dernier tour, et que jamais ce nombre si restreint ne se présente dans la pratique ; mais il ne faut pas perdre de vue, quand il s'agit des figures de Sowerby, que la plupart du temps ces figures ne sont que les images réduites de très-grands exemplaires, dont l'auteur anglais ne donne jamais le rapport proportionnel avec les dessins : omission qui peut mener aux plus fâcheuses erreurs. Or, les échantillons d'*Ammonites Bucklandi* de 60 centimètres ne portent pas plus de 23 à 24 côtes sur le dernier tour.

Après la *Gryphœa arcuata*, c'est la coquille la plus importante de la subdivision inférieure du lias inférieur; — elle se retrouve partout à ce niveau, sans jamais se rencontrer dans les zones qui sont au-dessous ou au-dessus.

L'*Ammonites Bucklandi* a donc été choisie à juste titre pour donner son nom à la zone dont elle forme ainsi le type caractéristique; — il faut remarquer pourtant qu'elle ne se montre pas dans les couches supérieures où commence à se faire voir l'*Ammonites geometricus*.

Localités : Partout. *cc.*

Ammonites bisulcatus (Bruguière).

(Pl. II, fig. 1 et 2, et pl. III, fig. 1, 2 et 3.)

1789. Bruguière, *Am. bisulcata.*, *Encycl. méthod.*, vers. 1, p. 39, fig. Lister, *Hist. lapid.*, pl. 6, fig. 3.
1825. Sowerby, *Am. multicostatus*, *Mineral. Conch.*, pl. 454.
1842. D'Orbigny, *Am. bisulcatus*, *Paléont. franc. Jurassique*, pl. 43.

Cette ammonite se rencontre presque partout, quelquefois

en très-gros fragments ; cependant elle est moins commune que l'*Ammonites Bucklandi*.

Les côtes, moins larges et plus droites que celles de cette dernière, portent toujours un tubercule marqué près du dos et sont aussi plus nombreuses. Les lobes n'offrent pas de différence appréciable avec ceux de l'*Ammonites Bucklandi*.

La figure donnée par d'Orbigny, pl. 43, est très-fidèle et peut être prise pour le type de l'espèce. Le fragment que j'ai fait figurer pl. II, fig. 1, montre bien le caractère des ornements pour un assez grand exemplaire; la fig. 2 (même planche) représente une partie du même échantillon, vu par-dessous, et portant l'empreinte du tour précédent.

L'échantillon figuré pl. III, s'écarte du type ordinaire par la forme des tours : il a le dos moins carré que dans le plus grand nombre des cas. Cette ammonite a été trouvée à *Cogny*, dans les couches les plus inférieures; si l'on compare cette figure à celle qu'a donnée Oppel (*Mittheilungen* pl. 40, fig. 1, *a b c*.), sous le nom d'*Ammonites Deffneri*, l'on sera frappé de la ressemblance: la taille même s'accorde, mais les lobes sont tout à fait différents, comme il est facile de s'en assurer en comparant la fig. 3 de la pl. III, avec celle que donne Oppel. Il est très-singulier de trouver, au même niveau précisément, deux ammonites dont la forme extérieure et les ornements sont aussi semblables, et qui cependant sont aussi profondément séparées par le dessin des lobes.

L'*Ammonites bisulcatus* semble n'être pas aussi rigoureusement cantonnée dans le lias inférieur que l'*Ammonites Bucklandi*. J'ai déjà mentionné, dans la première partie de ces Études, p. 115, que je l'avais rencontrée, très-rarement il est vrai, dans la partie tout à fait supérieure de la zone à *Ammonites angulatus*. On pourrait donc la regarder comme prenant naissance à un niveau très-rapproché des premières couches du lias inférieur, mais cependant appartenant encore à l'infrà-lias.

Localités : Saint-Fortunat, Lissieu, Limonest, Cogny,

Berzé-le-Châtel, Saint-Jean-de-Vaux, Sivry, Sainte-Hélène, Meyranne. *cc.*

Explication des figures : Pl. II, fig. 1, fragment d'*Ammonites bisulcatus* de grandeur naturelle, de Sainte-Hélène; fig. 2, vue du même en dessous du tour. Pl. III, fig. 1, 2 et 3, ammonite de Cogny, de grandeur naturelle. De ma collection.

Ammonites Conybeari (SOWERBY).

1816. Sowerby, *Miner. Conch.*, pl. 131.
1830. Zieten, *Ammonites Bucklandi*, pl. 27, fig. 1.
1842. D'Orbigny, *Ammonites Conybeari*, pl. 50.

Rien n'est plus difficile que de fixer les limites exactes de cette espèce, qui paraît varier beaucoup pour le nombre et l'importance de ses côtes. Il est rare de la trouver aussi comprimée que dans la figure que donne d'Orbigny; quant à celle que donne Zieten, pl. 26, fig. 2, sous le nom d'*Ammonites Conybeari*, elle appartient certainement à une autre espèce.

L'*Ammonites Conybeari* ressemble à l'*Ammonites Bucklandi*, mais ses tours sont plus étroits, coupés moins carrément, ses côtes moins élevées; — elle se distingue de l'*Ammonites Gmündensis* par la forme de ses tours, aussi épais vers le dos que près de l'ombilic et qui sont d'ailleurs moins élevés.

On ne la rencontre qu'à l'état de moule calcaire et dépouillée de son test.

Localités : Saint-Fortunat, Poleymieux, Limonest, La Glande, Aix (Bex, Valais, galerie de Fondement, d'après d'Orbigny). *c.*

Ammonites rotiformis (SOWERBY).

1824. Sowerby, *Mineral. Conchol.*, pl. 453.
1842. D'Orbigny, *Jurass.*, pl. 89.

Cette espèce, des mieux caractérisées, est malheureusement

très-rare dans le lias inférieur du bassin du Rhône ; elle appartient à la partie inférieure de la zone.

Ses ornements sont assez rapprochés de ceux de l'*Ammonites bisulcatus*, mais il est impossible de la confondre avec celle-ci, dont les tours sont beaucoup plus larges et l'ombilic plus étroit.

Localité : Sivry. *rr*.

Ammonites aureus (Nov. Spec.).

(Pl. I, fig. 4, 5 et 6.)

Testa discoidea, inflata, carinata, dorso lato, bisulcato; carina lata obtusa; anfractibus compressis; lateribus convexis, costatis; costis æqualibus, ad umbilicum prominentibus, superne latis et tuberculatis; apertura subquadrata, sinuata.

Dimensions : Diamètre, 105 millim., par rapport au diamètre, largeur du dernier tour, 34/100 ; épaisseur du dernier tour, 29/100 ; ombilic, 42/100.

Coquille peu comprimée, robuste, dos large pourvu d'une quille large, ronde, peu élevée (sur le moule) accompagnée de deux sillons larges arrondis, peu profonds ; ornée en travers, sur le dernier tour de 26 côtes saillantes, plus étroites que les sillons qui les séparent ; très-saillantes sur l'ombilic, elles s'abaissent tout à coup aux deux derniers tiers de leur développement, puis prennent, avant d'arriver en haut du tour, un fort tubercule presque aigü qui se porte en avant. Malheureusement, sur mon échantillon, on ne peut voir comment se fait le recouvrement des tours.

Les lobes, dessinés d'après mon échantillon et un peu grossis, pl. I, fig. 6, montrent les plus grands rapports avec ceux de l'*Ammonites bisulcatus* ; — mais les proportions de ma coquille, et les lois de son accroissement sont tellement différentes qu'il me paraît impossible de la réunir à cette espèce. En effet, l'on peut voir, dans les nombres donnés ci-dessus, que pour l'*Ammonites aureus* l'ombilic ne mesure que 42/000 du diamètre, tandis que dans l'*Ammonites bisulcatus*, il mesure 57/000 ; — les autres dimensions présentent des différences aussi considérables ; — l'abaissement remarquable des côtes, au-dessous des tubercules, me paraît aussi un caractère spécial ; je me vois donc forcé d'inscrire cette ammonite sous un nouveau nom, quoique je ne la connaisse que par un seul échantillon qui n'est pas dans un très-bon état.

Localité : Saint-Didier, carrière du Montillet. *rr*.

Explication des figures : Pl. I, fig. 4, *Ammonites aureus* de Saint-Didier, de grandeur naturelle ; fig. 5, bouche de la même ; fig. 6, lobes grossis 1 fois 1/2. De ma collection.

Ammonites Gmündensis (OPPEL).

(Pl. V, fig. 3, 4, 5 et pl. VII, fig. 1 et 2.)

1856. Oppel, *Die Juraformation. In Jahreshefte des Vereins für vaterl. Naturk. in Würtemberg.* 12 *Jahrgang, p.* 200. n° 18.

L'*Ammonites Gmündensis* qu'Oppel a fort judicieusement séparée de l'*Ammonites Bucklandi*, en diffère surtout par la forme de ses tours qui, au lieu d'être carrée et aussi large vers le dos que près de l'ombilic, est fort rétrécie vers leur partie supérieure. — Il en résulte que la carène et les sillons sont moins importants, que les côtes, à partir du bord des sillons, descendent obliquement jusqu'au bas des tours, par un angle arrondi ; — les côtes sont aussi marquées plus faiblement en approchant du dos et s'arrondissent en avant.

Les lobes sont bien ceux des *arietes*, on en trouvera deux dessins de grandeur naturelle, pl. V, fig. 5, et pl. VII, fig. 1 ; le lobe dorsal, très-long, contraste avec le premier lobe latéral qui reste, au contraire, très-court et un peu oblique; mais le trait principal est l'allongement considérable de la selle latérale.

Voici les proportions que me donne un exemplaire de Saint-Fortunat, jeune et à côtes serrées : Diamètre, 152 millim.; largeur du dernier tour, 23/100; épaisseur moyenne, 21/100; ombilic, 59/100; — on compte, sur le dernier tour, 53 côtes.

L'*Ammonites Gmündensis* se montre un peu plus haut que l'*Ammonites Bucklandi*, mais au-dessous cependant des premières couches de la zone supérieure.

Localités : Saint-Fortunat, Saint-Cyr, Poleymieux, Limonest. *c.*

Explication des figures : Pl. V, fig. 3 et 4, fragment d'*Ammonites Gmündensis*, de Poleymieux, de grandeur naturelle; fig. 5, lobes de la même, de grandeur naturelle. Pl. VII, fig. 1 et 2, fragment de la même, de Saint-Fortunat, aussi de grandeur naturelle. De ma collection.

Ammonites Falsani (Nov. Species).

(Pl. IV, fig. 1 et 2.)

Testa compressa, dorso carinato concavo, carina acuta, sulcis profundis limitata; anfractibus quadratis, compressis; costis rectis, eminentibus ad peripheriam intumescentibus, apertura subquadrata, superne cornuta.

Dimensions : Diamètre, 210 millim.; largeur du dernier tour, 27/100; épaisseur, 22/100; ombilic, 52/100.

Grande coquille, comprimée dans son ensemble, carénée, spire composée de tours carrés, plus hauts qu'épais, très-faiblement arrondis sur les flancs, et se recouvrant à peine; le dernier porte 39 côtes rectilignes, étroites, très-saillantes, moins larges que les intervalles qui les séparent. Ces côtes, très-fortement marquées dès l'ombilic, s'élèvent encore davantage

en arrivant en haut du tour, dépassent notablement le niveau
de la quille, et se portent obliquement en avant en formant un
angle droit. Le dos large, carré, et même un peu concave
en dessus, est muni d'une forte carène coupante, mais à base
très-large. De chaque côté de cette quille, un large et profond
sillon arrondi la sépare des angles extérieurs, qui sont saillants,
larges et fortement crénelés ; tous ces détails ne s'appliquent
qu'au moule intérieur, car l'échantillon décrit, fort beau, du
reste, et bien conservé, n'a plus son test.

Lobe dorsal très-long et compliqué ; selle dorsale peu élevée ;
selle latérale énorme : les deux lobes latéraux, larges et compliqués, descendent à peu près aussi bas l'un que l'autre : les cloisons sont au nombre de 19 dans le dernier tour, qui est muni de
ses lobes jusqu'à l'extrémité.

Cette belle espèce, qui paraît fort rare, ne peut être rapprochée
que de l'*Ammonites, hungaricus*, de M. de Hauer (*ueber die Cephalopoden aus dem Lias der nordostl. Alpen, pl. IV, in Denk. d. K. Akad.
d. Wiss.*) Mais, chez cette dernière, le dos, bien plus étroit, porte
une quille ronde : et les sillons qui l'accompagnent sont étroits et
profonds et ses côtes rondes. De plus, enfin, la selle dorsale
de l'*Ammonites hungaricus* est incomparablement plus élevée que
celle de l'*Ammonites Falsani*.

Un seul exemplaire de Saint-Fortunat, de la collection de M. Albert Falsan.

Explication des figures : Pl. IV, fig. 1, *Ammonites Falsani*,
de Saint-Fortunat, de grandeur naturelle, avec les lobes :
le lobe dorsal, que l'on ne peut voir, descend jusqu'au
point marqué L D ; fig. 2, le même vu du côté du dos.
Collection de M. A. Falsan.

Ammonites spiratissimus (QUENSTEDT).

1852. Quenstedt, *Handbuch der Petrefaktenkunde*, p. 353.
1856. V. Hauer, *Ueber die Cephalopod.* p. 18, pl. 3, fig. 1, 2, 3.

J'inscris sous ce nom une très-grande ammonite que j'ai recueillie dans le lias inférieur du Bois-d'Oingt (Rhône) ; elle a 290 millim. de diamètre; largeur du dernier tour, 21/100; épaisseur, 19/100 ; ombilic, 65/100.

Les côtes, au nombre de 48 sur le dernier tour, sont très-saillantes et dirigées en avant; la carène aiguë, saillante, avec une large base, n'est pas accompagnée de sillons. On compte 10 tours.

J'inscris encore, sous le même nom, un fragment très-bien conservé que j'ai rapporté de Féchaux (Jura). Sa forme diffère de celle donnée par *Quenstedt*, et s'accorde, au contraire, avec celle figurée par *V. Hauer*, avec cette différence que la quille de mon échantillon est très-saillante, que les sillons latéraux et les côtes sont très-fortement marqués, enfin, que la forme des tours est plus déprimée.

En résumé, l'*Ammonites spiratissimus* me paraît une espèce assez mal déterminée et un peu indécise ; il serait à désirer, qu'à l'aide de bons échantillons, on puisse en donner une description plus précise et plus détaillée.

Localités : Saint-Fortunat, Limonest, Poleymieux, Bois-d'Oingt, Féchaux.

Ammonites Arnouldi (Nov. Spec.).

(Pl. V, fig. 1, 2, pl. VI, fig. 1 à 6.)

Testa compressa, carinata, transversim costata ; anfractibus subquadratis, lateribus convexiusculis ; costis subrectis, acutis ; carina angusta, acuta, prominente, sulcis profundis atque latis limitata.

Dimensions : diamètre, 110 millim.; largeur du dernier tour, 17/100; épaisseur, 16/100.

Un autre individu, très-grand : diamètre, 274 millim.; largeur du dernier tour, 18/100; épaisseur, 19/100; ombilic, 71/100.

Grande espèce à tours très-nombreux, portant, au dernier tour, 59 à 60 côtes aiguës, presque coupantes (l'échantillon n'est qu'un moule calcaire). Ces côtes sont droites, également saillantes sur toute la largeur du tour et séparées par des sillons arrondis, plus larges qu'elles-mêmes. Elles se portent en avant en approchant du dos, et, dans les grands individus, se portent également en avant contre l'ombilic.

Les proportions et le nombre des côtes varient peu avec la taille; cependant les tours, qui sont un peu comprimés au diamètre de 120 millim., deviennent, au contraire, légèrement déprimés à 275 millim. (la fig. 2, pl. V, n'a pas tout à fait la largeur qu'elle devrait avoir); les tours très-nombreux se recouvrent à peine.

Le dos porte une quille très-mince et très-saillante, accompagnée de deux sillons arrondis et profonds. Dans les grands exemplaires, la carène, toujours presque coupante, dépasse très-peu les côtés extérieurs. Les lobes ne peuvent pas se distinguer sur mes échantillons.

Cette belle espèce, fort rare, ne peut être confondue avec l'*Ammonites Conybeari*, dont elle est fort rapprochée par la forme d'ensemble : mais les côtes de l'*Ammonites Arnouldi* sont de véritables plis coupants, beaucoup plus saillants et plus nombreux que ceux de l'*Ammonites Conybeari*; la quille ne peut pas se comparer, étant beaucoup plus aiguë.

Elle diffère de l'*Ammonites geometricus* par le nombre de ses côtes, qui ne sont pas rigoureusement droites, mais qui s'infléchissent en avant, en haut et en bas du tour; d'ailleurs, l'ombilic de l'*Ammonites Arnouldi* est plus grand, sa quille et ses sillons sont infiniment plus développés.

L'*Ammonites Arnouldi* se montre dans les couches supérieures de la zone, peut-être au même niveau que l'*Ammonites geometricus*, ou bien à un niveau très-rapproché.

Localités : Saint - Cyr, Saint - Fortunat, Limonest, Clomot. *r.*

Explication des figures : Pl. V, fig. 1 et 2, *Ammonites Arnouldi,* de Saint-Fortunat, de la collection de M. Arnould Locard. Pl. VI, fig. 1, 2, 3 et 4, fragment de la même, de Saint-Fortunat, de ma collection, de grandeur naturelle ; fig. 5 et 6, autre de Saint-Cyr, de la collection de M. A. Falsan.

Ammonites Charmassei (D'ORBIGNY).

(Pl. XVII, fig. 1 à 4.)

1842. D'Orbigny, *Paléontologie française. Jurassique,* p. 296, pl. 91 et 92.

Les carrières du lias inférieur de Drevain (Saône-et-Loire) ont fourni à M. E. Pellat plusieurs beaux échantillons de l'*Ammonites Charmassei,* de tailles très-différentes. Le plus grand, qui arrive au diamètre de 225 millim., montre ses lobes très-profondément découpés, jusqu'à la fin du dernier tour; d'après cela, cet exemplaire devait atteindre à une très-grande taille.

D'Orbigny remarque que l'*Ammonites Charmassei* est très-variable suivant l'âge; — on peut ajouter de plus qu'il y a deux types, dont l'un, plus renflé que l'autre, est muni de côtes plus grosses. Voici les proportions exactes des trois échantillons de M. Pellat et qui tous portent leur test :

Il faut noter qu'ils proviennent tous les trois de la même carrière.

Diamètre	20 1/2 mil.	76 mil.	225 mil.
Largeur du dernier tour par rapport au diamètre.	36/100	45	47
Epaisseur du dernier tour.	31	25	21
Ombilic	34	23	22
Nombre des côtes vers le dos	44	52	78

On voit, par ces mesures, que l'*Ammonites Charmassei*, en grandissant, se comprime et devient plus enveloppante.

L'échantillon figuré pl. XVII, fig. 1 et 2, quoique d'une taille très-rapprochée de celle de l'ammonite dont d'Orbigny donne le dessin, pl. 91, fig. 3 et 4, montre des différences notables; — il est moins comprimé, les côtes plus nombreuses, moins marquées et moins rectilignes : chaque côte, en quittant l'ombilic se partage en deux ou en trois; — cette division ne s'opère pas pour toutes les côtes, à la même distance de l'ombilic, mais cependant toujours avant le milieu du tour : arrivées aux trois quarts de la largeur, les côtes deviennent très-régulières, peu saillantes, arrondies et bien plus larges que les intervalles; le tout est couvert de petites lignes d'accroissement : les tours tombent dans l'ombilic par un contour moins anguleux que celui indiqué par les figures de la *Paléontologie française*.

On remarquera que le petit exemplaire, figuré pl. XVII, fig. 3 et 4, se rapproche beaucoup de l'*Ammonites lacunatus* de la zone supérieure, avec lequel on pourrait le confondre ; mais en examinant avec attention, on voit que l'*Ammonites lacunatus* a les côtes plus nombreuses et beaucoup plus portées en avant; la forme est aussi plus comprimée; — enfin, l'on ne rencontre jamais l'*Ammonites lacunatus* de grande taille, et ses plus grands spécimens n'arrivent pas au diamètre de 30 millim.

L'*Ammonites Charmassei* se montre encore, peut-être, dans la partie inférieure de la zone supérieure; mais je n'ai pas encore pu constater le fait d'une manière certaine.

Localités : Clomot, Drevain. *rr.*

Explication des figures : Pl. XVII, fig. 1 et 2, *Ammonites Charmassei* de Drevain, de grandeur naturelle; fig. 3 et 4, autre exemplaire de Drevain, de grandeur naturelle, de la collection de M. Ed. Pellat.

Ammonites geometricus (OPPEL).

(Pl. VII, fig. 3 à 8.)

1856. Oppel, *Die Juraformation*, p. 199, n° 16.
1863. U. Schloenbach, *Ueber neue und weniger bekannte Jurassische Ammoniten*, p. 9, pl. 1, fig. 3. (*Abdruck aus Palæontographica*, XIII , Band.)

Dimensions : Diamètre, 70 millim. ; largeur du dernier tour, 21/100; épaisseur, 19/100; ombilic, 61/100.

Coquille comprimée, carénée, régulière, composée de tours carrés, mais plus haut qu'épais, se recouvrant en contact, ornés en travers de 30 à 40 côtes saillantes, coupantes, absolument rectilignes, un peu plus fortes vers le dos, où elles se portent brusquement en avant par un angle droit et se perdent en arrivant contre le sillon : carène étroite, coupante, saillante, accompagnée de deux sillons étroits, plus ou moins profonds, comme on peut le voir par les deux figures 4 et 8 ; — la forme déprimée et munie de côtes plus nombreuses, fig. 6, 7 et 8, est beaucoup plus rare que l'autre. Ainsi, l'on doit regarder la forme comprimée à côtes éloignées, fig. 3 et 4, comme le type le plus important et la variété déprimée, fig. 6, 7 et 8, comme une forme extrême et beaucoup moins ordinaire.

Les lobes, dessinés très-fidèlement, fig. 5, pl. VII, ne s'accordent pas très-bien pour les détails avec ceux que donne M. Schloenbach : les lobes latéraux paraissent descendre moins bas dans les échantillons français ; — la grande loge semble occuper à peu près un tour entier de la coquille.

Oppel explique (*loc. cit.*) qu'il n'a pas tenu compte de l'*Ammonites geometricus* de Phillips (*Geology of Yorkshire*, pl. 14, fig. 9), parce que cette espèce est basée sur une erreur matérielle, le géologue anglais ayant donné, sous ce nom, le dessin d'une ammonite du lias moyen, partie supérieure, de l'*Ammonites spinatus*. Oppel ajoute qu'il emploie ici ce nom de *geometricus* parce qu'il sert ordinairement pour désigner des ammonites à quille coupante. M. Schloenbach assure que la plupart des échantillons étiquetés *Ammonites Kridion* qu'il a pu examiner dans la collection de d'Orbigny, sont de véritables *Ammonites geometricus*; — cette circonstance explique l'omission du vrai *geometricus* dans la *Paléontologie française*.

L'*Ammonites geometricus* appartient à la partie supérieure de la zone à *Ammonites Bucklandi* et commence à 2 mètres environ au-dessous des bélemnites et des pentacrines qui accompagnent les premières petites ammonites de la zone supérieure; — c'est à ce niveau seulement et jamais plus bas qu'elle fait son apparition; nous verrons plus loin qu'elle se trouve, quelquefois mais beaucoup plus rarement, dans la zone de l'*Ammonites oxynotus*.

Cette ammonite, qui reste toujours de petite taille, est un des types les plus importants pour le lias inférieur; s'il est très-rare de rencontrer un spécimen entier, ses fragments ne manquent presque jamais, et, grâce à la forme si régulière de ses côtes, les plus petits débris se font reconnaître; aussi est-il étonnant que l'espèce ait été signalée si tardivement. Peut-être cela tient-il à la rareté des échantillons en bon état; ces échantillons ne sont, du reste, dans nos contrées, que des moules calcaires, comme pour toutes les ammonites de la zone inférieure.

On rencontre quelquefois, mais très-rarement, au même niveau que l'*Ammonites geometricus*, une ammonite très-semblable à celle-ci pour la forme et les ornements, mais dont les proportions sont différentes. Les tours grossissent plus rapidement; voici les dimensions que me donne cette variété, que j'ai rapportée de Nolay: diamètre, 100 millim.; largeur du dernier tour, 30 millim.; épaisseur, 27 millim.; ombilic, 47 millim.; les différences sont telles qu'il faudrait voir là une espèce nouvelle. La découverte d'autres échantillons pourra seule permettre de décider la question.

MM. Chapuis et Dewalque donnent (fossiles du Luxembourg, pl. 6, fig. 2) le dessin d'une ammonite qui ressemble beaucoup à l'*Ammonites geometricus*, mais la forme de la quille, épaisse et arrondie, est toute autre.

Localités : Villebois, Pannessières, Borgy, St-Fortunat et partout. *c*.

St-Michel-de-Maurienne (Valais), le Pas-du-Roc, couches supérieures vers la rivière. Collection de M. Pillet.

Explication des figures : Pl. VII, fig. 3, 4, 5, *Ammonites geometricus*, de Saint-Germain, de grandeur naturelle, les lobes grossis 2 fois, fig. 6, 7, 8, la même de Saint-Fortunat de grandeur naturelle. De ma collection.

Ammonites Scipionianus (D'ORBIGNY).

(Pl. VIII, fig. 1, 2, pl. IX, fig. 1.)

1842. D'Orbigny, *Jurassique*, p. 207, pl. 51, fig. 7, 8.
1858. Quenstedt, *Der Jura*, p. 69, pl. 8, fig. 1.

Dimensions : Diamètre, 137 millim.; largeur du dernier tour, 36/100; épaisseur, 21/100; ombilic, 40/100.

Aucune figure satisfaisante n'a été encore donnée pour l'*Ammonites Scipionianus ;* celle de d'Orbigny a été faite sur un exemplaire trop jeune; celle de Quenstedt n'est qu'un fragment. Le bel échantillon que j'ai fait représenter de grandeur naturelle, pl. VIII et IX, fait partie de la collection de M. Desplaces de Charmasse.

La coquille est fortement comprimée et carénée, pourvue d'une quille élevée, mais non coupante, et ornée, sur le dernier tour, de 32 côtes assez grosses et irrégulières; ces côtes, très-fortement marquées sur l'ombilic s'élèvent de là en ligne droite et s'infléchissent en avant, aux deux tiers de la largeur des tours, en diminuant d'épaisseur et se bifurquant quelquefois. Les tours ne sont pas recouverts à moitié par le tour suivant.

L'ombilic est profond, pour une ammonite aussi comprimée, et les tours y tombent perpendiculairement.

Les tubercules que l'on remarque dans les jeunes, à la partie déclive des tours, comme le dit d'Orbigny, manquent tout à fait dans l'ammonite adulte dont je donne la figure ; mais je me suis assuré qu'ils se montrent encore, d'une manière évidente, sur des échantillons de 90 millim. de diamètre ; c'est donc au diamètre de 100 millim., environ, qu'ils disparaissent, pour laisser ensuite la coquille avec des côtes plus effacées, dans cette partie-là, que partout ailleurs.

Il est à remarquer que la carène existe aussi bien sur le moule que dans les parties munies de leur test, et presque avec la même saillie : ce fait est directement contraire à ce que l'on observe dans d'autres espèces de formes analogues, l'*Ammonites Aballoensis*, par exemple : en effet, cette ammonite de la zone supérieure, comme on le verra plus loin, ne présente, sur le moule, qu'une trace peu marquée de sa carène qui, cependant sur la coquille, a la même importance que celle de l'*Ammonites Scipionianus* ; ce caractère sépare nettement les deux espèces.

Les lobes s'accordent bien avec le dessin que donne *Quenstedt*, pris sur un échantillon de *Gmünd*, de grandeur semblable aux nôtres (*Der Jura*, pl. 8, fig. 1). Les cloisons que j'ai pu compter sont au nombre de 18, par tour ; les lobes figurées pl. VIII, fig. 2, ont été dessinées de grandeur naturelle, d'après un moule très-bien conservé et de la même taille que l'ammonite figurée sur la même planche trouvée par moi à Nolay.

L'*Ammonites Scipionianus* se trouve à la partie supérieure de la zone, avec l'*Ammonites geometricus* et passe, mais rarement, dans les couches inférieures de la zone supérieure.

Localités : Saint-Didier, Nolay, Curgy, Borgy, Salins, Clomot (Mont-de-Lans, Isère, d'après M. Scipion Gras).

Explication des figures : Pl. VIII, fig. 1, *Ammonites Scipionianus*, des environs d'Avallon, de grandeur naturelle; fig. 2, lobes du même; pl. IX, fig. 1, le même échantillon vu du côté de la bouche.

Ammonites Davidsoni (D'Orbigny).

MM. Ed. Pellat a rencontré, dans les couches inférieures, à Drevain, avec les autres fossiles dont on verra la description quelques pages plus loin, un exemplaire très-beau de l'*Ammonites Davidsoni* (*Lævigatus*, Sowerby) de 22 millim. de diamètre.

C'est le seul échantillon de cette espèce que je connaisse de la zone inférieure; — comme il est pour tout très-semblable à ceux que fournit en grand nombre la première couche de la zone supérieure, je renvoi le lecteur, pour tous les détails qui concernent cette ammonite, à la description accompagnée de dessins, qu'il trouvera plus loin.

Comme l'on a trouvé déjà, dans les couches supérieures de l'infrà-lias, (dans la zone à *Ammonites angulatus*) une petite ammonite dont la forme est à peu près la même, il n'y a rien de surprenant à rencontrer au niveau de l'*Ammonites Bucklandi* un exemplaire de l'*Ammonites Davidsoni*, qui devient ensuite si abondante à quelques mètres plus haut, dans la zone supérieure.

Localité : Drevain. *rr*. De la collection de M. Ed. Pellat.

Chemnitzia nuda (Chapuis et Dewalque).

1 51. Chapuis et Dewalque, *Description des fossiles des terrains secondaires du Luxembourg*, p. 79, pl. 12, fig. 1.

Je n'ai à mentionner qu'un fragment très-semblable à celui figuré par MM. Chapuis et Dewalque, dans leur planche 12.

Localité : Belmont. *rr*. Des couches inférieures.

Turritella Meyrannensis. (Nov. Spec.).

(Pl. IX, fig. 3.)

L'échantillon que j'ai entre les mains n'est pas assez complet pour que je puisse donner la diagnose de l'espèce, mais les gastéropodes sont si rares, dans cette subdivision du lias, que je me suis décidé à l'inscrire et à le faire dessiner.

Diamètre, 37 millim.; hauteur du dernier tour, 25 millim.

Les tours convexes, arrondis, portent environ 15 stries ou plis longitudinaux, inégaux, plus petits et plus serrés sur les bords des tours.

Suture très-profonde; ombilic fermé, portant les traces d'une callosité.

     Localité : Meyranne. rr. De la collection des Frères Maristes de Saint-Genis-Laval.

     Explication des figures : Pl. IX, fig. 3, fragment de *Turritella Meyrannensis*, de Meyranne, de grandeur naturelle.

Turritella geometrica (Nov. Spec.).

(Pl. XVI, fig. 1, 2.)

Testa turrita, angulo spiræ 16°, anfractibus convexiusculis, lineis crebris longitudinaliter notatis, antice rotundatis; apertura :

Dimensions : Longueur calculée, 40 millim.; hauteur relative du dernier tour, 25/100 ; angle spiral, 16°.

Coquille allongée ; spire formée d'un angle régulier, composée de tours légèrement convexes, ornés en long de 20 lignes égales, serrées; le dessus du dernier tour est couvert de quelques lignes beaucoup plus espacées, suture bien marquée, sans être très-profonde.

Quoique beaucoup plus grande que la *Melania crassilabrata* (Terquem, *Fossiles du Luxembourg*, p. 256, pl. 14, fig. 13), elle montre de grands rapports de formes avec elle, mais son angle sutural est beaucoup plus ouvert que celui de la coquille d'*hettange* et la partie supérieure des tours moins arrondie.

Je l'ai recueillie, au niveau de l'*Ammonites geometricus*, dans les couches supérieures de la zone à *Ammonites Bucklandi*.

Localité : Sivry. *rr*.

Explication des figures : Pl. XVI, fig. 1, *Turritella geometrica* de Sivry, de grandeur naturelle; fig. 2, détails des ornements d'un tour, grossis. De ma collection.

Orthostoma Serebrans (Nov. Spec.).

(Pl. XVI, fig. 11.)

Testa ovato-oblonga; spira acuta; angulo..; anfractibus convexiusculis, nitidulis, inæqualibus crebrisque sulcis undique impressis, angulo acuto postice conspicuis; ultimo anfractu dimidiam cochleæ partem superante; apertura elongata, antice rotunda.

Dimensions : Longueur, 8 millim.; diamètre, 3 1/4 mill.

Coquille ovale, allongée, brillante; spire formée d'un angle régulier, composé de 5 tours fortement disposés en gradins, à peine convexes, couverts de sillons très-fins et inégaux. La partie inférieure des tours porte une carène anguleuse saillante.

Le dernier tour renflé, très-grand, est couvert partout de petits sillons inégaux; la bouche est grande, haute, très-arrondie en avant. L'échantillon, très-bien conservé, laisse voir, de plus, à la loupe, les lignes d'accroissement qui couvrent toute la coquille; le bord columellaire paraît simple sans épaississement.

Localité : Drevain. *rr.* Couches inférieures.

Explication des figures : Pl. XVI, fig. 11, *Orthostoma terebrans* de Drevain, grossi 4 fois. De la collection de M. E. Pellat.

Orthostoma Drevaini (Nov. Spec.).

(Pl. XVI, fig. 12.)

Testa ovato-cylindrata ; spira scalata, obtusa ; anfractibus cylindraceis, raris sulcis adornatis, postice angulosis, ultimo elato; tertiam testæ partem bis superante apertura; recta, postice perangusta.

Dimensions : Longueur, 9 millim. 1/2; diamètre, 4 3/4.

Coquille ovale, allongée, cylindrique; spire formée d'un angle convexe, composé de six tours en gradins, anguleux vers la suture, et ornés d'un petits sillon contre l'angle; le dernier tour cylindrique, allongé, dépasse les 2/3 de la longueur totale de la coquille. Il est brillant, marqué faiblement de 10 à 12 petites lignes également espacées.

Bouche allongée, un peu arrondie en haut, très-rétrécie en bas; bord droit sans inflexion.

Il est curieux de voir le genre *Orthostoma* se propager ainsi, depuis les couches du bone-bed, jusqu'au lias supérieur, sans interruption.

Localité : Drevain, *rr.* Couches inférieures.

Explications des figures : Pl. XVI, fig. 12, *Orthostoma Drevaini* de Drevain, grossi 4 fois. De la collection de M. E. Pellat.

Trochus glaber (Koch et Dunker).

1838. Koch et Dunker, *Beitrage zur Kenntnis des nordeutschen Oolithgebildes*, p. 24, pl. 1, fig. 12.
1850. D'Orbigny, *Jurass.*, p. 249, pl. 305, fig. 10 à 13.

Dimensions : Longueur, 5 millim.; diamètre, 4 millim. 3/4.

Parmi les gatéropodes si rares de cette zone, je mentionne ici une petite coquille lisse, laissant voir sept tours, que j'ai recueillie à Saint-Fortunat, dans les couches supérieures, c'est-à-dire au niveau de l'*Ammonites geometricus*. Je ne puis la séparer par aucun caractère essentiel du *Trochus glaber* (Koch et Dunker), avec cette remarque, pourtant, que le trochus de Saint-Fortunat se rapproche beaucoup plus de la figure donnée par d'Orbigny. Le dessus du dernier tour n'est pas plat comme dans le dessin des auteurs allemands, mais forme un bourrelet arrondi, très-convexe. Sur ce point, la figure de d'Orbigny est en opposition avec son texte.

Quoi qu'il en soit, notre espèce occupe une place tout autre dans le lias, que la coquille du *Hainberg* et de Fontaine-Etoupefour, qui se rencontre dans la partie supérieure du lias moyen.

Localité : Saint-Fortunat. *rr.* Dans la partie supérieure de la zone.

Trochus geometricus (Nov. Spec.)

(Pl. XVI, fig. 3 et 4.)

Testa conica ; spira angulo 46°; anfractibus subplanis, antice biangulosis, tuberculatis, transversim oblique costatis: ultimo externe plano, crebris lineis concentrice notato.

Dimensions : Longueur, 7 millim.; diamètre, 5 millim.

Coquille conique, plus haute que large, spire formée d'un angle régulier, composée de **7** tours très-peu convexes, ornés en bas, près de la suture, par **15** à **20** côtes arrondies, obliques en arrière, liées à autant de gros tubercules qui se trouvent en avant, sur la partie saillante des tours, puis, au-dessus, contre la suture, un autre rang de tubercules plus petits en nombre égal ; suture peu profonde, mais distincte.

Le dernier tour, plat en dessus, est couvert de lignes concentriques régulières, qui ne commencent qu'à une certaine distance du bord ; ombilic ?

Le *Trochus geométricus* est très-rapproché du *Trochus Perinianus* d'Orbigny (Jurass., pl. 310, fig. 12 et 13) du lias moyen. Cependant la forme de ce dernier est plus large et ses tubercules sont plus saillants.

Je ne connais qu'un exemplaire de ce joli trochus, du niveau de l'*Ammonites geometricus*.

Localité : Sivry. *rr.* De ma collection.

Explications des figures : Pl. XVI, fig. 3, *Trochus geometricus*, de Sivry, grossi 4 fois ; fig. 4, portion de la surface supérieure du dernier tour, grossi 4 fois.

Turbo diadematus (Nov. Spec.).

(Pl. **XVI**, fig. 13, 14.)

Testa rotunda, imperforata ; spira angulo 90°, anfractibus convexis, lœvigatis ; ultimo crista erecta adornato, columellam incrassante ; apertura subrotunda, depressa.

Dimensions : Longueur, 6 millim.; diamètre, 5 millim.; dernier tour un peu plus grand que le reste de la spire.

Coquille ronde, plus haute que large, spire formée d'un angle régulier, composée de tours ronds, lisses, très-convexes, ornés seulement de faibles lignes d'accroissement.

Au lieu d'ombilic, on remarque une forte callosité ou crête arrondie, arquée, en forme de diadème, qui s'élève extérieurement sur le tour en formant un angle droit ; cet appendice singulier, fort bien conservé dans l'unique échantillon que je connais, me paraît s'éloigner de toutes les formes déjà décrites. Cependant l'on trouvera, dans la première partie de ces Etudes (p. 133, pl. XX, fig. 13 et 14), une coquille, le *Trochus alatus*, qui se rapproche beaucoup de notre *Trochus diadematus* ; sa taille est la même, et tous deux présentent une expansion en crête sur le dernier tour, mais la coquille de l'infrà-lias est ornée de lignes transversales régulières, qui manquent sur celle du lias inférieur.

Localité : Drevain. *rr.* Couches inférieures.

Explication des figures : Pl. XVI, fig. 13 et 14, *Turbo diadematus* de Drevain, grossi 6 fois. De la collection de M. Ed. Pellat.

Phasianella æduensis (Nov. Spec.).

(Pl. XVI, fig. 5, 6, 7.)

Testa elongata, conica; spira anguta 44°; anfractibus sub-convexis, lœvigatis ; apertura rotundata.

Dimensions: Longueur, 13 millim.; diamètre, 6 1/2, angle spiral, 44°.

Coquille conique, ovale, allongée, lisse ; spire formée d'un angle régulier, composée de 6 tours, très-légèrement convexes, bien plus larges que hauts, séparés par une suture étroite mais profonde et bien marquée ; le dernier tour ne fait que les deux cinquièmes de la hauteur totale. On voit un très-faible indice d'une fente ombilicale ; bouche parfaitement arrondie en avant ;

la coquille paraît lisse, cependant, sur un de mes échantillons, on voit distinctement, à la loupe, de petites lignes entrecroisées. La fig. 7, grossie, donne une idée de ces ornements.

Plus allongée que la *Phasianella morencyana* de M. Piette (*Bulletin de la Société géologique*, 1856, p. 204), elle en est, d'ailleurs profondément séparée, par la forme de sa bouche en avant.

Les *Phasianella Jason* et *Ph. delia* de d'Orbigny, qui appartiennent à un étage différent, ont les tours bien plus convexes que la *Phasianella œduensis*.

Je ne l'ai rencontrée que dans les couches les plus inférieures du lias de Saône-et-Loire.

Localités : Drevain, collection de M. Pellat ; Sivry, Nolay. De ma collection.

Explication des figures : Pl. XVI, fig. 5, *Phasianella œduensis*, de Sivry, grossie 3 fois ; fig, 6, la même, de Drevain, grossie 4 fois ; fig. 7, un tour de cette dernière. grossi 8 fois.

Pleurotomaria lapicida (Nov. Spec.).

Testa conica, umbilicata ; anfractibus convexiusculis, lævigatis gradatis ; ultimo externe anguloso, supra subconvexo ; apertura clata, subquadrata.

Dimensions : Hauteur, 90 millim. ; largeur, 90 millim. ; angle spiral, 65°.

Grosse espèce conique, aussi large que haute ; spire formée d'un angle régulier composé de 6 à 7 tours épais, légèrement convexes, lisses sans traces de nodosités ; le dernier portant en avant un angle arrondi. Ombilic très-petit ; je ne connais que des moules.

On ne peut pas le confondre avec le *Pleurotomaria marcousana* d'Orbigny, qui est beaucoup plus élancé, anguleux et orné de plus, sur le moule, de nodosités en haut et en bas des tours.

Localités : Saint-Fortunat, Dardilly. *r.* Se trouve dans presque toutes les carrières du Mont-d'Or.

Pleurotomaria similis (SOWERBY spec.).

1816. Sowerby, *Trochus similis* : *Miner. Conch.*, pl. 142.

1830. Zieten, *Trochus undosus* : *Versteinerungen*, pl. 34, fig. 3.

1850. D'Orbigny, *Pleurotomaria anglica* : *Jurassique*, p. 396, pl. 346.

J'inscris sous ce nom des moules de gros pleurotomaires, à peu près aussi hauts que larges, à tours carrés, tronqués en arrière, posés en gradins, avec des traces de fortes nodosités en haut et en bas des tours; rapprochés par ce détail seulement, du *Pleurotomaria Marcousana*, ils en diffèrent tout à fait par les proportions d'ensemble et la forme des tours.

Cette espèce a reçu d'abord le nom de *Trochus similis* de Sowerby, dans le 2me volume de la *Min. Conchol.*, page 96. Mais dans les *corrigenda* du même volume, p. 238, il change ce nom en celui de *Trochus anglicus*, parce que, par erreur, il avait encore donné le nom de *Trochus similis* dans le même 2e volume, p. 179, à une coquille du crag. Mais Oppel fait remarquer, avec raison, que ce second *Trochus similis*, étant un vrai *Trochus*, tandis que la coquille de la pl. 142 est un *pleurotomaire*, il ne peut y avoir de confusion, et, dès lors, les lois de la nomenclature autorisent à donner à ce *pleurotomaire* son premier nom de *similis*.

Localités : Saint-Fortunat, Poleymieux.

Pleurotomaria rotundata (MUNSTER IN GOLFUSS).

(Pl. IX. fig. 2.)

1841. Goldfuss, *Petrefacta*, p. 73, pl. 186, fig. 1.

Dimensions : Hauteur, 66 millim.; largeur, 70 millim.

Coquille ronde, plus large que haute, spire formée d'un angle régulier, composée de 5 tours épais, arrondis, le dernier un peu arrondi en avant; très-petit ombilic, autant que l'on peut le voir sur l'échantillon, qui n'est qu'un moule calcaire; les tours, grandissent très-rapidement; bouche grande, un peu carrée, surbaissée.

Localité : La Glande. *r.*

Explication des figures : Pl. XI, fig. 2, *Pleurotomaria rotundata* de la Glande, de grandeur naturelle. De ma collection.

Pleurotomaria rotellæformis (DUNKER).

(Pl. XVI, fig. 8, 9, 10.)

1847. Dunker, *Palæontographica*, vol. 1, p. 111, pl. 13, fig. 12.

Dimensions : Hauteur, 7 1/2 millim.; diamètre, 12 millim.

Petite coquille héliciforme, composée de 5 tours, lisses, arrondis, fortement convexes en avant, bouche ronde; l'ombilic paraît presque nul, profond, cependant sans callosité ni ornement; la coquille brillante est couverte partout de très-fines lignes d'accroissement. La bande du sinus, de largeur moyenne, ne fait aucune saillie ; elle est marquée de fines stries et se trouve en arrière, de sorte qu'une ligne menée à l'équateur des tours ne la rencontrerait pas ; cependant cette bande est cachée par le tour suivant.

Localités : Drevain. De la collection de M. E. Pellat. Sivry. De ma collection. *rr*.

Explications des figures : Pl. XVI, fig. 8. 9, *Pleurotomaria rotellæformis* de Drevain, grossi 2 fois ; fig. 10, portion du test fortement grossie.

Pleurotomaria expansa (Sowerby Spec.).

1821. Sowerby, *Helicina expansa* : *Miner. conch.* pl. 273, fig. 1, 2, 3.

Les stries longitudinales, quoique très-fines, s'aperçoivent cependant sur mes échantillons, qui sont en mauvais état.

Localité : Sivry. *rr*. Couches inférieures.

Pholadomya ventricosa (Agassiz Spec.).

(Pl. XVIII, fig. 3 et 4.)

1840. Agassiz, *Homomya ventricosa* : *Etudes critiques, myes.* p. 158, pl. 16, fig. 7, 9, et pl. 17.

Dimensions : Longueur, 55 millim.; largeur, 95 millim.; épaisseur, 45 millim.

Cette grande coquille, qui me paraît très-rare, ne m'est connue, en bonnes conditions, que par l'échantillon figuré pl. XVIII, qui a été recueilli par M. Pellat dans le calcaire à gryphées arquées de *Drevain*. Par une chance bien rare à ce niveau, cet exemplaire a conservé sont test intact, avec tous les détails si délicats et si

compliqués de ses stries fines et profondes en même temps ;
les crochets arrondis, larges, mais peu élevés, ont leurs
extrémités cachées par la roche; la valve gauche, munie
d'une aire cardinale large, séparée par un ressaut marqué ; la
valve droite ne laisse pas voir d'area; la coquille paraît avoir été
comprimée. En regardant attentivement le flanc de la valve
droite, à quelque distance du crochet, on aperçoit trois côtes
irrégulières qui descendent obliquement et qui, certainement,
doivent échapper presque toujours à l'observation. Leur position
est moins antérieure que celle indiquée sur la fig. 4, pl. 17
d'Agassiz ; les stries concentriques très-fines et très-fortement
sculptées, sont très-irrégulières dans leur allure, et sont groupées
en faisceaux plus ou moins saillants.

La coquille est fermée partout, les valves s'emboîtent même
fortement, ce qui semble indiquer qu'elle a subi une forte compression avant la fossilisation. L'épaisseur indiquée de 45 millim.
était certainement plus grande à l'état vivant.

J'ai sous les yeux un autre échantillon de Saint-Fortunat, en
mauvais état, mais dont la forme générale se rapproche davantage du dessin donné par Agassiz, pl. 17.

    Localités: Saint-Fortunat, Drevain. *rr.*

    Explication des figures : Pl. XVIII, fig. 3 et 4, *Phola
domya ventricosa* de Drevain, de grandeur naturelle. De la
collection de M. Ed. Pellat.

Pholadomya glabra (AGASSIZ).

1840. Agassiz, *Etudes critiques, myes.*, p. 69, pl. 3', fig. 12 à 14.

Coquille assez commune dans toutes les carrières de la zone à
Ammonites Buklandi

    Localités : Saint-Fortunat, Saint-Germain, Pommiers,
Ville-sur-Jarnioux, Nolay, Sivry. *cc.*

Pholadomya fortunata (Nov. Spec.).

(Pl. IX, fig. 4, pl. XV, p. 5, 6.)

Testa elongata , inflata , postice producta ; margine inferiore vel superiore horisontali ; umbonibus anticis; crassis, depressis ; valvis concentrice rugulosis, transversim costatis ; costis 6, 8, vix conspicuis ; area carinis circumscripta.

Dimensions : Longueur, 53 millim.; largeur, 100 millim.; épaisseur, 42 millim.

Coquille qui prend quelquefois une taille considérable (pl. IX, fig. 4), et qu'il me paraît impossible de laisser réunie à la *Pholadomya glabra.* Les crochets épais, mais peu saillants, se trouvent au cinquième antérieur, les extrémités antérieures et postérieures arrondies. Les bords supérieurs et inférieurs sont parallèles et horizontaux ; la coquille très-peu bâillante, le côté postérieur fermé et aminci en forme de spatule.

La coquille est couverte de petites rides concentriques, peu profondes ; les côtes, à peine visibles, obliques, au nombre de 6 à 8. L'aire cardinale est large, profonde, et distinctement carénée. La forme générale est remarquable par ses bords droits et la largeur de ses extrémités arrondies.

MM. Chapuis et Dewalque donnent (*Fossiles du Luxembourg*, pl. 18, fig. 2), sous le nom d'*Homomya alsatica*, une coquille non costulée, dont la forme est assez rapprochée de celle de la *Pholadomya fortunata* ; cependant le bord cardinal est concave, et le bord palléal convexe, au lieu d'être horizontaux tous les deux.

La coquille, dont on trouvera le dessin, pl. XV, fig. 5 et 6, me paraît être un spécimen jeune de la même espèce.

Localités : Saint-Fortunat, Saint-Germain , Meyranne.

Explication des figures : Pl. IX, fig. 4 ; *Pholadomya fortunata* de Saint-Fortunat, de grandeur naturelle ; pl. XV,
fig. 5 et 6 ; la même, jeune aussi de Saint-Fortunat, de
grandeur naturelle. De ma collection.

Pleuromya liasina (SCHUBLER Spec.).

(Pl. XV, fig, 7.)

1830. Zieten, *Unio liasinus* : *Wurtembergs*, p. 81, pl. 61, fig. 2.

Dimensions : Longueur, 25 millim.; largeur, 48 millim.;
épaisseur, 12 millim.

Cette coquille n'est pas très-rare dans la zone inférieure. Elle
est remarquable par sa forme ovoïde, le peu de saillie des crochets, et surtout par le contour aigu de son côté postérieur.
Localités : Saint-Fortunat, Limonest. *r.*
Explication des figures : Pl XV, fig. 7, *Pleuromya liasina*, de grandeur naturelle. De ma collection.

Pleuromya crassa (AGASSIZ.)

1840. Agassiz, *Etudes critiques*, *myes*., p. 240, pl. 28, fig. 4.

Dimensions : Longueur, 40 millim.; largeur, 64 millim.;
épaisseur, 25 millim.

Coquille très-rare dans notre zone inférieure. Je n'en possède
qu'un échantillon qui est un peu plus grand que celui figuré par
Agassiz; je dois mentionner ici que cet échantillon paraît fortement bâillant du côté postérieur, à partir du milieu de la coquille.
Localité : Limonest. *rr.*

Pleuromya striatula (AGASSIZ).

(Pl X, fig. 1, 2, 3.)

1840. Agassiz, *Etudes critiques*, myes., p. 239, pl. 28, fig. 10 à 14.

Dimensions : Longueur, 24 1/2 millim.; largeur, 53 millim.; épaisseur, 17 millim.

C'est de beaucoup la plus abondante des pleuromyes de la zone inférieure. Les figures 1, 2, 3, de la pl. X, représentent 3 exemplaires de grandeur naturelle, et provenant de 3 gisements différents. On remarque que l'extrémité antérieure s'y trouve généralement un peu plus étroitement arrondie que dans les figures d'Agassiz.

Localités : Saint-Fortunat, Saint-Germain, la Glande, Limas, Pannessières, Saint-Sernin-du-Plain. *cc.*

Explication des figures : Pl. X, fig. 1, *Pleuromya striatula*, de Saint-Fortunat, de grandeur naturelle; fig. 2, la même, de la Glande; fig. 3, la même, de Saint-Sernin. De ma collection.

Pleuromya Charmassei (Nov. spec.).

(Pl. XVI, fig. 19, 20.)

Testa ampla, tenuissima... lineis punctorum inœqualibus, subflexuosis adornata...

J'inscris dans les pleuromyes cette coquille remarquable, sans y être autorisé par une étude comparative de la forme générale, car je n'ai qu'un seul échantillon en assez mauvais état. Cepen-

4

dant la faible épaisseur de la coquille, qui se trouve isolée dans plusieurs parties, les séries rayonnantes de petits points saillants, semblent indiquer qu'elle ne doit pas être éloignée du genre *Pleuromya*.

La coquille, fort grande, est longue de 80 millim. au moins; la forme ne peut pas être appréciée par les fragments; le test, très-mince partout, ne dépasse pas l'épaisseur d'un demi-millimètre. Il est recouvert de lignes peu régulières et légèrement flexueuses, formées par des séries de points ronds, saillants, non microscopiques, mais très-visibles à l'œil nu, comme le montre la fig. 19, pl. XVI, qui est faite sans grossissement. Ces lignes ponctuées sont croisées obliquement par des lignes d'accroissement ou plis arrondis, peu marqués. Il est curieux de retrouver, dans un calcaire aussi dur, des fragments parfaitement conservés d'une coquille aussi mince et aussi fragile. Ce n'est qu'à l'aide d'un travail pénible et de précautions infinies qu'il m'a été possible de couper cet échantillon, qui se trouvait logé dans une espèce de géode, au milieu d'un bloc de calcaire gris bleuâtre, des plus réfractaires au marteau.

Dans sa monographie des fossiles de l'Azzarola, M. Stoppani décrit une coquille, la *Pholadomya margaritata*, dont il donne la figure pl. 3, fig. 8 à 10, qui est assez rapprochée de notre *Pleuromya Charmassei*. Les points saillants sont bien plus gros dans la coquille de Lombardie, mais M. Stoppani dit, dans sa description, que les granules sont bien plus menus que sur le dessin, dès lors leur taille doit se rapprocher beaucoup de celle des points de la coquille française.

Toutes les pleuromyes sont ornées de ces lignes rayonnantes de points, que la loupe fait apercevoir, quand on a des échantillons bien conservés.

Je suis heureux de dédier cette belle espèce à M. Desplaces de Charmasse, dont les recherches ont tant contribué à faire connaître la formation jurassique de la Bourgogne.

Localité : **Des carrières de Sivry**, dans les couches les plus profondes des calcaires à *Gryphœa arcuata. rr.*

Explication des figures : Pl. XVI. fig. 19, *Pleuromya Charmassei*, de Sivry, de grandeur naturelle ; fig. 20, fragment de test grossi ; ce dessin ne rend pas fidèlement l'aspect des lignes de points, qui sont un peu plus régulières sur la coquille.

Pleuromya Berthaudi (Nov. spec.).

Testa elongata, compressa ; antice subacuta, postice rotunda, producta ; umbonibus acutis, incurvis, aud procul media parte positis ; margine inferiore sub arcuato, superiore posterius lunulato, carinato ; valvis concentrice irregulariter rugulosis.

Dimensions : Longeur. 22 millim. ; largeur, 46 millim. ; épaisseur, 14 millim.

Autre exemplaire : Longueur. 27 millim. ; largeur, 62 millim. ; épaisseur, 18 millim.

Coquille assez comprimée, presque équilatérale, d'une largeur plus que double de la longueur, ornée de faibles plis concentriques plus serrés vers les crochets ; côté antérieur arrondi ; côté postérieur moins haut, plus allongé et plus cylindrique ; crochets presque médiants, un peu plus rapprochés du côté antérieur ; ils sont petits, aigus, contournés légèrement du côté postérieur où ils dominent une grande area limitée par des carènes bien marquées. La plus grande épaisseur de la coquille se trouve au tiers postérieur de sa largeur.

Cette coquille, par l'inflexion de son bord cardinal postérieur, ressemble aux *Cercomya* d'Agassiz, dont elle offre les caractères un peu effacés, tout en étant bien plus épaisse. Je regrette de ne pas en avoir pu donner le dessin. Si l'on veut bien se reporter à la planche 10, des myes d'Agassiz, la fig. 12 de la *Platimya rostrata* peut donner une idée de la forme d'ensemble de la coquille.

Localités : Nolay, r., et Borgy, où elle paraît moins rare.

Goniomya rhombifera (GOLDFUSS spec.).

(Pl. XVII, fig. 5.)

1839. Goldfuss, *Petrefacta. Lysianassa rhombifera*. p. 264, pl. 154, fig. 11.

Dimensions : Longueur, 24 millim. ; largeur, 40 millim.

Coquille large, presque équilatérale ; crochets submédiants, petits, peu saillants, peu infléchis : les plis rhomboédriques augmentent en importance à partir des crochets. Ils forment un angle obtus du côté buccal et un angle droit du côté anal. Forme cylindrique bien plus large que longue, contours imparfaitement connus.

Sauf la position si opposée des crochets, elle a beaucoup de ressemblance pour les ornements avec la *Goniomya heteropleura* (Agassiz, *Études critiques*, pl. 1ᵈ, nᵒˢ 9 et 10).

Quenstedt décrit (*der Jura*, p. 82, pl. 10. fig. 5) un *Myacites rhombiferus* de Bebenhausen, qui appartient bien au même niveau que la coquille de Drevain, mais la forme des plis ni les contours ne s'accordent pas.

Localité : Drevain, couches inférieures. De la collection de M. E. Pellat.

Explications des figures : Pl. XVII, fig. 5, *Goniomya rhombifera*, de Drevain, de grandeur naturelle.

Saxicava......

J'ai déjà décrit, dans la première partie de ces Études, une petite coquille perforante, du niveau supérieur de l'infrà-lias (voir page 154 et pl. XXIII, fig. 8 à 11) : l'on retrouve dans le lias inférieur des traces tout à fait semblables de perforations, dans la substance des coquilles à test épais. Les moules de remplissage de ces perforations, qui restent souvent isolés, sont cylindriques et d'un diamètre de deux à trois millimètres; ils présentent ici comme dans l'infrà-lias, cette particularité que les tubes offrent dans tout leur développement, le même diamètre et se prolongent en lignes droites. La surface, ordinairement unie, laisse voir cependant quelquefois de petites lignes saillantes longitudinales.

J'ai sous les yeux un fragment de *Gryphea arcuata* (de Saint-Fortunat) qui porte plusieurs de ces canaux perforés, et, de plus, la petite coquille perforante encore en place dans le canal étroit qu'elle avait excavé; elle est cylindrique elle-même, occupant tout l'espace évidé; sa forme est allongée, les crochets placés au tiers antérieur; elle est couverte de plis concentriques irréguliers; il me paraît probable que cette espèce doit être réunie à celle de la zone à *Ammonites angulatus*.

Comme la coquille se trouve encore ici fortement engagée dans la roche et qu'il m'est impossible de me rendre compte du genre, je m'abstiens de la nommer et je me contente de la signaler à l'attention des paléontologistes.

Localités : Pommiers, Saint-Fortunat. *r.*

Cardinia copides (DE RYCKHOLT).

(Pl. X, fig. 4 et 5.)

1847. De Ryckholt, *Mélang. paléont. in. acad. roy. de Belgique.*
t. XXIV, p. 108, pl. 6, fig. 22 et 23.
1865. Terquem et Piette: *Lias infer.* p. 76, pl. 7, fig. 1.

Dimensions : Long., 47 mil.; larg., 124 mil.; épaiss., 22 mil.
Autre : 50 133 27

Je n'ai jamais rencontré dans nos carrières que des moules de la *Cardinia copides*, mais ces moules ne sont pas très-rares et ils sont toujours de grande taille ; comme les détails intérieurs de la coquille ne sont pas encore très-bien connus, je donne (pl. X. fig. 4 et 5) le dessin d'un moule venant de Berzé-le-Châtel : on y voit encore sur les bords du côté palléal, les traces laissées par la frange du manteau.

Les impressions musculaires ne paraissent pas très-profondes sur mes divers échantillons. La postérieure forme, à peine, une saillie sensible sur le moule ; l'antérieure, un peu plus élevée, porte 5 à 6 stries transversales. La position de cette empreinte antérieure, tout à fait à l'extrême bord du moule et la forme rectiligne de la coquille donnent de fort bons caractères pour reconnaître cette espèce remarquable, qui se trouve toujours cantonnée dans les couches les plus basses de la zone à *Ammonites Bucklandi*.

La *Cardinia copides* se distingue de la *Cardinia philea* par sa forme moins ventrue, ses extrémités plus rondes, moins acuminées ; de plus, par la saillie moins prononcée de l'empreinte musculaire antérieure et sa position. Enfin, surtout par la grande distance qui sépare l'empreinte postérieure et l'extrémité du moule, distance beaucoup plus petite chez la *Cardinia philea*. Ainsi, sur un moule de la *Cardinia copides* de 135 millim., je mesure 50 millim., depuis le commencement de l'empreinte postérieure jusqu'à l'extrémité anale, tandis que sur un moule de la *Cardinia philea* beaucoup plus grand, puisqu'il atteint 150 millim., cette même distance n'est que de 44 millim.

La *Cardinia concinna* est moins allongée, les bords supérieurs et inférieurs plus arrondis, la forme plus régulièrement elliptique ; d'ailleurs, l'impression antérieure y est bien plus séparée du bord.

Localités : Saint-Fortunat, Poleymieux, Berzé-le-Châtel, Sivry. *c.*

Explication des figures : Pl. X, fig. 4 et 5, *Cardinia copides*, de Berzé-le-Châtel, moule calcaire de grandeur naturelle. De ma collection.

Cardinia crassiuscula (SOWERBY spec.).

(Pl. XVII, fig, 6 et pl. XVIII, fig. 1.)

1818. Sowerby, *Unio crassiusculus, Min. Conch.*, pl. 185.
1834. Zieten, *Unio crassiusculus, Würtemb., pl.* 60, fig. 1.

Dimensions : Longueur, 60 millim.; largeur, 80 millim.; épaisseur, 41 millim.

Coquille ovoïde, robuste, brillante, couverte de très-fines stries concentriques, séparées à des intervalles irréguliers, par des sillons profonds, mais étroits, plus marqués près de la région palléale.

Crochets au tiers antérieur, saillants et occupant le point culminant du bord cardinal, tous les contours assez régulièrement arrondis.

Sur le moule l'empreinte palléale est fortement indiquée. Les empreintes musculaires forment d'énormes saillies, principalement celle postérieure : un renflement marqué descend obliquement du crochet et annonce une dépression dans la partie correspondante de la coquille, dépression qui est bien indiquée dans la figure de Sowerby.

La *Cardinia crassiuscula* ne peut pas être confondue avec la *Cardinia crassissima* (*Unio* Sowerby, *Minér. Conch.*, pl. 153) dont les crochets, beaucoup plus excentriques, sont posés sur la partie déclive de la ligne cardinale, ligne qui est bien plus arrondie et moins anguleuse.

Localités : Saint-Fortunat, Poleymieux, Cogny, Drevain, Génelard. *c.*

Explications des figures : Pl. XVII, fig. 6, *Cardinia crassiuscula*, de Drevain, grandeur naturelle; pl. XVIII, fig. 1, moule de la même de Drevain. De la collection de M. E. Pellat.

Cardinia philea (D'ORBIGNY).

(Pl. XIX, fig. 1 et 2.)

1850. D'Orbigny, *Prodrome*, *liasien*, n° 168.
1858. Quenstedt, *Der Jura*. *Thalassites giganteus*, p. 81, pl. 10
    fig. 1.

Dimensions : Longueur, 58 millim.; largeur, 140 millim.;
épaisseur, 33 millim.

Très-grande coquille, au test très-épais, peu convexe, brillante,
formant un bel ovale allongé, ornée de fines lignes d'accroissement régulières, massées par groupes avec quelques plis concentriques, plus apparents sur la région palléale ; formant un rostre
arrondi mais étroit en avant, rétrécie aussi à l'autre extrémité.
Le bord palléal largement arrondi, ainsi que le bord cardinal.

Les crochets peu saillants sont fortement antérieurs et creusés
brusquement en dessous du côté buccal

Cette magnifique cardinie est beaucoup plus abondante dans la
zone supérieure du lias inférieur, dont elle est la principale coquille sur une infinité de points du bassin du Rhône ; elle est au
contraire excessivement rare dans la zone inférieure. — Je dois à
la bienveillante communication de M. E. Pellat, des échantillons
d'une très-belle conservation qui me permettent de la figurer et
de la décrire, de ce niveau inférieur. Ainsi donc, la *Cardinia philea*
est très-rare dans la zone à *Ammonites Bucklandi*, tandis qu'elle est
très-abondante et même une des coquilles les plus caractéristiques pour la zone à *Ammonites oxynotus*. D'après cela il est permis
de supposer que les couches tout à fait inférieures des calcaires à
gryphées arquées, qui fournissent souvent dans nos carrières des
accumulations de débris de cardinies, que l'on ne peut pas déterminer, contiennent des fragments qui appartiennent à la *Cardinia philea*, mais je n'ai jamais pu m'assurer du fait.

Nous verrons, dans la troisième partie de ces Études, que les calcaires des couches tout à fait supérieures du lias moyen, renferment aussi au Mont-d'Or, une grande cardinie que je crois bien difficile de distinguer spécifiquement de la *Cardinia philea*. Ce fait est d'autant plus à noter que les cardinies n'ont pas encore été signalées à ce niveau avec l'*Ammonite spinatus* et le *Pecten œquivalvis*. Cette cardinie, très-rapprochée de la *Cardinia philea*, se montre là très-abondante et en compagnie d'une autre espèce du même genre.

Localité : Drevain, très-abondante dans la carrière où elle a été recueillie, inconnue ailleurs.

Explication des figures : Pl. XIX, fig, 1 et 2, *Cardinia philea*, de Drevain, de grandeur naturelle. De la collection de M. E. Pellat.

Cardinia hybrida (SOWERBY spec.).

1818. Sowerby, *Unio hybridus*, *Miner. Conch.*, pl. 154, fig. 2.
1840. Agassiz, *Études critiques*, *Cardinia hybrida*, p. 223, pl. 12'.

Je n'ai aucun échantillon complet et en bon état.

Parmi les fragments attribués à cette espèce, il y a un spécimen de Sivry, d'une forme oblongue régulière et dont les crochets ne me paraissent s'accorder avec aucune des espèces décrites ; ils sont placés au tiers antérieur, saillants, arrondis, contournés, très-aigus : la lunule est profonde ; de plus, ces crochets, sur la valve gauche (la seule que j'ai sous les yeux), paraissent placés de manière à être fortemen. écartés du plan de jonction des deux valves ; de sorte que, lorsque la coquille était intacte, loin de se trouver en contact, les crochets devaient laisser entre eux un espace notable.

Localités : Saint-Didier, Poleymieux, Sivry. *r*.

Lucina liasina (Agassiz spec.).

(Pl. XIX, fig. 4.)

1834. Zieten, *Würtembergs*, *Corbula cardioïdes*, p. 84, pl. 63, fig. 5.

1850. D'Orbigny, *Prodrome*, *Unicardium cardioïdes*, sinémurien, n^e 108.

1855. Terquem et Piette, *Lucina liasina*, lias de l'Est, p. 87. pl. 11. fig. 3-4.

MM. Terquem et Piette n'indiquent pas, dans leur mémoire sur le lias inférieur, la différence qui sépare la *Lucina arenacea* (Terquem) de l'infrà-lias, de la *Lucina liasina* ; d'après mes échantillons, cette différence n'est pas facile à saisir. Je trouve que les angles aux deux extrémités de la ligne cardinale, sont moins marqués sur les spécimens du bassin du Rhône.

On trouve des traces de cette coquille presque partout, mais à la Croisée-de-l'Argentière (Ardèche), il y a plusieurs petites carrières où elle se rencontre en nombre immense, et tout aussi abondante que la *Gryphea arcuata*, formant avec celle-ci des couches entières.

Localités : Saint-Fortunat, Devrain, Sivry, Uzer, Croisée-de-l'Argentière. *c.*

Explications des figures : Pl. XIX, p. 4. *Lucina liasina* de Drevain, de grandeur naturelle. De la collection de M. E. Pellat.

Pinna Hartmanni (Zieten).

1831. Zieten, *Würtembergs*, p. 73, pl. 55, f. 5.

Cette pinna, qui n'est abondante nulle part, se trouve dans nos carrières à l'état de moules, de 15 et 20 centimètres de lon-

gueur sur 12 à 13 de largeur; l'angle apical est de 44 à 48°. —
Elle est comprimée; les fragments conservés du test montrent
une série de côtes minces, rayonnantes, séparées par des intervalles de 5 à 8 millimm., et croisées par des lignes concentriques
beaucoup plus larges, plus irrégulières et plus rapprochées. —
L'ensemble des ornements est régulier et d'un bel effet.

Localités : Saint-Fortunat, Jambles, Marcy; des couches
inférieures. *r*.

Pinna folium (Young et Bird).

(Pl. XI, fig. 1 et 2.)

1828. Young et Bird, *a Geolog. Survey of the Yorkshire coast.*,
p. 243, pl. 10, fig. 6.

Dimensions : Longueur, 400 millim. ; largeur, 130 millim. ;
l'épaisseur ne peut être indiquée, car la coquille a été
plus ou moins comprimée.

La *Pinna* que j'inscris sous le nom de *Pinna folium*, atteint
quelquefois une très-grande taille, malheureusement le test est
toujours trop mal conservé pour permettre une description utile.
La figure, pl. XI, fig. 1, fait voir quelques détails qui n'appartiennent pas à la couche supérieure de la coquille (le dessin est
réduit à moitié grandeur); on voit bien sur l'échantillon que la
coquille a perdu sa partie extérieure.

La forme générale, qui résulte de l'examen de plusieurs exemplaires, est bien celle indiquée par les auteurs anglais; la région
palléale est très-certainement arrondie. — Quant à l'épaisseur du
test et au rapport de position des valves entre elles, la coupe,
pl. XI, fig. 2, représente la coquille de grandeur naturelle et
peut être consultée avec confiance : cette coupe est prise sur
l'échantillon représenté, fig. 1, aux points marqués A B. — Les
lettres indiquent la direction.

Quelques spécimens ont une forme moins allongée, plus élargie. — Presque tous, d'ailleurs, sont horriblement déformés par les gryphées arquées qui dominent souverainement dans les couches où on les rencontre.

Oppel dit (*die Juraformation*, p. 218) que la *Pinna folium* appartient à un tout autre étage que la *Pinna Hartmanni ;* cependant, Young la décrit des couches inférieures du *Robin Hood's bay*, où se rencontrent les fossiles du lias inférieur.

Localités : Saint-Fortunat, Limonest. *r.*

Explication des figures : Pl. XI, fig. 1, *Pinna folium*, de Saint-Fortunat, réduite à moitié grandeur ; fig. 2, coupe de la même, de grandeur naturelle. — De la collection de M. A. Falsan.

Myoconcha scabra (Terquem et Piette).

(Pl. X, fig. 6 et Pl. XVII, fig. 7.)

1850. D'Orbigny, *Prodrome*, *Myoconcha spatula*, *sinémurien*, n° 115.

1865. Terquem et Piette, *Myoconcha scabra*. — Lias de l'Est de la France, p. 84, pl. 9, fig. 4, 5, 6.

Dimensions : Longueur, 120 millim. ; largeur, 40 millim. ; épaisseur, 28 millim.

Cette coquille ne me serait connue que par ses moules intérieurs, si je n'avais pas eu communication des beaux exemplaires que M. Ed. Pellat a recueillis à Drevain et qui ont conservé les détails les plus délicats de leur ornementation. La *Myoconcha* de *Drevain*, figurée pl. XVII, fig. 7, s'accorde bien pour l'ensemble avec celle de la Moselle; on y voit parfaitement les plis concentriques, serrés, mais le nombre des côtes rayonnantes est de 13 au lieu de 7, et ce nombre paraît assez constant sur les échantillons de *Saône-et-Loire*, même sur des exemplaires plus petits

que celui figuré pl. XVII. Il faudrait donc voir là une variété
locale. Ces côtes rayonnantes s'affaiblissent beaucoup en arrivant
à 20 millim. des crochets ; cependant les quatre qui sont le
plus rapprochées du bord cardinal persistent jusqu'à l'extrémité du crochet, et là elles sont droites, peu saillantes et cou-
pées par des plis transverses très-réguliers.

Les points saillants sur l'extrémité des crochets, sont bien
conservés sur le grand moule de Saint-Fortunat, dessiné pl. X,
fig. 6.

Plusieurs des moules venant du Mont-d'Or lyonnais laissent
voir des traces des côtes rayonnantes, en nombre qui paraît en
rapport avec celui indiqué par MM. Terquem et Piette.

Localités : Saint-Fortunat, Cogny, Limonest, Poleymieux, Drevain. *r*.

Explication des figures : Pl. X, fig. 6, *Myoconcha scabra*, moule de grande taille, de Saint-Fortunat, de
grandeur naturelle, de ma collection ; pl. XVII, fig. 7, la
même, avec son test, de Drevain. De la collection de
M. Pellat.

Mytilus Morrisi (Oppel).

(Pl. XII, fig. 1, 2.)

1840. Goldfuss, *Mytilus scalprum*, *Würtembergs*, p. 174, pl. 130
fig. 9.
1856. Oppel, *Die Juraformation*, p. 219, n° 88.

Dimensions : Longueur, 62 millim. ; largeur, 20 millim. ;
épaisseur, 15 millim.

Oppel fait remarquer avec raison que le *Mytilus* figuré par
Sowerby, et par Phillips, sous le nom de *Modiola scalprum*, appartient à une autre espèce que celui représenté dans l'atlas de

Goldfuss, sous celui de *Mytilus scalprum*. — La forme et les ornements ne sont pas les mêmes, et de plus l'espèce des auteurs
anglais appartient au lias moyen. Il y avait donc lieu de chercher un nouveau nom pour la forme du lias inférieur, donnée
sous le nom *Mytilus scalprum* par Godfuss.

Le *Mytilus Morrisi* n'est pas très-rare dans la zone à *Ammonites Bucklandi* ; j'ai remarqué qu'il se trouve à peu près toujours
de la même taille ; c'est une coquille bien caractéristique pour
la zone inférieure, car je le crois différent de celui que j'ai décrit dans la première partie de ces Études, sous le nom de *Mytilus
scalprum*, Goldfuss, avec doute, de la partie supérieure de l'infra-
lias, c'est-à-dire de la zone à *Ammonites angulatus*.

Localités : Saint-Fortunat, Saint-Germain, Cogny, Belmont, Drevain.

Explication des figures : Pl. XII, fig. **1** et **2**, *Mytilus
Morrisi*, de Saint-Fortunat, de grandeur naturelle. De la
collection de M. Albert Falsan.

Mytilus glabratus (Dunker spec.).

(Pl. XIX, fig. 3.)

1831. Dunker, *Modiola glabrata*, *Palæontographica*, vol. **1**, p. 39,
pl. 6, fig. 17, 18.

Dimensions : Longueur, **20** millim.; largeur, **10** millim.

Le seul exemplaire que je connaisse et dont je donne la figure,
a été recueilli à Drevain ; c'est une valve droite, empâtée dans
le calcaire et d'une très-belle conservation ; quoique la taille
soit plus petite, il paraît s'accorder fort bien avec l'échantillon
représenté dans *Palæontographica*..

Localité : Drevain. *rr.*

Explication des figures : Pl. XIX, fig. 3, *Mytilus gla-bratus*, de Drevain, de grandeur naturelle. De la collection de M. Pellat.

Je dois mentionner encore un mytilus, long de 47 millim., assez épais, robuste, à côtés presque droits; j'en ai deux échantillons peu complets, ce sont des moules provenant des carrières de Saint-Fortunat; ils ne sont pas assez bien conservés pour permettre de discuter l'espèce, je me contente de les indiquer.

Lima punctata (SOWERBY spec.).

1815. Sowerby, *Plagiostoma punctata*, *Miner. Conch.*, pl. 113, fig. 1 et 2.
1850. D'Orbigny, *Lima echo*, *Prodrome*, *sinémurien*, 119.

La surface entière est couverte de fines lignes rayonnantes ponctuées, qui ne descendent jamais directement, et beaucoup plus espacées sur certains exemplaires que sur d'autres. Les fines lignes concentriques qui les croisent, ne sont ordinairement visibles que dans les entre-deux, où elles se marquent par une dépression; à l'extrême bord de la coquille, ces lignes concentriques, sur la largeur de plus d'un millimètre, dominent entièrement. L'angle cardinal est très-rapproché d'un angle droit.

L'excavation de la région buccale n'est pas limitée par un angle prononcé, comme chez la *Lima gigantea*, où l'on remarque en même temps que cette excavation est plus grande, si l'on compare deux coquilles de la même taille. La coquille malgré ses ornements, reste brillante, et le test conserve les détails qui le caractérisent, jusque dans les échantillons empâtés dans les calcaires les plus durs; aussi ses fragments se reconnaissent toujours.

La *Lima punctata* est une des coquilles les moins caractéristiques, car on la retrouve dans toutes les zones du lias, avec la même forme et les mêmes ornements.

Localités : Partout. *cc.*

Lima gigantea (SOWERBY spec.).

1814. Sowerby, *Plagiostoma gigantea*, *Mineral Conch.*, pl. 77.
1850. D'Orbigny, *Lima edula*, *Prodrome*, *sinémurien*, n° 121.

Dimensions : Longueur, 270 millim.; largeur, 220 millim.; épaisseur, 130 millim.

Cette *Lima*, d'une taille considérable. est une des coquilles les plus importantes pour la zone inférieure; plus longue que large, très-renflée du côté antérieur, qui est marqué par une dépression brusque et profonde; cette dépression, cependant, dans les grands exemplaires, ne descend pas plus bas que la moitié de la coquille. Le test est couvert de stries rayonnantes inégales, un peu flottantes et plus visibles en approchant des côtés. J'ai pourtant des échantillons très-grands et sur lesquels les lignes se voient partout.

L'oreille antérieure presque nulle, contrairement à ce que dit Sowerby; la postérieure est petite, mais saillante, et formant une crête qui va rejoindre le bord de la valve. Coquille médiocrement épaisse, mais qui arrive cependant à 6 ou 8 millim., près des crochets.

La figure de Zieten (*Würtembergs*, pl. 51, fig. 1) représente assez bien nos échantillons.

D'Orbigny la place par erreur dans le lias supérieur où l'on ne trouve que la *Lima gallica* (Oppel), coquille qui n'a pas d'autres rapports avec la *Lima gigantea* que sa grande taille.

MM. Chapuis et Dewalque, dans leur description des fossiles des terrains secondaires du Luxembourg, ont cité, je crois mal à propos, dans la synonymie de cette espèce, la figure de Knorr B, I, c, fig. 2, qui représente une coquille des environs de Turin, à ce que dit le texte.

Localités : Partout. *cc.*, dans les couches les plus inférieures.

Lima pectinoïdes (SOWERBY spec.).

1815. Sowerby, *Plagiostoma pectinoïdes*, *Miner. conch.*, pl. 114, fig. 4.

1835. Goldfuss, *Plagiostoma pectinoïdes*, *Petrefacta*, pl. 102, fig. 12.

1850. D'Orbigny, *Prodrome*, *sinémurien*, *lima Eryx*, nº 122.

Dimensions : Longueur, 40 millim.; largeur, 36 millim.

Cette lima me semble la même que celle que j'ai déjà décrite dans la première partie, sous le nom de *Lima duplicata*, p. 58 et 157. Le nom de *Lima pectinoïdes*, le plus ancien, me semble préférable. Les figures, celle de Goldfuss surtout, représentent bien nos exemplaires du lias inférieur. La coquille est peu oblique, les crochets pointus et saillants, les oreilles larges. La surface est couverte de côtes qui se continuent absolument partout et arrivent au nombre de 36 environ. Lorsque le test est bien conservé, on peut voir que les petites côtes, qui s'élèvent dans les intervalles des côtes principales, sont formées par un faisceau de 4 à 5 petites lignes saillantes ; les grosses côtes sont ornées elles-mêmes, chacune, de 6 à 9 petites lignes longitudinales, très-fines, et toute la surface est de plus recouverte par un réseau très-serré de lignes concentriques, qui donnent à l'ensemble l'aspect d'un tissu délicat. La figure 12c, de Goldfuss, rend très-bien ce détail. mais les lignes longitudinales n'y sont pas indiquées sur les grosses côtes où elles devraient croiser les lignes concentriques.

Localités : Saint-Fortunat, Saint-Cyr, Saint-Germain. Poleymieux, Belmont, Limonest, Solutré, Génelard, Saint-Jean-de-Vaux, Drevain, Sivry. *cc.*

Lima succincta (SCHLOTHEIM spec.).

1813. Schlotheim, *in Leonhard's Taschenbuch*, Knorr, *Supp.*, pl. 5ᵈ, fig. 4.
1818. Sowerby, *Lima antiquata*, *Miner. Conch.*, pl. 214, fig. 2.
1840. Goldfuss, *Petrefacta, Lima Hermanni*, pl. 100, fig. 5.

Assez commune dans la zone inférieure, la *Lima succincta* offre ordinairement les côtes serrées de la *Lima antiquata* de Sowerby, avec une forme générale plus élargie. Quelquefois les côtes sont plus grosses et se rapprochent davantage de celle de la *Lima Hermanni* (Goldfuss), sans jamais arriver, dans nos contrées, à la proportion de celles figurées par Knorr. Les échantillons ont ordinairement 120 millim. de longueur.

Je regarde comme probable que la *Lima inœquistriata* de Goldfuss, pl. 114, fig. 10, représente une variété à côtes fines de la *Lima succincta*.

Localités : Saint-Cyr, Saint-Fortunat, Saint-Germain, Limonest, Poleymieux, Solutré, Saint-Jean-de-Vaux. *c*.

Lima stigma (Nov. spec.).

(Pl. XVI, fig. 15 et 16.)

Testa parum convexa, ovata, antice truncata et auriculata, umbonibus acutis, crebris lineis radiantibus ornata, interstitiis triangulari stigma notatis.

Dimensions : Longueur, 20 millim.; largeur, 20 millim. ?

Coquille à sommet aigu, recouverte d'un grand nombre de lignes rayonnantes, non saillantes, rectilignes, faiblement déviées de leur direction par quelques lignes d'accroissement. Ces lignes sont séparées les unes des autres par des séries de dépressions triangulaires, dont le sommet est dirigé en haut; l'ensemble forme un dessin très-élégant. Cette ornementation disparaît brusquement sur l'angle qui limite la dépression antérieure, où l'on remarque 3 ou 4 lignes fines, saillantes.

L'angle cardinal est droit, l'oreille buccale assez-grande; l'autre n'est pas visible sur l'échantillon.

Localité : Drevain. *rr*.

Explication des figures : Pl. XVI, fig. 15, *Lima stigma*, de Drevain, de grandeur naturelle; fig. 16, grossissement d'une portion du test. De la collection de M. Ed. Pellat.

Lima charta (Nov. spec.).

(Pl. XVI, fig. 17 et 18.)

Testa convexa, oblique ovata, auriculata, costis crebris, inæqualibus ornata, striis confertis, concentrice notata.

Dimensions : Longueur, 30 millim.; largeur, 30 millim.

Coquille aussi large que longue, très-oblique, couverte de fines lignes rayonnantes, peu saillantes, mais très-sèches, à peine visibles à l'œil nu et n'augmentant pas en nombre depuis le crochet. Ces lignes sont croisées par des lignes d'accroissement excessivement nombreuses et un peu effacées, dont la rencontre avec les côtes produit une très-légère surélévation.

Oreilles peu distinctes; elles paraissent assez développées; le test est très-mince, et les ornements extérieurs, malgré leur peu de saillie, laissent des traces à l'intérieur.

Localité : Drevain. *rr*.

Explication des figures : Pl. XVI, fig. 17, *Lima charta*,

de Drevain, de grandeur naturelle ; fig. 18, grossissement d'une portion du test. De la collection de M. E. Pellat.

Avicula Sinemuriensis (d'Orbigny).

(Pl. XV, fig. 8.)

1840. Goldfuss, *Petrefacta, Avicula inæquivalvis*, pl. 118, fig. 1.
1850. D'Orbigny, *Avicula Sinemuriensis ; Prodrome, sinémurien* n° 125.
1856. Oppel, *Die Juraformation*, p. 222, n° 98.

Dimensions : Longueur, 24 millim. ; largeur, 24 millim.

L'*Avicula Sinemuriensis* se trouve rarement dans la zone inférieure.

Si l'on compare l'échantillon de Saint-Fortunat, dont je donne le dessin (un peu grossi), la forme paraît moins élargie que dans les exemplaires bien plus nombreux que fournit la zone à *Ammonites oxynotus*. Je remarque de plus que les figures de l'*Avicula inæquivalvis*, que donnent Goldfuss, Phillips et Zieten, et qui se rapportent certainement à l'*Avicula Sinemuriensis* de d'Orbigny, présentent des côtes moins nombreuses que celles de notre avicule, où l'on en peut compter 17 ou 18 bien distinctes.

Localité : Saint-Fortunat ; couches inférieures. *r.*

Explication des figures : Pl. XV, fig. 8, *Avicula Sinemu riensis*, grossie 3/2. De ma collection.

Perna infraliasica (Quenstedt).

(Pl. XII, fig. 3 et 4.)

1858. Quenstedt, *Der Jura*, p. 48, pl. 4, fig. 19.

1865. Terquem et Piette, *Lias inférieur*, p. 101, pl. 12. fig. 13 et 14.

La *Perna*, dont Quenstedt donne le dessin (*der Jura*, pl 4), vient des couches de l'infrà-lias ; celle que j'inscris sous le même nom de *Perna infraliasica*, a été recueillie dans les couches inférieures du lias, au niveau de l'*Ammonites Bucklandi*. Comme elle a été trouvée sur trois points différents, dans le bassin du Rhône, il ne peut rester aucun doute sur sa présence dans la zone inférieure. La forme répond bien à la figure de Quenstedt, mais la taille est beaucoup plus grande et dépasse même celle des échantillons de la Moselle. La longueur mesure 110 millim. ; la largeur, 66 millim. ; l'épaisseur paraît médiocre ; la forme très allongée, très-oblique, arrondie sur le bord palléal. La coquille mince est couverte de lignes concentriques peu saillantes et irrégulières. Je ne puis, sur aucun de mes échantillons, m'assurer du genre, par la vue de la charnière.

Faut-il rattacher cette perne à la *Perna gueuxii*, d'Orbigny *Prodrome, sinémurien*, n° 127)? Je ne connais pas les échantillons de la *Côte-d'Or*.

Localités : Cogny, Génelard, Drevain. *r*. Couches les plus inférieures.

Explication des figures : Pl. XII, fig. 3, *Perna infraliasica*, de grandeur naturelle ; fig. 4, la même, vue de profil. De ma collection.

Perna Pellati (Nov. spec.).

(Pl. XVIII, fig. 2.)

Testa quadrata, crassa, compressa, latere anali rotundato, latere buccali acuminato, umbonibus acutis.

Dimensions : Longueur, 86 millim. ; largeur, 58 millim. ; épaisseur, 20 millim.

Coquille lisse, robuste, peu oblique, d'une forme carrée, un peu allongée ; les sillons des ligaments, au nombre de 12, sont très-réguliers et séparés par des intervalles un peu plus petits ; la série qu'ils forment dépasse légèrement la coquille en largeur, de chaque côté ; les crochets forment une saillie prononcée du côté buccal ; les deux côtés sont parallèles, et le bord palléal forme un contour largement arrondi.

La coquille, assez épaisse pour sa taille médiocre, montre des plis concentriques peu marqués, qui remontent verticalement du côté annal, jusqu'à l'extrémité postérieure de la ligne cardinale. L'auricule, qui forme une partie triangulaire comprimée sous la série des sillons du côté annal, est séparée du reste de la coquille par un ressaut sur lequel les plis de la surface changent de direction pour devenir perpendiculaires.

Localité : Drevain ; couches inférieures. *r*.

Explication des figures : Pl. XVIII, fig. 2, *Perna Pellati*. de Drevain, de grandeur naturelle. De la collection de M. E. Pellat.

Pecten Kehli (D'Orbigny.)

(Pl. XII, fig. 5 et 6.)

1850. D'Orbigny, *Prodrome, sinémurien* n° 130.

Dimensions : Longueur, 48 millim. ; largeur, 50 millim.

Coquille lisse, peu bombée, équilatérale, équivalve, un peu plus large que longue, couverte de stries concentriques superficielles très-régulières ; sommet très-aigu, arrivant précisément sur la ligne cardinale ; l'angle apicial dépasse 90° et devient d'autant plus ouvert que la coquille est plus âgée. Oreilles petites, subégales ; la postérieure, un peu plus grande, est couverte de stries verticales régulières. Pas de byssus.

La ligne cardinale forme quelquefois une ligne droite, mais plus ordinairement une ligne brisée, formant un angle rentrant sur le sommet (voir la fig. 5, pl. XII); les lignes des côtés ne sont pas absolument droites, et se creusent un peu à partir du sommet.

Le *Pecten Hehli* est très-abondant dans les deux subdivisions du lias inférieur; mais, comme on le rencontre aussi dans l'infrà-lias, il perd de son importance, puisqu'il cesse d'être caractéristique pour une période spéciale.

Localités : Saint-Fortunat, Saint-Didier, Saint-Cyr, Dardilly, Limonest, Poleymieux, Bully, Belmont, Cogny, Nolay, etc. *cc.*

Explication des figures : Pl. XII, fig. 5, *Pecten Hehli*, de Saint-Didier, de grandeur naturelle; fig. 6, autre exemplaire de la même localité. De ma collection.

Pecten textorius (Schlotheim).

(Pl. XIII, fig. 1.)

1810. Goldfuss, *Pecten textorius. Petrefacta*, pl. 89, fig. 9.

Le *Pecten textorius* est peut-être la coquille fossile qui offre le développement vertical le plus étendu. Nous avons déjà pu constater sa présence à tous les niveaux, depuis les couches les plus basses de l'infrà-lias, et nous le retrouverons encore dans toutes les zones du jurassique inférieur.

Dans la zone à *Ammonites Bucklandi*, il se trouve de toutes les tailles, jusqu'à la longueur de 60 millim. Généralement, il se montre ici peu bombé et avec des côtes assez fortes.

Le petit spécimen, de Belmont, dont on trouvera le dessin, pl. XIII, fig. 1, est très-peu convexe et d'une forme allongée; l'on y voit des côtes simples, d'autres conjuguées par deux, et d'autres dichotomes.

Localités : Saint-Didier, Saint-Fortunat, Belmont, Limas, Dardilly, Poleymieux, Jambles, Cogny, Limonest, Bully, La Croisée, Génelard. *cc.*

Explication des figures : Pl. XIII, fig. 1 , *Pecten textorius,* de Belmont, de grandeur naturelle. De ma collection.

Pecten acutiradiatus (Münster *in* Goldfuss).

1836. Goldfuss, *Petrefacta*, pl. 89, fig. 6.

Dimensions : Longueur et largeur 21 millim.

Très-jolie petite espèce, ronde, peu bombée, ornée de 22 à 24 côtes aiguës, séparées par des intervalles plus larges, couverts de stries concentriques serrées et fort régulières.

Il est très-difficile, dans la zone à *Ammonites Bucklandi,* d'obtenir ce petit pecten en bon état. Nous le retrouverons dans la zone supérieure, plus grand et plus abondant.

Localités : Saint-Fortunat, Clomot. *r.*

Pecten sabinus (d'Orbigny).

1850. D'Orbigny, *Prodrome, sinémurien* n° 132.

Je n'ai de ce *pecten* qu'un fragment (très-bon), que j'ai recueilli à Saint-Fortunat, dans la partie supérieure de la zone à *Ammonites Bucklandi,* au milieu d'une petite couche calcaire compacte, à grain fin, que les carriers connaissent sous le nom de banc de savon.

La fig. 7, pl. 89, de Goldfuss, que l'auteur nomme *P. rimineus,* et que d'Orbigny adopte pour le type de son *P. sabinus,* donne bien une idée des ornements de notre *pecten*; mais les côtes, chez ce dernier, sont plus minces et plus aiguës, relativement aux intervalles, et les épines, sur l'angle plus rapprochées; c'est plutôt un *Pecten acutiradiatus*, dont les côtes sont garnies de petites épines. Mon échantillon ne me donne pas la forme générale de la coquille, il faut donc admettre l'espèce avec doute; mais c'est là certainement un *pecten* très-distinct des autres *pecten* du lias inférieur.

D'Orbigny le cite du lias inférieur de *Villefranche*, c'est-à-dire, des carrières de Pommiers.

Localités : Saint-Fortunat, Pommiers. *r.*

Harpax sarcinulus (Münster spec.)

(Pl. XII, fig. 7.)

1831. Goldfuss, *Plicatula sarcinula*, *Petrefacta*, p. 101, pl. 107, fig. 2.

Dimensions : Longueur, 24 millim. ; largeur, 21 millim.

Coquille ovale, oblongue ; ligne cardinale presque droite, large, un peu oblique ; l'angle du sommet très-petit, aigu, et placé sur le milieu de cette ligne ; la coquille, régulièrement arrondie en bas, se contourne légèrement à droite. L'échantillon est une valve gauche, non adhérente.

La partie du test conservée laisse voir de très-courtes épines, disposées sporadiquement sur les parties voisines du sommet, elles sont très-rapprochées, mais beaucoup plus espacées ailleurs.

Malgré sa taille plus grande et ses épines plus nombreuses, je n'hésite pas à rapprocher cette jolie *plicatula* de la *Plicatula sarcinula* (Munster), qui est bien du même niveau de Theta, près de Baireuth.

Quenstedt (*der Jura*, p. 79) la mentionne du lias d'*Ofterdingen*, en exemplaire unique; elle paraît être rare partout. Je ne connais aussi qu'un exemplaire du bassin du Rhône.

Localité : Saint-Cyr, partie supérieure de la zone. *rr.*

Explication des figures : Pl. XII, fig. 7, *Harpax sarcinulus*, de Saint-Cyr, de grandeur naturelle. De ma collection.

Griphæa arcuata (LAMARCK).

(Pl. XII, fig. 8, 9 et 10.)

1802. Lamarck, *Animaux sans vertèbres*, 2ᵉ éd., vol. 7, p. 204.
1813. Sowerby, *Gryphæa incurva, Min. Conch.*, pl. 112, fig. 1 à 3.
1834. Goldfuss, *Gryphæa arcuata*, *Petrefacta*, p. 28, pl. 84,
        fig. 1 et 2.

Parmi les contrées où la *Gryphæa arcuata* est abondante, il en est peu, je crois, où elle se montre en nombre aussi prodigieux que dans les calcaires du département du Rhône et de Saône-et-Loire; là elle remplit de nombreuses couches dont elle forme seule toute la matière; c'est un véritable conglomérat de gryphées : ces coquilles n'ont subi évidemment aucun transport et sont encore dans la place où elles ont vécu; ordinairement groupées et attachées les unes aux autres, d'une taille d'ailleurs assez uniforme, quoiqu'il arrive de rencontrer quelquefois des jeunes depuis la grosseur de quelques millimètres.

On remarque, à peu près partout, deux variétés bien tranchées et qui habitent ensemble : celle que Goldfuss a figurée pl. 84, fig. 1, et Zieten. pl. 49, fig. 1, qui a des crochets fortement recourbés, portant ordinairement de gros plis rugueux; puis la deuxième, figurée pl. 84, fig. 2, sous le nom de *striata*, dont le crochet très-court, tourné à gauche, comme tronqué, ne vient pas recouvrir la valve operculaire; la figure de Sowerby, pl. 112, fig. 3, me paraît représenter cette variété.

La vraie *Gryphæa arcuata* ne dépasse pas la zone inférieure; la variété tronquée cesse de se montrer quand on arrive au niveau du *Belemnites acutus.*

On trouvera, pl. XII, fig. 8, 9, 10, le dessin d'un moule inté-rieur de la *Gryphœa arcuata* qui s'est trouvé dans un état de conservation parfaite; ces figures donnent une idée exacte de la position et de la forme des empreintes musculaires.

Il est assez difficile de démêler la *Grphœa arcuata* de la *Griphœa obliqua,* qui la remplace dans la zone supérieure. Le crochet de la première est toujours beaucoup plus recourbé, mais les coquilles de cette famille sont tellement irrégulières, qu'il est embarrassant de leur assigner de bons caractères spécifiques : il me semble cependant que, en dehors de la forme générale, la *Gryphœa arcuata* se distingue par la largeur plus grande, relati-vement, de la valve supérieure du côté de la charnière; de plus, si l'on considère l'empreinte musculaire de cette valve supérieure ou operculaire, on remarquera que dans la *Gryphœa arcuata* elle est plus courte que large (voir la fig. 8 de la pl. XII), tandis que cette même empreinte, dans la *Gryphœa obliqua,* est, au contraire, plus haute que large; j'ai pu vérifier souvent l'exactitude de cette observation; si la suite vient prouver que cette différence est constante, on aura là un moyen précieux pour distinguer les deux espèces.

Dans tout le bassin du Rhône, c'est le fossile le plus impor-tant de la zone inférieure; elle domine dans les couches calcaires au point d'exclure presque toute autre coquille. Je ne connais d'exception que pour les petites carrières exploitées à la Croisée-de-l'Argentière (Ardèche), où l'on trouve avec la *Gryphœa arcuata* une autre bivalve, la *Lucina liasina,* qui se montre en quantité immense aussi bien que la première, et dans les mêmes couches.

Localités : Partout. *cc.*

Explication des figures : Pl. XII, fig. 8, moule de *Gry-phœa arcuata,* de Saint-Fortunat, de grandeur naturelle, vu du côté supérieur; fig. 9, le même, vu en dessous; fig. 10, le même, vu de profil. De la collection de M. A. Falsan.

Ostrea arietis (Quenstedt.)

(Pl. XIX, fig. 5.)

1852. Quenstedt, *Handbuch, der Petref.*, p. 498.
1858. Quenstedt, *der Jura*, p. 85, pl. 10, fig. 10.

Dimensions : Longueur et largeur, 45 millim.

Je n'ai, de cette espèce, qu'un échantillon de Poleymieux en
assez mauvais état et un autre de Drevain fort grand, qui n'est,
malheureusement, pas entier. Elle est moins rare, comme nous le
verrons, dans la zone supérieure.

On ne peut pas confondre l'*Ostrea arietis* avec la suivante, car
elle était adhérente par la plus grande partie de sa valve inférieure, sur le bord de laquelle la coquille se relève brusquement
en formant un rebord recouvert de côtes verticales, irrégulières.

Localités : Poleymieux, Drevain.

Explication des 'figures : Pl. XIX, fig. 5. *Ostrea arietis*,
de Drevain, de grandeur naturelle, vu par-dessous. De la
collection de M. E. Pellat.

Ostrea electra (d'Orbigny).

(Pl. XIII, fig. 6.)

1850. D'Orbigny, *Prodrome, sinémurien* no 140.

Dimensions : Longueur, 50 millim.; largeur, 45 millim.

Coquille assez grande, rugueuse, à plis irréguliers, rayonnants,
un peu noduleux. Leur nombre approche de 30 ; le contour de la

coquille forme un ovale irrégulier : l'épaisseur est peu importante, les valves ne sont pas rebordées. L'échantillon, empâté dans un calcaire fort dur, ne laisse pas bien voir les détails.

Localité : Saint-Fortunat. *rr.*

Explication des figures : Pl. XIII, fig 6, *Ostrea electra*, de Saint-Fortunat, de grandeur naturelle. De ma collection.

Ostrea irregularis (Münster *in* Goldfuss).

(Pl. XIII, fig. 2 à 5.)

1834. Goldfuss, *Petrefacta*, p. 20, pl. 79, fig. 5.

Dimensions : Longueur, 52 millim.; largeur, 69 millim.; épaisseur, 30 millim.

Autre spécimen : Longueur, 34 millim.; largeur, 34 millim.; épaisseur, 18 millim.

Grande coquille ovale-oblongue, de contours très-variés, quelquefois presque ronde; valve gauche adhérente depuis le crochet jusqu'à la région palléale, où la coquille se relève presque par un angle droit, en montrant quelques plis concentriques rugueux ou lamelleux ; la valve droite, faiblement convexe, est marquée de quelques lignes concentriques plus apparentes vers la circonférence.

Quand le point d'appui n'est pas lisse, l'*ostrea* se moule, comme beaucoup d'autres espèces du même genre, sur les inégalités de la surface, qui sont reproduites en dessus par la valve operculaire; on en verra un exemple par la figure 4, pl. XIII, qui représente, vue en dessus, une petite *Ostrea irregularis* qui s'est développée adhérente sur une *Ammonites geometricus*,

L'exemplaire figuré même planche, fig. 1 et 2, s'est développé sur une surface lisse ; l'extrême différence des contours , si l'on compare les figures 2 et 4, justifie bien le nom donné par Münster.

La description de Goldfuss comprend toutes les coquilles figurées pl. 79, fig. 5, mais le texte dit positivement qu'il ne pense pas que les petits exemplaires *a, b, c*, appartiennent à l'espèce ; dès lors, c'est la grande figure 5, *d, e*, qui doit rester comme type de l'*Ostrea irregularis*.

On a imposé souvent ce nom, par erreur, à l'*Ostrea sublamellosa* (Dunker) de l'infrà-lias, qui est toujours petite, très-régulière, oblique et adhérente par une partie quelquefois très-minime de sa valve inférieure. La comparaison des figures très-bonnes, données par Dunker (*Palœontographica*. 1 vol.) de l'*Ostrea sublamellosa*, avec celle de la pl. 79, de Goldfuss, de l'*Ostrea irregularis*, suffit pour faire bien voir les différences qui les séparent. L'*Ostrea sublamellosa* est une des coquilles les plus caractéristiques pour la zone à *Ammonites planorbis*.

Localités : Belmont , Ville-sur-Jarnioux , Saint-Sernin-du-Plain. *r.*

Explication des figures : Pl. XIII, fig. 2 et 3, *Ostrea irregularis* de Belmont, de grandeur naturelle ; fig. 4 et 5, autre plus petite, de Ville-sur-Jarnioux , aussi de grandeur naturelle. De ma collection.

Terebratula basilica (OPPEL.)

(Pl. XIV, fig. 1 et 2.)

1861. Oppel, *Ueber die Brachiopoden des untern Lias. — Zeitschrift der. d. geolog. Gessellschaft* 13 , Band., p. 532, pl. 10, fig. 1.

Dimensions : Longueur, 31 millim.; largeur, 26 1/2 millim.; épaisseur, 19 millim.

Le bel échantillon figuré pl. XIV, a été trouvé par M. Falsan, dans les calcaires inférieurs de Saint-Cyr ; cette forme paraît des plus rares dans la zone : elle s'accorde assez bien avec la figure de la *Terebratula basilica* (Oppel), qui appartient cependant à un niveau un peu plus élevé, à la partie supérieure du lias inférieur.

La *terebratule* de Saint-Cyr est plus jeune, elle est aussi moins large, moins carrée, les contours plus adoucis, plus arrondis ; l'ouverture est petite, le crochet très-recourbé, très-saillant sur la grande valve.

Localité : Saint-Cyr. *rr.*

Description des figures : Pl. XIV, fig, 1 et 2, *Terebratula basilica*, de Saint-Cyr, de grandeur naturelle. De la collection de M. A. Falsan.

Terebratula gregaria (Suess).

(Pl. XIII, fig. 9 à 12.)

1854. Suess, *Ueber die Brachiopoden der Kossener Schichten,* p. 14, pl. 2, fig. 13 à 15.

Dimensions : Longueur, 22 millim. ; largeur, 20 millim. ; épaisseur, 9 millim.

Le bel échantillon figuré a été recueilli à la Meillerie (Haute-Savoie), carrière du Maupas, par M. A. Falsan, dans un calcaire noir dont j'ignore le niveau exact, mais qui appartient probablement à l'infrà-lias.

Si j'ai fait figurer cet exemplaire, c'est que sa forme, qu'il est, je crois, impossible de séparer de la *Terebratula gregaria,* est cependant pour certains détails d'une grande valeur, très-différente des figures données par les auteurs : l'élargissement de la coquille est ici aux deux tiers de la longueur, de sorte que le contour, au lieu d'être un lozange tronqué, est un véritable triangle ; il en résulte que les côtés qui descendent du crochet sont beaucoup plus longs relativement que dans la vraie *Terebratula gregaria*.

Le sinus de la petite valve est très-marqué, et la plus grande épaisseur près des crochets,

Localité : La Meillerie. *r*.

Explication des figures : Pl. XIII, fig. 9 à 12, *Terebratula gregaria*, de la Meillerie, de grandeur naturelle. De la collection de M. A. Falsan.

Terebratula subpunctata (Davidson.)

(Pl. XIII, fig. 7 et 8.)

1830. Davidson, *British. brachiopod.*, pl 6. fig. 7 à 10.)

Dimensions : Longueur, 37 millim.; largeur, 25 millim.; épaisseur, 21 millim.

Très-rare dans la zone inférieure. L'échantillon figuré a été recueilli à Saint-Cyr, par M. Falsan ; cet exemplaire est remarquable par sa forme arrondie ; il n'y a pas la moindre trace d'angle vers le crochet. Il me semble pourtant impossible de séparer ce type de l'espèce de Davidson.

Localité : Saint-Cyr. *r*.

Explication des figures : Pl. XIII, fig. 7 et 8, *Terebratula subpunctata*, de Saint-Cyr, de grandeur naturelle. De la collection de M. A. Falsan.

Rhynchonella variabilis (Schlotheim spec).

1813. Schlotheim, *Mineral. Tasch. Terebrat. variabilis*, pl. 1, fig. 4.

Dans la zone à *Ammonites Bucklandi*, elle est à peine indiquée par quelques exemplaires en mauvais état.

Localités : Cogny, Belmont. *r*.

Rhynchonella calcicosta (QUENSTEDT spec.).

(Pl. XIV., fig. 3, 4 et 5.)

1852. Quenstedt, *Terebratula calcicosta*, *Handbuch der Petrefakt*,
p. 451, pl. 36, fig. 6 à 9.

Dimensions : longueur, 8 millim.; largeur, 7 1/2 millim.;
épaisseur, 5 millim.

Petite coquille presque aussi large que longue, ornée de 14 à
16 plis réguliers, anguleux. Le sinus de la valve perforée en comprend 4 ; crochet petit, peu recourbé, très-anguleux; contour régulièrement arrondi.

Localités : Féchaux , Nolay, Liernais (Côte-d'Or). *r.*

Explication des figures : Pl. XIV, fig. 3, *Rhynchonella calcicosta*, de Féchaux, de grandeur naturelle ; fig. 4 et 5, la
même grossie deux fois.

Spiriferina Walcotti (SOWERBY spec.).

(Pl. XIV, fig. 6 et 7.)

1823. Sowerby, *Spirifer Walcotti*, *Miner. Conch.*, pl. 377, fig. 1 et 2.
1850. Davidson, *British. brachiop.*, pl. 3, fig. 2 et 3.

La *Spiriferina Walcotti* varie pour ses proportions. Les plis sont
quelquefois très-aigus et très-profonds, comme on peut le voir à la
fig. 6, qui représente un exemplaire de Saint-Fortunat. La fig. 7
montre un autre exemplaire de la même localité, de grande taille,
avec plis arrondis. Beaucoup moins abondante ici que dans les
zones plus élevées du lias.

6

Localités : Saint-Fortunat, Limonest, Cogny. *r.*

Explication des figures : Pl. XIV, fig. 6, *Spiriferina Wal-cotti*, de Saint-Fortunat, de grandeur naturelle, vue du côté de la grande valve; fig. 7, autre de la même localité, vue du côté des crochets. De la collection de M. A. Falsan.

Spiriferina pinguis (ZIETEN spec.).

1830. Zieten, *Delthyris pinguis*, *Würtemb.*, pl. 38, fig. 5.
1858. Quenstedt, *Der Jura*, Spirifer *tumidus*, p. 76, pl. 9, fig. 7.

Dimensions : Longueur, 27 millim.; largeur, 30 millim.; épaisseur, 12 millim.

Plus rare ici que dans la zone supérieure. Mes échantillons de Belmont sont parfaitement semblables à celui décrit par Quenstedt, de Jettenburg, sous le nom de *Spirifer tumidus* (de Buch).

Localités : Belmont, Liernais. *r.*

Cidaris.....

(Pl. XIV, fig. 10 à 13.)

Le fragment de test de *Cidaris*, figuré fig. 10 et 11, provient des carrières de Belmont; il est fort bien conservé, malheureusement il ne laisse rien voir des embulacres; les scrobicules ronds, un peu déprimés, très-profonds, non confluents, entourent un tubercule perforé, saillant, avec crénelures bien distinctes. Les tubercules secondaires, non perforés, forment un cercle irrégulier au tour des scrobicules et se propagent partout, laissant apparaître d'autres tubercules bien plus petits.

Le *Radiole*, fig. 12 et 13, vient des carrières de Dardilly : il est cylindrique, couvert de rangées de granulations rondes un peu allongées, irrégulières, très-serrées. Quelques petits grains isolés apparaissent entre les rangées de granulations.

Ce radiole ne peut s'identifier avec aucune des trois espèces indiquées par d'Orbigny du Sinémurien, pas plus qu'avec le *Cidaris arietis* (Quenstedt), (*Handbuch der Petref*, pl. 48, fig. 31), qui est orné de véritables épines.

Localités : Dardilly, Belmont. *rr*.

Explications des figures : Pl. XIV, fig. 10, fragment de test de cidaris de Belmont, de grandeur naturelle ; fig. 11, le même, grossi ; fig. 12, radiole de Dardilly, de grandeur naturelle ; fig. 13, portion du même, fortement grossi. De ma collection.

Pentacrinus scalaris (Goldfuss).

(Pl. XIV, fig. 7, 8 et 9).

1826. Goldfuss, *Petrefacta*, p. 173, pl. 52, fig. 3.

Les débris de pentacrinites sont des plus rares dans la zone inférieure.

Les fragments du *Pentacrinus scalaris*, figurés, proviennent des carrières de Saint-Fortunat ; ils sont cantonnés dans un très-petit banc de calcaire à grain très-fin, de couleur claire, que les ouvriers nomment le *Banc-de-savon*.

Il paraît que cette espèce se rencontre en Angleterre et en Allemagne, dans la zone supérieure, dont les couches les plus inférieures sont très-rapprochées du reste du niveau du *Banc-de-savon*.

Localité : Saint-Fortunat. *r*.

Explication des figures : Pl. XIV, fig. 7 et 8, article de *Pentacrinus scalaris*, de Saint-Fortunat, double grandeur ; fig. 9, fragment de tige du même, aussi de Saint-Fortunat, double grandeur.

Pentacrinus.....

(Pl. XIV, fig. 6.)

Fragment de tige dont le diamètre est de 6 millim., comprenant 14 articles assez hauts comparativement, à angles émoussés. On distingue à la loupe des traces d'ornements et de ponctuation. Sur les côtés rentrants, à la jonction de chaque article, on voit une petite dépression.

La face supérieure ne se laisse pas distinguer. Ce *Pentacrinus* a beaucoup de rapports avec le *Pentacrinus pentagonalis* (Goldfuss).

J'ai rapporté du lias inférieur de *Moussy* (Nièvre), une plaque couverte de semblables tiges, on y remarque que les empreintes des verticilles sont exactement rondes.

Une tige, venant des carrières de Saint-Didier, et d'un diamètre de 8 millim., est composée de 15 articles, alternant entre eux d'une manière curieuse pour leur épaisseur : on y compte 3 articles d'une hauteur égale, puis un quatrième plus haut d'un tiers que les précédents, et cette alternance se répète régulièrement.

Localités : Saint-Cyr, Saint-Germain, Saint-Didier, Féchaux.

Explication des figures : Pl. XIV, fig. 6, *Pentacrinus* ...... de Saint-Cyr, de grandeur naturelle.

Neuropora hispida (Terquem et Piette.)

(Pl. XIV, fig. 14 à 18.)

1865. Terquem et Piette, *Lias inférieur*, p. 125, pl. 14, fig. 27 et 28.

Testier en expansions lamelleuses attaché sur une *Lima suc-*

cincta (fig. 14 et 15). Les péristomes qui couvrent le fond du testier dans les intervalles des cônes, paraissent fort petits et égaux entre eux.

J'inscris encore sous ce même nom de *Neuropora hispida*, un très-bel échantillon de Limonest, dessiné de grandeur naturelle, fig. 16 et 17. Ici le testier est non-seulement attaché sur un débris de coquillle, mais il l'enveloppe presque de toutes parts : les deux faces planes de l'échantillon sont couvertes par les tuber-cules coniques, qui, d'après MM. Terquem et Piette, caractéri-sent l'espèce; mais, de plus, sur la tranche, il s'est formé des expansions de la forme la plus capricieuse, la plus irrégu-lière et très-profondément fouillées. La figure 18 donne le des-sin grossi d'un petit espace pris sur la partie plane. Ce que cet échantillon offre encore de curieux, c'est l'amincissement ex-trême du testier, sur ses bords adhérents. Là il ne dépasse pas en épaisseur une feuille de papier à lettres, et néanmoins nulle part ailleurs les ornements caractéristiques ne sont plus nette-ment accusés que sur cette partie même du testier.

Localités : Saint-Fortunat, Limonest. *rr*.

Explication des figures : Pl. XIV, fig. 14, *Neuropora hispida*, de Saint-Fortunat, de grandeur naturelle; fig. 15, le même grossi ; fig. 16 et 17, le même de Limonest, vu de deux côtés, de grandeur naturelle; fig. 18, une portion du même, grossie. De ma collection.

Neuropora mamillata (E. de Fromentel).

(Pl. XIV, fig. 19 à 22.)

1860. De Fromentel, *in J. Martin, infrà-lias,* p. 91, pl. 7, fig. 11 à 15.

Nous avons déjà décrit ce bryozoaire, des couches supérieures de l'infrà-lias.

L'échantillon d'un gros volume, dont j'ai fait figurer une petite portion seulement, fig. 21, vient de *Cuers* (Var); je l'ai recueilli, chemin de *Valcros*, à gauche des carrières, en montant. Le testier est entièrement transformé en silice orbiculaire; la couche superficielle et les ornements ont disparu presque partout, cependant, par places, cette couche a été silicifiée comme le reste et laisse voir alors de très-bons détails (Voir fig. 22.)

Le testier est toujours développé en rameaux cylindriques; je n'ai trouvé la forme en rameaux comprimés qu'une seule fois dans les calcaires de Saint-Fortunat. La fig. 19, de grandeur naturelle montre la forme du fragment dont l'épaisseur n'arrive pas à 3 millim. 1/2.

Localités : Saint-Fortunat, Saint-Germain, Poleymieux, Jambles, Génelard, Cuers.

Explication des figures : Pl. XIV, fig. 19, *Neuropora mamillata*, de Saint-Fortunat, de grandeur naturelle; fig. 20, portion du même, grossi; fig. 21, partie d'un spécimen de Cuers, de grandeur naturelle; fig. 22, portion du même, grossi. De ma collection.

Eryma Falsani (Nov. spec.).

(Pl. XV, fig. 1, 2 et 3.)

Ces beaux fragments de crustacés, figurés pl. XV, fig. 1 à 3, de grandeur naturelle, ont été recueillis, par M. Albert Falsan, dans le calcaire dur des couches inférieures, à Saint-Didier, carrière d'Arche. Les fig. 2 et 3 représentent le même échantillon, vu par ses deux faces; on y voit la patte antérieure d'un crustacé assez gros : l'épaisseur de la patte est de 10 millim.; la fig. 2, montre le côté intérieur, et la fig. 3, le côté extérieur. Les doigts sont parallèles, cylindriques, de taille à peu près semblable : ils sont garnis en dedans de protubérances arrondies, saillantes, très-irrégulières par leurs tailles et leurs positions.

On voit, dans la fig. 3, la seconde pince, à moitié engagée dans le calcaire et juxtà-posée à la première.

La surface est partout couverte de très-petites protubérances épineuses ; de plus, on remarque du côté extérieur, quelques tubercules plus gros, alignés dans le sens de la longueur, au-dessous de l'articulation. Le fragment, fig. 1, trouvé dans la même carrière, paraît appartenir à la même espèce.

Ce crustacé, si son genre se trouve dans la suite confirmé par la découverte de meilleurs échantillons, ferait descendre le genre *Eryma* assez bas dans la série des terrains, car je ne crois pas qu'il ait été encore signalé dans les couches les plus inférieures du lias.

La fig. 4, de la même pl. XV, représente, de grandeur naturelle, une cuisse entière d'un crustacé de grande taille. Ce fragment bien conservé est recouvert partout de tubulures épineuses ; de plus, l'on remarque (sur la gauche de la figure et en bas) trois ou quatre grosses dents placées sur le côté étroit et près de l'articulation. Ces denticulations ont la pointe dirigée en bas. Ce beau fragment a été aussi trouvé par M. A. Falsan, au même niveau que les autres, mais dans une autre carrière de Saint-Fortunat. Je ne sais s'il faut le rapprocher des autres.

Localités : Saint-Didier, Saint-Fortunat. rr.

Explication des figures : Pl. XV, fig. 1, fragment de crustacé de Saint-Didier, grandeur naturelle ; fig. 2 et 3, autre fragment du même gisement, de grandeur naturelle, vu de deux côtés différents ; fig. 4, autre de Saint-Fortunat, de grandeur naturelle. De la collection de M. Falsan.

GÉNÉRALITÉS SUR LES FOSSILES

DE LA ZONE A AMMONITES BUCKLANDI.

Les ammonites de la zone inférieure appartiennent toutes à une même famille, celle des *Arietes* ; famille aussi remarquable par la forme des tours et les ornements de ses ammonites, que par la disposition spéciale de leurs lobes; il n'y a d'exception que pour l'*Ammonites Charmassei*, forme, d'ailleurs, d'une rareté extrême. Ce type, très-éloigné des *Arietes*, rentre dans la famille des *Ornati*.

Voici la liste des fossiles qui, dans le bassin du Rhône, paraissent les plus importants et les plus répandus dans la zone de l'*Ammonites Bucklandi* : les ammonites occupent ici la place d'honneur. On remarquera, de plus, que les gastéropodes n'y figurent pas; en effet, sauf quelques moules peu sûrs de gros pleurotomaires, les coquilles univalves ne sont ici que des accidents, à cause de leur extrême rareté.

Les fossiles sont classés, dans la liste suivante, d'après leur importance relative :

Gryphœa arcuata.
Ammonites Bucklandi.
Ammonites bisulcatus.
Ammonites Conybeari.
Ammonites Gmündensis.
Lima gigantea.
Lima punctata.
Lima succincta.
Lima pectinoides.
Avicula Sinemuriensis.
Pecten Hehli.
Pleuromya striatula.
Cardinia copides.
Nautilus striatus.
Mytilus Morrisi.
Pholadomya glabra.
Pholadomya fortunata.
Myoconcha scabra.
Lucina liasina.
Pinna Hartmanni.

Pinna folium.
Pecten textorius.
Neuropora mamillata.

Je réunis dans la liste suivante, plus importante encore, les fossiles qui, dans notre lias, paraissent spéciaux à la zone de l'*Ammonites Buklandi* et ne se montrent jamais ailleurs.

Ce sont les fossiles caractéristiques :

Ammonites Buklandi.
Ammonites bisulcatus.
Ammonites Conybeari.
Ammonites rotiformis.
Ammonites aureus.
Ammonites Gmündensis.
Ammonites Falsani.
Ammonites Arnouldi.
Gryphœa arcuata.
Pholadomya ventricosa.
Pholadomya fortunata.
Pleuromya Charmassei.
Pleuromya Berthaudi.
Cardinia copides.
Pinna folium.
Myoconcha scabra.
Lima gigantea.
Lima charta.
Lima stigma.
Perna Pellati.
Harpax sarcinulus.

Les *Ammonites* jouent encore ici le premier rôle, je ne tiens pas compte, au contraire, des *gastéropodes.*

On voit que je compte la *Gryphœa arcuata* au nombre des coquilles caractéristiques, quoique l'on puisse citer quelques cas. extrêmement rares, où elle a été rencontrée dans l'infrà-lias : je l'ai citée moi-même, dans la première partie de ces études, des couches supérieures de la zone à *Ammonites planorbis*; d'un autre côté, il n'est pas absolument sûr qu'elle ne monte pas jusque dans les couches les plus inférieures de la zone à *Ammonites oxynotus*; mais son abondance exceptionnelle dans l'universalité des gisements, où elle surpasse de beaucoup en nombre tous les autres fossiles réunis, lui fait une place à part, dans la zone à *Ammonites Buklandi*, dont elle restera toujours le type accepté par tous les géologues.

On remarquera peut-être encore que l'*Ammonites bisulcatus* figure dans la zone supérieure de l'infrà-lias (voir première partie de ces Etudes, p. 115), mais la couche où elle a été rencontrée, dans la zone à *Ammonites angulatus*, est une couche tout à fait supérieure, une couche de contact, dont la position peut laisser quelques doutes au milieu des calcaires qui se succèdent sans laisser voir un véritable plan de séparation.

Enfin, l'on trouvera réunis, dans la liste suivante, les noms des fossiles assez nombreux qui passent dans la zone à *Ammonites oxynotus*. quelques-uns même dans des dépôts plus récents.

> *Nautilus striatus.*
> *Ammonites geometricus.*
> *Ammonites Scipionianus.*
> *Ammonites Davidsoni.*
> *Pholadomya glabra.*
> *Pleuromya striatula.*
> *Cardinia philea.*
> *Cardinia crassiuscula.*
> *Cardinia concinna.*
> *Lucina liasina.*
> *Pinna Hartmanni.*
> *Lima punctata.*

Lima succincta.
Lima pectinoïdes.
Avicula Sinemuriensis.
Pecten Hehli.
Pecten textorius.
Pecten acutiradiatus.
Ostrea irregularis.
Ostrea arietis.
Terebratula subpunctata.
Spiriferina Walcotti.
Neuropora mamillata.

En considérant le nombre assez grand des coquilles bivalves qui passent de la zone inférieure à la zone supérieure, on serait tenté de réunir en un seul tout ces deux subdivisions du lias inférieur; mais si l'on veut tenir compte de la brusque apparition du *Belemnites acutus*, du *Pentacrinus tuberculatus* dans les premières couches de la zone supérieure, ainsi que de la succession des *Ammonites* des deux zones, *Ammonites* qui ont une position si sûre, si caractéristique, on comprend bien vite les raisons qui ont fait distinguer deux grands niveaux fossilifères dans le lias inférieur.

ZONE DE L'AMMONITES OXYNOTUS.

Pour ne pas trop multiplier les subdivisions, j'ai compris sous cette dénomination toute la partie supérieure du lias inférieur, depuis les premières couches où se montre la *Belemnites acutus* et la *Terebratula cor*, jusques aux premières assises du lias moyen.

C'est la partie supérieure du Sinémurien de d'Orbigny, qui comprend tant de choses différentes, comme nous l'avons déjà vu ; c'est la zone des *Belemnites acutus*, d'après MM. Terquem et Piette ; enfin, c'est le lias *Beta* des géologues allemands.

Une étude attentive des divers niveaux de cette zone supérieure du lias inférieur, fait voir qu'on peut très-bien distinguer, en suivant les couches fossilifères de bas en haut, plusieurs associations de fossiles successives et différentes entre elles ; sur un grand nombre de points, il est vrai, cette distinction paraît des plus difficiles, mais il est des régions où la succession des faunes et leur superposition est aussi évidente que régulière.

Ainsi, dans les carrières si nombreuses du lias inférieur, que l'on peut étudier au nord de Lyon, dans un rayon assez étendu, les caractères minéralogiques des couches calcaires ne fournissent aucune lumière pour le passages des couches à *Ammonites geometricus* de la zone inférieure aux premières couches de la zone supérieure ; le seul guide, pour reconnaître ces couches consiste dans l'apparition des *Belemnites acutus*, du *Pentacrinus tuberculatus* et des premières *Gryphea obliqua*, qu'il n'est pas toujours facile de démêler d'avec la *Gryphœa arcuata* ; mais pour les carrières qui, dans le département de Saône-et-Loire, sont rapprochées de Givry, de Nolay, de Couches et d'Autun, il est une circonstance qui permet de se reconnaître plus facilement encore.

Dans ces carrières, en effet, où la zone à *Ammonites Bucklandi* offre une épaisseur peu considérable (de 4 à 6 mètres), on remarque tout à coup une couche de 60 à 75 centimètres de calcaire contenant le *Belemnites acutus* et le *Pentacrinus tuberculatus*, et qui laisse voir en saillie, sur le front de carrière, 4 à 5 petites ammonites très-caractéristiques et très-constantes que nous décrivons plus loin. Ce sont les *Ammonites Davidsoni, resurgens, Hartmanni, lacunatus*, et que l'on trouve partout à ce niveau : cette couche me paraît former la base de la zone supérieure du lias inférieur ; la *terebratula cor* s'y montre déjà en assez bon nombre, tandis que la *Gryphæa obliqua* y est assez peu nombreuse. Cette couche à *Ammonites Davidsoni* forme donc le premier niveau fossilifère de la zone supérieure.

Le second niveau, en remontant, présente un ensemble de calcaires durs, de 3 mètres environ, où l'on trouve, dans la moitié supérieure, l'*Ammonites obtusus*, mais surtout l'*Ammonites stellaris*, accompagnée souvent des *Ammonites Œduensis, Birchi, Victoris, lacunatus ;* le *Pentacrinus tuberculatus* et la *Gryphæa obliqua* n'y font jamais défaut : ce sont les couches à *Ammonites stellaris*.

Au-dessus de ces calcaires, qui sont encore très-semblables minéralogiquement à ceux de la zone inférieure, et qui sont durs, sublamellaires, de couleur gris foncé, la nature de la roche change tout à coup ; la couleur passe au brun rougeâtre ou jaunâtre, le calcaire devient plus terreux, moins solide ; les *Ammonites oxynotus* et *raricostatus* (la variété à grosses côtes) y abondent avec toutes les ammonites si variées de ce niveau remarquable, que nous appellerons couches de l'*Ammonites oxynotus*.

Enfin, dans la partie supérieure, on rencontre l'*Ammonites planicosta*, l'*Ammonites raricostatus* à petites côtes, et toutes les *Ammonites* de la même famille, que l'on trouve ordinairement à l'état de moules calcaires blanc mat, et quelquefois avec leur test cristallisé. Cet ensemble n'a pas une très-grande épaisseur ; nous lui donnerons le nom de couches à *Ammonita planicosta*.

Dans la contrée qui se rapproche de Lyon, les calcaires durs cessent aussi et prennent un autre faciès avant l'apparition de l'*Ammonites oxynotus*; on se trouve tout à coup dans un calcaire un peu cristallin, rougeâtre, rosé, lourd, massif, au milieu duquel les fossiles se dessinent en blanc mat, et dont les moindres fragments sont ainsi reconnaissables dans les éboulis.

Je n'ai pas étudié assez attentivement les carrières du Jura et des autres points, au nord, dans le bassin du Rhône, pour pouvoir indiquer, dans ces localités, les modifications spéciales que le lias inférieur y subit à chaque niveau. Il en est de même pour les carrières du Midi où, je crois, il est difficile de se reconnaître à moins d'un examen très-attentif et très-prolongé, auquel je n'ai pas pu me livrer.

En résumé, la partie supérieure du lias inférieur, que je comprends sous le nom de zone de l'*Ammonites oxynotus*, offre un ensemble de couches, d'une épaisseur totale peu considérable, que l'on peut représenter, par la coupe théorique suivante, en allant de haut en bas.

Couches calcaires, ordinairement de couleur claire, avec les *Ammonites raricostatus, planicosta, viticola; Cardinia philea* : épaisseur environ .	1ᵐ »	Couches à *Ammonites planicosta*.
Couches calcaire subcristallin, rougeâtre ou calcaire mat compact, brun jaunâtre, contenant *Ammonites oxynotus, Aballoensis, Driani, Bonnardi; Nautilus pertextus, Avicula Sinemuriensis* . . .	1ᵐ50	Couches à *Ammonites oxynotus*.
Calcaires durs sublamellaires, grisâtres, avec *Ammonites Œduensis, obtusus, stellaris; Gryphæa obliqua, Terebratula cor*	3ᵐ »	Couches à *Ammonites stellaris*.
Calcaires durs, sublamellaires, gris bleuâtre avec *Pentacrinus tuberculatus, Terebratula cor; Ammonites Davidsoni, lacunatus, Hartmanni*, environ	1ᵐ50	Couches à *Ammonites Davidsoni*.

TOTAL. . . 7ᵐ »

Ainsi, l'épaisseur moyenne de la zone, peut être évaluée à 7 ou 8 mètres, et généralement elle n'y arrive pas.

Je donne à tout cet ensemble le nom de 'zone de l'*Ammonites oxynotus*, parce que cette ammonite, toujours très-reconnaissable, ne manque presque jamais; de plus elle occupe la partie moyenne et la plus fossilifère de la zone ; dès que j'avais à choisir une seule espèce, j'ai dû préférer celle qui me paraissait devoir amener le moins de confusion.

Sauf quelques rares exceptions, quand on passe de la zone à *Ammonites Bucklandi* et *geometricus* à la zone supérieure, la nature de la roche ne subit pas de changements, et l'état seul de conservation des fossiles peut servir d'avertissement; en effet, tandis que les ammonites dans la zone inférieure sont invariablement à l'état de moules calcaires et sans traces de test, on les trouve toujours, au contraire, dans la zone de l'*Ammonites oxynotus*, avec leur test et tous leurs ornements extérieurs. Malheureusement, alors, comme la coquille est passée entièrement à l'état de spath calcaire, si les échantillons ne se trouvent pas dégagés naturellement, par les agents atmosphériques, il est inutile de chercher à les débarrasser de la gangue calcaire qui les recouvre : leur état cristalin fait qu'ils se mettent en menus fragments avec une grande facilité.

Pour trouver la limite exacte où commencent les couches inférieures du lias moyen, au-dessus des couches à *Ammonites planicosta*, les carrières du département du Rhône offrent, par le changement minéralogique des roches, la plus grande facilité : on passe des calcaires rosàtres subcristallins avec taches blanches, à un calcaire mat, très-grossier, marneux, gris, d'un aspect tout différent, remplacé quelquefois par un calcaire rouge de sang, terreux ; mais il n'en est pas de même pour les carrières de Saône-et-Loire : là, il est presque impossible de trouver une différence entre la nature des couches à *Ammonites planicosta* et *raricostatus*, et celles du lias moyen qui les recouvrent ; la couleur jaunâtre de tous les fragments est la même : c'est à peine si l'on peut dire que dans le lias moyen, la nuance du calcaire est un peu moins foncée : les fossiles sont également munis de leur test et cristallisés. La ténacité de la roche y paraît seulement un peu plus grande. Cette ressemblance rend les recherches minutieuses et délicates dans les débris de carrières des environs de Nolay et de Givry, localités si riches en fossiles des deux niveaux et où le lias inférieur est presque partout recouvert de un mètre ou deux de calcaire appartenant au lias moyen. L'un des meilleurs guides, quand les ammonites manquent, pour reconnaître si l'on est déjà dans le lias moyen, c'est la présence du *Belemnites Paxillosus*, qui ne manque presque jamais à ce niveau et qui ne se montre pas encore dans les couches supérieures de la zone inférieure.

Il est remarquable de rencontrer, dans une seule subdivision du lias, une faune aussi riche, aussi variée et aussi spéciale que celle que nous fournit la zone à *Ammonites oxynotus* : cette observation est vraie, surtout pour les céphalopodes, car l'on y compte plus de 40 espèces d'ammonites; l'étude de ces ammonites est d'autant plus intéressante que presque toutes sont caractéristiques pour ce niveau : et cependant il est peu de points dans le bassin du Rhône, où l'épaisseur totale des couches, comprenant les quatre petites subdivisions que j'ai indiquées, dépasse une épaisseur de 5 à 6 mètres.

Une autre considération très-digne de remarque est que, si l'on compare nos listes avec celles des ouvrages allemands, si consciencieux, consacrés à l'étude des fossiles des mêmes terrains, avec les livres, par exemple, de Quenstedt et d'Oppel, on voit une concordance frappante pour les espèces associées aux mêmes niveaux, et cela pour des contrées déjà très-éloignées des localités que nous étudions.

Les couches de la zone à *Ammonites oxynotus* se montrent partout en stratification concordante avec les autres couches du lias inférieur, ainsi qu'avec celles du lias moyen qui les recouvrent. Tout le Jurassique inférieur de nos contrées, en y comprenant l'infrà-lias, paraît, sauf de rares exceptions, s'être déposé dans les mêmes mers sans accidents ni interruptions.

DÉTAILS SUR LES GISEMENTS.

ZONE DE L'AMMONITES OXYNOTUS.

Saint-Cyr (Rhône). — Village près de Lyon. — Carrières.

Saint-Didier (Rhône). — Village près de Lyon. — Carrières.

Saint-Fortunat (Rhône), — Commune de Saint-Didier. — Très-nombreuses carrières.

Poleymieux (Rhône). — Village près de Lyon. — Carrières.

Saint-Germain (Rhône). — Village du Mont-d'Or, versant de la Saône. — Carrières.

Limonest (Rhône). — Carrières à l'est.

Dardilly (Rhône). — Village du Mont-d'Or. — Carrières du Bouquier ou du Paillet.

Bully (Rhône). — Canton de l'Arbresle. — Nombreuses carrières.

Pommiers (Rhône). — Canton d'Anse. — Carrières.

Belmont (Rhône). — Canton d'Anse. — Carrières.

Cogny (Rhône). — Canton de Villefranche. — Carrières et murs dans les vignes.

Limas (Rhône). — Canton de Villefranche. — Carrières.

Buges (Ain). — Canton de Saint-Rambert. — Anciennes carrières.

Villebois (Ain). — Canton de Lagnieu.

Lagnieu (Ain). — Route de Souclins. — Dans les vignes.

Saint-Rambert (Ain). — Carrières près de la ville.

Pannessières (Jura). — Canton de Couliège, près de Lons-le-Saunier.

Saint-Thiébaud (Jura). — Canton de Salins.

Féchaux (Jura). — Commune de Villeneuve-sous-Pymont, canton de Lons-le-Saunier. — Carrières.

Lournand (Saône-et-Loire). — Canton de Cluny. — Carrières et murs de clôture au N.-O.

Saint-Denis-de-Vaux (Saône-et-Loire). — Canton de Givry. — Carrières.

Berzé-le-Châtel (Saône-et-Loire). — Canton de Cluny. — Carrière, tranchées de la route.

Jambles (Saône-et-Loire) — Canton de Givry, en montant à la Croix. — Murs, carrières.

Péronne (Saône-et-Loire). — Canton de Lugny. — Carrières

Sainte-Hélène (Saône-et-Loire). — Canton de Buxy. — Carrières, murs dans le village.

Moroges (Saône-et-Loire). — Canton de Buxy, hameau de Cercot. — Chemin de Jambles. — Murs de clôtures — Chemin de Buxy.

Ruffey (Saône-et-Loire). — Commune et canton de Sennecey-le-Grand, vignes au sud.

Prevain (Saône-et-Loire). — Commune de Saint-Pierre-de-Varennes, canton de Couches. — Carrières.

Borgy (Saône-et-Loire). — Canton de Couches. — Belles carrières.

Dracy (Saône-et-Loire). — Canton de Couches. — Carrières.

Sivry (Saône-et-Loire). — Commune de Saizy, canton d'Epinal. — Carrières.

Dezize (Saône-et-Loire). — Canton de Couches. — Carrières.

Nolay (Côte-d'Or). — Carrières près de la ville. — Localité importante.

Saint-Christophe-en-Brionnais (Saône-et-Loire). — Canton de Sémur, Carrières et murs de clôture.

Sarry (Saône-et-Loire). — Canton de Sémur. — Carrières et murs de clôture; localité importante.

Curgy (Saône-et-Loire). — Près d'Autun. — Carrières.

Pouilly-sur-Loire (Loire). — Près de Charlieu. — Plusieurs carrières.

Nandax (Loire). — Canton de Charlieu. — Carrières.

Gémelard — (Saône-et-Loire). — Canton de Toulon-sur-Arroux. — Nombreuses carrières.

Clomot (Côte-d'Or). — Canton d'Arnay-le-Duc. — Carrières et murs.

Mont-de-Lans (Isère). — Canton du Bourg-d'Oizan.

Col-des-Encombres (Savoie). — Près de Saint-Martin-de-Belleville, le Roc retourné.

Roblac (Gard). — Canton de Saint-Ambroix.

Mazaugues (Var).

Puget-de-Cuers (Var). — Canton de Cuers, route de Valcros, collines à gauche.

Besançon (Doubs). — Chapelle des bois.

Il y a dans cette liste des gisements quelques localités des départements de Saône-et-Loire et de la Loire qui n'appartiennent pas en réalité au bassin du Rhône tel que les dernières modifications de la surface l'ont délimité. Ces points, qui comprennent la petite région jurassique, située entre *Charlieu* et *Charolles*, sont effectivement dans le bassin de la Loire, mais ce lambeau du Jurassique inférieur, séparé par une distance considérable du lias le plus rapproché du bassin de la Loire, qui ne se montre que dans les environs de Nevers, est lié au contraire d'une manière intime aux autres parties des dépôts du même âge qui s'étendent sans interruption de Lyon à Autun. De sorte que ce lias du Charollais, placé à l'ouest direct de Mâcon, à quelques lieues à peine du centre du bassin du Rhône, se rattache tout naturellement aux dépôts que nous étudions. Tout concourt à prouver, d'ailleurs, que ces couches du Charollais ont été déposées dans une mer qui n'était pas séparée de celle qui couvrait le Mâconnais avant le mouvement qui est venu plus tard changer les niveaux, en faisant surgir les collines qui séparent aujourd'hui les deux grandes vallées. Il est à remarquer que les oscillations ont pu non-seulement séparer les eaux qui forment aujourd'hui le Rhône et la Loire, mais encore amener la curieuse circonstance de la direction inverse des deux fleuves, dont les cours sont parallèles et si rapprochés. La vallée de la Saône étant prise ici pour la légitime continuation de la grande vallée du Rhône au nord de Lyon.

LISTE DES FOSSILES DE LA ZONE A AMMONITES OXYNOTUS

Ichthyosaurus . . . . *r.* Saint-Fortunat.

Sargodon liasicus (E. Dum.). *rr.* Dardilly.

Belemnites acutus (Miller) . . *cc.* Partout.

Nautilus pertextus (E. Dum.). . *c.* Saint-Fortunat, Saint-Cyr, Lournand, Nolay.

Nautilus Striatus (Sowerby) . *r.* Saint-Fortunat.

Ammonites Davidsoni (d'Orbig.) Saint-Denis-de-Vaux, Drevain, Nolay, Borgy, Lournand, Dracy.

Ammonites resurgens (E. Dum.) Berzé-le-Châtel, Nandax, Jambles, Nolay, Borgy, Sivry.

Ammonites Hartmanni (Oppel) . *c.* Saint-Fortunat, Berzé-le-Châtel, Lournand, Jambles, Borgy, Pouilly, Génelard, Sivry, Salins, Saint-Rambert (Ain), Mont-de-Lans (Isère), d'après M. d'Orbigny, ainsi que Pommiers (Rhône).

Ammonites Berardi (E. Dum.). *rr.* Borgy, Nolay.

Ammonites Patti (E. Dum). . *rr.* Borgy, Sivry, Jambles.

Ammonites lacunatus (Buckm) . *c.* Saint-Fortunat, Dardilly, Limonest, Jambles, Péronne, Sainte-Hélène, Borgy, Drevain, Clomot, Féchaux, Nolay, Besançon.

Ammonites obtusus (Sowerby). *r.* Saint-Cyr, Saint-Fortunat, Nolay, Saint-Christophe, Saint-Rambert.

Ammonites Stellaris (Sowerby). *cc.* Saint-Fortunat, Saint-Cyr, Limonest, Lournand, Saint-Chris-

lophe, Saint-Denis-de-Vaux, Nolay, Jambles, Moroges (Mazaugues et Mont-de-Lans, d'après
d'Orbigny).

Ammonites Œduensis (Desplaces
de Charmasse) . . . . .   Très-commune à Borgy ; rare ailleurs : Saint-Fortunat, Pouilly,
Saint-Christophe.

Ammonites Landrioti (d'Orbig.). *rr.* Borgy.

Ammonites Locardi (E. Dum.). *rr.* Saint-Fortunat.

Ammonites Birchi (Sowerby).   . *r.* Saint-Fortunat, Moroges, Jambles,
Dracy, Nolay, Génelard, Sarry.

Ammonites Sauzeanus (d'Orbig.) *r.* Saint-Fortunat, Limonest, Ruffey,
Nolay.

Ammonites Scipionianus (d'Or-
bigny) . . . . *r.* Curgy, Sivry, Clomot.

Ammonites geometricus (Oppel). *r.* Saint-Fortunat, Jambles, Dardilly,
Nolay, Borgy.

Ammonites spiratissimus (Quen-
stedt) . . . . *r.* Poleymieux, Limonest, Nolay.

Ammonites Victoris (E. Dum.). *r.* Saint-Fortunat, Nolay, Lournand.

Ammonites Boncaultianus (d'Orbigny) . . . . *rr.* Jambles.

Ammonites Guibalianus (d'Orb.) *r.* Saint-Didier, Nolay, Lournand,
Jambles.

Ammonites Aballoensis (d'Orb.) *rr.* Saint-Fortunat, Moroges, Curgy.

Ammonites oxynotus (Quenst.). *cc.* Saint-Fortunat, Limonest, Lagnieu, Saint-Christophe, Sarry,
Lournand, Jambles, Sainte-Hélène, Nolay, Pannessières.

Ammonites Buvigneri (d'Orb.). *rr.* Lournand.

Ammonites Greenoughi (Sow.). *rr.* Saint-Fortunat, Nolay.

Ammonites Cluniacencis (Dum.) *rr.* Lournand.

Ammonites Tamariscinus (Schloenbach . . . . *rr.* Nolay.

Ammonites altus (V. Hauer) . *r.* Nolay, Borgy.

Ammonites Driani (E. Dumort.) *r.* Saint-Fortunat, Sainte-Hélène, Nolay.

Ammonites Salisburgensis (Von
Hauer).   *rr.* Moroges.

Ammonites Sæmanni (E. Dum.) *rr.* Saint-Fortunat, Saint-Christophe

Ammonites Jejunus (E. Dum.) . *rr.* Limonest.

Ammonites Bonnardi (d'Orb.) . *r.* Saint-Fortunat, Limonest, Sarry,
Nolay, Sainte-Hélène, Saint-
Christophe, Belley (Ain), d'après
M. d'Orbigny.

Ammonit Nodotianus (d'Orbig.)   Saint-Fortunat, Limonest, Jambles,
Sainte - Hélène, Sarry, Saint -
Christophe, Moroges, Nolay,
Borgy.

Ammonites Pellati (E. Dum.) . *rr.* Borgy.

Ammonites Dudressieri (d'Orb.). *rr.* Saint-Fortunat.

Ammonites Pauli (E. Dum.) . *r.* Saint-Fortunat, Sainte-Hélène.

Ammonites armentalis (Dum.). *rr.* Sarry.

Ammonites Edmondi (E. Dum.). *rr.* Nolay.

Ammonites Oosteri (E. Dum.) . *rr.* Nolay, Sarry.

Ammonites planicosta (Sow.) . *c.* Saint-Fortunat, Péronne, Jambles,
Moroges, Nolay, Sainte-Hélène,
Lournand, Sarry, Besançon, col
des Encombres.

Ammonites subplanicosta (Oppel) *rr.* Berzé-le-Châtel, Pannessières, St-
Christophe.

Ammonites Bodleyi (Buckman). *rr.* Saint-Fortunat.

Ammonites tardecrescens (V.
Hauer) . . . .   Saint-Fortunat, Nolay, Ruffey,
Berzé-le-Châtel, Jambles, Moro-
ges, Lournand, Sarry, Borgy.

Ammonites viticola (E. Dum.) . *cc.* Poleymieux, Saint-Fortunat, Berzé-le-Châtel, Lournand, Jam-
bles, Sarry, Pannessières, Nolay, Saint-Christophe.

Ammonites raricostatus (Zieten.) *c.* Saint-Fortunat, Drevain, Borgy,
Sarry, Lournand, Jambles, Ste-

Hélène, Nolay, Pannessières, Mo
roges, Saint-Christophe.

Ammonites vellicatus (E. Dum.) *rr*. Saint-Fortunat.

Ammonites Ziphus (Zieten).   . *rr*. Berzé-le-Châtel.

Turritella Branoviensis (Dum.). *rr*. Saint-Christophe.

Turritella intermedia (Terquem
et Piette) . . . . . . *r*. Nolay.

Chemnitzia Noguesi (E. Dum.). *rr*. Nolay.

Chemnitzia Berthaudi (E. Dum.) *rr*. Péronne.

Phasianella Œduensis (Dum.). *r*. Lournand, Jambles.

Trochus optio (E. Dum.). . . *r*. Nolay, Saint-Christophe, Borgy.

Trochus calcarius (E. Dum.) . *r*. Pouilly, Saint-Christophe.

Turbo Escheri (Münster in Goldfuss). . . . . . . *r*. Moroges.

Turbo Orion (d'Orbigny) . . Nolay, Châlon-sur-Saône, d'après
M. d'Orbigny.

Turbo Chantrei (E. Dumortier). *r*. Jambles, Lournand.

Turbo Piatoni (E. Dumortier). *rr*. Borgy.

Turbo strophium (E. Dum.). . *r*. Borgy.

Turbo tiro (E. Dumortier). . *r*. Borgy, Nolay, Saint-Christophe.

Pleurotomaria expansa (So. sp.). Jambles, Lournand, Borgy, Nolay,
Drevain.

Pleurotomaria Gigas (E. Deslon-
champs) . . . . . . *rr*. Saint-Fortunat.

Pleurotomaria undosa (Schübler *r*. Saint-Cyr, Saint-Didier, Saint-For-
in Zieten, sp.). . . . . tunat, Poleymieux, Nolay.

Pleurotomaria Marcousana (d'Orbigny). . . . . . . *rr*. Saint-Cyr.

Pleurotomaria similis (Sow. sp.). *r*. Borgy, Sivry.

Pleurotomaria Subnodosa (Münster in Goldfuss). . . . . *r*. Borgy.

Pleurotomaria Charmassei (E. *r*. Saint-Fortunat, Dardilly, Sivry,
Dumortier) . . . . . . Sarry.

Pleurotomaria Humberti (E. Du-
mortier) . . . . *rr*. Saint-Fortunat.
Pleurotomaria Nerei (Münster in
Goldfuss). . . . . . . *rr*. Borgy.
Cerithium Ogerieni (**E. Dum.**). *rr*. Pannessières.

Pholadomya Deshayesi (Chapuis *c*. Saint-Fortunat, Nolay, Berzé-le-
et Dewalque). . . . . . Châtel, Sarry.
Pholadomya Voltzi (Agassiz). . *r*. Saint-Fortunat.
Pleuromya Galathea (Agassiz). *r*. Lagnieu.
Pleuromya crassa (Agassiz). . Saint-Fortunat, Sainte-Hélène,
Borgy, Sarry, Nolay, Robiac,
Puget-de-Cuers.
Pleuromya Toucasi (E. Dum.). *r*. Puget-de-Cuers.
Pleuromya striatula (Agassiz). *c*. Saint-Fortunat, Sarry, Bully, No-
lay, Sivry.
Pleuromya liasina (Schübler,
sp.). . . . . Saint-Fortunat, Limonest.
Pleuromya cylindrata (D. Dum.). *rr*. Saint-Germain.
Pleuromya angusta (Agassiz). . *r*. Saint-Christophe, Sarry.
Cardium truncatum (Phillips). *rr*. Saint-Christophe.
Hippopodium ponderosum (Sow.). *r*. Saint-Fortunat, Moroges, Lour-
nand, Sarry.
Cardinia philea (d'Orbigny). . *cc*. Saint-Fortunat, Jambles, Lour-
nand, Sainte-Hélène, Saint-
Christophe, Sarry, Borgy, De-
zize.
Cardinia concinna (Sowerby). *r*. Nolay.
Cardinia hybrida (Sowerby sp.). Moroges, Saint-Christophe.
Cardinia Listeri (Agassiz). . . *r*. Jambles.
Cardinia crassiuscula (Sow. sp.). *r*. Saint-Fortunat.
Lucina liasina (Agassiz sp.). Saint-Cyr, Saint-Fortunat, Nolay,
Sainte-Hélène, Sivry, Robiac.
Myoconcha oxynoti (Quenstedt). *rr*. Saint-Fortunat.

Isocardia cingulata (Goldfuss). *r*. Saint-Fortunat.

Pinna Hartmanni (Zieten) . . *r*. Dardilly.

Mytilus minimus (Sowerby sp.). *rr*. Dracy.

Lima succincta(Schloth.sp.).   . *c*. Saint-Germain, Saint-Fortunat, Poleymieux, Dardilly, Saint-Thié-
baud, Puget-de-Cuers.

Lima punctata(Sowerby). . .   Saint-Fortunat, Nolay, Borgy.

Lima pectinoïdes (Sowerby). . *cc*. Saint-Didier , Saint-Cyr , Saint-
Fortunat, Dardilly, Poleymieux,
Pommiers, Jambles, Féchaud.

Avicula Sinemuriensis (d'Orb.). *c*. Saint-Fortunat, Saint-Cyr, Saint-
Didier, Saint-Germain, Bully,
Nolay.

Avicula papyracea (Murchison). *rr*, Saint-Fortunat.

Pecten textorius (Schlotheim). *c*. Saint-Cyr , Saint-Fortunat , Pommiers, Jambles , Nolay , Borgy.

Pecten Hehli (d'Orbigny). . . *c*. Saint-Fortunat, Poleymieux, Borgy, Dardilly, Burgy.

Pecten priscus (Schlotheim) .   Saint-Fortunat, Saint-Cyr, Limonest, Puget-de-Cuers.

Pecten acutiradiatus (Münster in   Saint-Fortunat , Saint-Cyr, Pom-
Goldfuss). . . . . . .   miers.

Harpax spinosus (Sowerby sp.). *r*. Saint-Fortunat, Curgy.

Harpax Parkinsoni (Bronn). . *rr*. Saint-Fortunat.

Harpax Nitidus (E. Dumortier). *r*. Saint-Fortunat, Sarry.

Gryphœa obliqua (Goldfuss). . *cc*. Partout.

Ostrea Arietis (Quenstedt) . . *r*. Saint-Fortunat, Nandax , Saint-
Christophe.

Ostrea irregularis (Münster in *r*. Saint-Fortunat, Saint-Christophe,
Goldfuss). . . . . . .   Génelard, Puget-de-Cuers.

Anomya striatula(Oppel). . . *r*. La Meillerie.

Terebratala cor (Lamarck). . *cc*. Partout.

Terebratula punctata (Sowerby). *c*. Saint-Fortunat, Saint-Cyr , Poleymieux, Pommiers, Nolay, Lour-
nand, Sarry, Pouilly, Lons-le-
Saunier.

Terebratula Sinemuriensis (Oppel). . . . . *r.* Saint-Fortunat, Saint-Christophe.

Spiriferina Walcotti (Sow. sp.). *c.* Saint-Cyr, Saint-Fortunat, Saint-Didier, Limonest, Pommiers, Sarry, Jambles, Cogny, Saint-Denis-de-Vaux.

Spiriferina rostrata(Schlot. sp.). *r.* Saint-Fortunat, Berzé-le-Châtel, Dracy, Pannessières.

Spiriferi. Hartmanni (Ziet. sp.). *r.* Saint-Fortunat.

Spiriferina pinguis (Zieten sp.). Saint-Fortunat, Sarry, Pouilly.

Rhynchonella oxynoti (Quenst.) *cc.* Partout.

Rhynchonella Moorei(Davidson). *c.* Saint-Fortunat, Poleymieux, Sarry, Nolay, Puget-de-Cuers.

Rhynchonella plicatissima(Quenstedt). . . . . *r.* Saint-Fortunat, Sarry, Nolay, Puget-de-Cuers.

Rhynchonella variabilis (Schlotheim sp.) . . . . . . *c.* Partout.

Serpula etalensis (Piette sp.). *r.* Nolay, Borgy, Lournand, Sainte-Hélène, Moroges, Drevain.

Serpula quinquesulcata(Münster in Goldfuss). . . . . *r.* Saint-Fortunat, Saint-Cyr, Saint-Germain.

Serpula composita (E. Dum.). *r.* Lournand, Pouilly.

Talpina mandarini (E. Dum.). *r.* Saint-Fortunat.

Pentacrinus tuberculatus (Mil.). *cc.* Partout.

Pentacrinus moniliferus (Münster in Goldfuss). . . . . *r.* Borgy.

Pentacrinus subsulcatus (Münster in Goldfuss). . . . . *r.* Saint-Fortunat.

Cidaris. . . . . *rr.* Buges (Ain).

Neuropora mamillata (E. de Fromentel). . . . : . . . . *r.* Saint-Fortunat.

Neuropora hispida (Terquem et Piette). . . . . *r.* Nolay.

Eryma Jourdani(E. Dumortier). *rr.* Saint-Fortunat.

DÉTAIL SUR LES FOSSILES DE LA ZONE A AMMONITES OXYNOTUS.

Ichthyosaurus.....

(Voir dans la zone inférieure, page 17).

Les restes de ces grands *sauriens* sont moins rares dans la zone supérieure, principalement dans les couches à *Ammonites oxynotus*.

Des dents, des ossements et surtout des vertèbres se montrent assez souvent engagés dans le calcaire dur qui forme ces dépôts.

Localités : Saint-Fortunat, Dardilly.

Sargodon liasicus (Nov. spec.).

(Pl. XXIX, fig. 7 et 8).

Dimensions : Longueur, 4 millim.; largeur, 3 millim.; épaisseur, 1 millim. 2/3.

Petite dent très-brillante, d'un émail couleur fauve clair, forme elliptique, aplatie sur les deux faces; surface semée de petites cavités irrégulières ; la partie ponctuée n'occupe que la moitié de la surface, et tout autour de cet espace l'émail forme un bourrelet arrondi. La dent est un peu plus épaisse à un bout qu'à l'autre. Le contour, sans être rond, ne s'éloigne pas beaucoup de la forme d'un cercle ; les deux axes de figures sont entre eux comme 4 est à 5.

Cette dent me paraît montrer les plus grands rapports avec les dents rondes du *Sargodon tomicus* de *Plienningen*, si abondantes dans le bone bed. — Je l'inscris provisoirement dans le même genre.

Localité : Dardilly. Un seul exemplaire.

Explication des figures : Pl. XXIX, fig. **7** et **8**, dent de *Sargodon liasicus*, de Dardilly, grossie trois fois.

Belemnites acutus (Miller).

1823. Miller, *Géolog. transact.*, 2e série, 2e volume, pl. 8 fig. 9.
1842. D'Orbigny, *Jurassique*, pl. 9, fig. 8 à 14.

La *Belemnites acutus* joue un rôle si important dans la zone supérieure du lias inférieur que l'on pourrait, avec raison, dire en parlant de cette subdivision, zone à *Belemnites acutus*. Je ne connais pas une seule des innombrables localités où ce niveau du lias peut être observé et où on ne la retrouve pas : elle se montre partout de la même taille et avec son faciès caractéristique, car c'est un des fossiles qui présente le moins de variations. La surface en est toujours un peu rude; elle est légèrement comprimée et dépourvue de tout ornement : la cavité alvéolaire, qui descend très-bas, me paraît avoir un angle toujours un peu plus ouvert que celui indiqué par d'Orbigny.

La *Belemnites acutus* se montre tout à coup, en nombre très-considérable, avec le *Pentacrinus tuberculatus* et la *Terebratula cor* dans la première couche de la zone. Elle se perpétue ensuite dans les couches supérieures, mais en nombre bien moindre et disparaît tout à fait, avant d'arriver aux premières couches inférieures du lias moyen.

C'est un des fossiles les plus caractéristiques.

Localités : Partout. *cc.*

Nautilus pertextus (Nov. spec.).

(Pl. XX, fig. 1 à 7.)

Testa ovato-discoidea, inflata, umbilicata ; umbilico per un-gustato, profundo ; anfractibus rotundatis, ad umbilicum latio-ribus, longitudinaliter et transversim undique striatis ; apertura late rotundata ; siphunculo interiori.

Dimensions : Diamètre, 180 millim.; épaisseur du dernier tour, 127 millim.

Coquille globuleuse, ombiliquée, largement arrondie en avant et un peu comprimée sur les côtés : ornée partout de lignes longi-tudinales irrégulières et irrégulièrement espacées, croisées par des lignes rayonnantes plus petites et plus serrées, mais très-saillantes et qui dominent : ces lignes rayonnantes, un peu flexueuses sur les côtés, se recourbent en arrière sur le dos, en formant un sinus prolongé et arrondi. Les ornements représentent un tissu en relief très-marqué partout.

L'ombilic est très-étroit et profond. Les tours extérieurs laissent à peine apercevoir les tours intérieurs : les tours arrondis sur le dos, s'élargissent ensuite par une faible courbure jusqu'à l'om-bilic, autour duquel se remarque la plus grande épaisseur.

La bouche, plus large que haute, est profondément échancrée; le siphon petit et parfaitement rond est placé aux 3/7 de la hau-teur, à partir du retour de la spire, par conséquent au-dessous du milieu de la cloison : les cloisons, en partant de l'ombilic, se recourbent en arrière et laissent voir en bas, contre le retour de la spire, un lobe ventral bien marqué.

Cette belle espèce, très-constante dans sa forme et ses orne-ments, se trouve à un niveau très-nettement indiqué par son association avec l'*Ammonites oxynotus*. Je ne l'ai jamais rencontrée ni plus haut, ni plus bas : c'est donc une coquille caractéristique, nous verrons plus loin que presque toutes les ammonites si nombreuses de la zone supérieure sont dans le même cas ; aussi l'on peut dire qu'il y a peu de niveaux fossilifères qui puissent offrir une suite d'espèces caractéristiques aussi nombreuses et aussi distinctes que la zone à *Ammonites oxynotus*.

Le *Nautilus pertextus* ne peut être confondu qu'avec le *Nautilus striatus*, de Sowerby ; mais ce dernier a le siphon placé au-dessus du milieu de ses cloisons, son ombilic est beaucoup plus ouvert, la plus grande épaisseur des tours n'est pas sur l'ombilic, et le treillis formé par ses lignes entrecroisées n'est marqué que dans le jeune âge, tandis qu'il est visible et indiqué par des saillies énergiques dans les plus gros exemplaires du *Nautilus pertextus*.

Ce nautile se rencontre fort rarement en bons échantillons, mais ses fragments avec le test bien conservé se montrent presque partout.

Localités : Saint-Fortunat, Saint-Cyr, Lournand, Nolay. *c.*

Explication des figures : Pl. XX, fig. 1, fragment de *Nautilus pertextus* à côtes serrées, de Saint-Fortunat ; fig. 2, autre gros fragment du même, de la même localité, à côtes éloignées ; fig. 3, autre vu par le dos ; fig. 4, autre fragment, toujours de Saint-Fortunat, avec les stries longitudinales excessivement serrées ; fig. 5 et 6, une cloison de face et de profil ; fig. 7, exemplaire de Lournand, la cloison vue par derrière. De ma collection.

Tous les dessins de la planche XX sont de grandeur naturelle.

Nautilus striatus (SOWERBY).

(Voir zone inférieure, page 19.)

Ce nautile se trouve très-rarement dans la zone supérieure, dans le bassin du Rhône.

Localité : Saint-Fortunat. *r*.

Ammonites Davidsoni (D'ORBIGNY).

(Pl. XXI, fig. 1 à 4.)

1829. Sowerby, *Ammonites lœvigatus*, *Miner. Conch.*, pl. 570, fig. 3.

1850. D'Orbigny, *Ammonites Davidsoni*, *Prodrome, liasien*, n° 38.

1856. Oppel, *Ammonites lœvigatus*, *die Juraformation*, p. 201.

Dimensions : Diamètre, 20 millim.; par rapport au diamètre, largeur du dernier tour, 20/100; épaisseur, 19/100 : ombilic, 17 1/2 0/0.

Très-petite ammonite, dont la taille dépasse rarement 20 millim., renflée, lisse, à tours ronds légèrement comprimés, ornés de fines lignes d'accroissement sur une coquille très-brillante : ces lignes se groupent par faisceaux et forment en passant sur le dos un sinus prononcé et largement arrondi en avant; les tours sont recouverts sur le tiers au moins de leur largeur; l'ombilic, assez large, est très-peu profond, particularité qui tient à la grande épaisseur des tours intérieurs.

Le moule porte sur les flancs des ondulations qui correspondent aux faisceaux de lignes du test, et quelquefois montre, sur le dos.

un très-faible indice de carène. La coquille est extrêmement mince.

Le nom d'*Ammonites lœvigatus*, donné à cette espèce par Sowerby, en 1829, ne peut pas être conservé, puisque bien longtemps auparavant Reinecke l'avait déjà donné à une autre ammonite.

Quoique Oppel regarde l'espèce de Reinecke comme mal définie et dise qu'il ne faut pas en tenir compte, il me semble qu'il peut y avoir là une source d'erreurs futures qu'il est sage d'éviter, et que le nom donné par d'Orbigny, en 1850, à des ammonites de Saint-Amand et de Lyme-Régis, appartenant bien par conséquent à notre zone, doit prévaloir. Elle est commune à Lyme-Régis, aussi bien que dans un grand nombre de carrières du département de Saône-et-Loire, et forme bien certainement une bonne espèce.

Cette très-jolie et importante ammonite est assez abondante dans la première couche de la zone inférieure où commencent à se montrer en même temps *Belemnites acutus* et *Pentacrinus tuberculatus*; elle est toujours accompagnée à ce niveau constant, par les quatre ou cinq autres espèces d'ammonites de petite taille, dont la description va suivre.

M. Schloenbach, dans son mémoire publié en 1865 (*Uber neue und weniger bekannte Jurassische Ammoniten*) pense que l'on pourrait réunir notre espèce avec l'*Ammonites globosus*, de Zieten. Cependant la description qui accompagne la figure de Zieten ne permet pas absolument d'y reconnaître l'ammonite de Sowerby, ni surtout celle si caractéristique de nos couches. En effet, Zieten dit positivement (*Wurtembergs*, p. 34) que « les volutes intérieures, fortement recouvertes, forment un ombilic profond ». Or, de toutes les ammonites, l'*Ammonites Davidsoni* est la plus loin de satisfaire à cette condition, puisque les tours intérieurs sont d'une épaisseur si rapprochée de celle des tours extérieurs, que l'ombilic n'a véritablement aucune profondeur. Notre ammonite est surtout remarquable par ce caractère précisément. Il est donc impossible de la ranger avec l'*Ammonites globosus*, de

8

Zieten, à moins d'aller contre la diagnose même de l'auteur : l'*Ammonites globosus* est du lias moyen. Je crois bien faire, d'après toutes ces raisons, de revenir au nom de d'Orbigny.

Localités : Saint-Denis-de-Vaux, Nolay, Drevain, Lournand, Borgy, Dracy.

Explication des figures : Pl. XXI, fig. 1, *Ammonites Davidsoni*, de Borgy, de grandeur naturelle; fig. 2 et 3, la même grossie deux fois; fig. 4, la même, moule de Lournand grossi deux fois, vu du côté du dos. De ma collection.

Ammonites resurgens (Nov. spec.).

(Pl. XXIII, fig. 3 à 6.)

Testa descoidea, compressa ; anfractibus quadratis, parum involutis, costatis ; costis rectis, acutis, externe paululum incrassatis ; dorso carinato, bisulcato ; apertura subquadrata.

Dimensions : Diamètre, 24 millim. ; largeur du dernier tour, 33/100 ; épaisseur, 32/100 ; ombilic, 42/100.

Coquille toujours de très-petite taille, très-régulière dans sa forme, comprimée dans son ensemble; spire composée de quatre tours carrés, ornés de vingt-cinq côtes droites, saillantes, séparées par des intervalles plus grands qu'elles-mêmes sur le moule ; la proportion est inverse là où la coquille est conservée. Les côtes sont ornées d'un très-petit tubercule sur le bord externe; dos large, carré; quille assez saillante et de même largeur que les sillons qui la limitent. Les tours se recouvrent au quart à peu près de leur largeur; le nombre de côtes, au diamètre de 24 millim. est de 24 par tour.

J'ai fait dessiner, fig. 5 et 6, un fragment d'*Ammonites resurgens* de très-petite taille, 11 millim. de diamètre, grossie deux fois;

ce dessin donnera une idée des ornements du test. Le jeune âge explique l'absence de sillons sur le dos.

Je ne vois aucun caractère bien net qui permette de séparer cette espèce de l'*Ammonites bisulcatus*, mais comme on ne rencontre ordinairement dans la zone inférieure l'*Ammonites bisulcatus* qu'à l'état de moule et privée de son test ; que sa taille est toujours considérable, et que, de plus, ses tours intérieurs sont presque toujours oblitérés ou détruits, on ne peut pas arriver à la comparer rigoureusement avec une ammonite dont la taille ne dépasse jamais 25 millim. L'*Ammonites resurgens* me paraît cependant un peu plus enveloppante et un peu plus fermée dans son ensemble que l'*Ammonites bisulcatus*.

D'après ce que je viens de dire, les circonstances semblent autoriser provisoirement la séparation de cette espèce d'avec l'*Ammonites bisulcatus*, et je l'inscris sous le nom d'*Ammonites resurgens* pour rappeler que c'est l'*Ammonites bisulcatus* qui paraît renaître à une époque plus récente.

Cette ammonite appartient au petit nombre d'ammonites de petite taille qui apparaissent ensemble dans la première couche inférieure de la zone supérieure, et qui rendent cette couche si remarquable ; on voit, en effet, ces coquilles se montrer en saillie sur les parois des carrières, de manière à faire reconnaître ce niveau d'une manière très-distincte, dans un bon nombre de localités de Saône-et-Loire. Quoique les exemplaires soient nombreux, il est très-difficile d'en obtenir en bon état, parce qu'ils sont en grande partie empâtés dans un calcaire très-dur.

Localités : Berzé-le-Châtel, Jambles, Nolay, Borgy, Sivry, Nandax. *c.*

Explication des figures: Pl. XXIII, fig. 3 et 4, *Ammonites resurgens*, de Borgy, de grandeur naturelle; fig. 5 et 6, fragment de la même localité, grossi deux fois. De ma collection.

Ammonites Hartmanni (OPPEL).

(Pl XXI, fig. 8 à 15.)

1842 D'Orbigny, *Ammonites Kridion, Jurassique*, p. 205, pl. 51,
fig. 1 à 6.
1856. Oppel, *Ammonites Hartmanni, die Juraformation*, p. 199
1858. Quenstedt, *Ammonites Falcaries, der Jura*, p. 70, pl. 7,
fig. 6 à 7.
1858. Quenstedt, *Ammonites miserabilis, der Jura*, p. 71, pl. 8,
fig. 7.

Dimensions : Diamètre, 27 1/2 millim. ; largeur et épaisseur
du dernier tour, 27/100 ; ombilic, 51/100.

Coquille discoïdale, comprimée et carénée dans l'âge adulte,
ornée, en travers sur le dernier tour, de 25 côtes simples, tranchantes, droites, terminées extérieurement par une partie plus
saillante. La carène, au diamètre de 27 1/2 millim., est sans
sillons latéraux et se réunit aux côtés par une pente modérée.

Jusqu'au diamètre de 15 millim., cette curieuse petite ammonite a une forme toute différente ; ses tours sont ronds, lisses,
légèrement comprimés sur les côtés ; c'est alors l'espèce décrite
par Quenstedt sous le nom d'*Ammonites miserabilis*. La fig. 3 de
la pl. 51, de d'Orbigny, montre bien aussi la forme de l'*Ammonites Hartmanni* dans le jeune âge, à 12 ou 15 millim. de diamètre. C'est à ce moment que la quille commence à se montrer ;
puis, bientôt après, les côtes, et l'on voit l'évolution complète
s'effectuer dans la forme des tours, avant qu'un tour entier de
la coquille ne soit construit. (Voir les fig. 10 et 12.) Ordinairement, c'est le cinquième tour, à compter depuis la cellule em-
bryonnaire, qui voit s'accomplir la métamorphose ; c'est alors
l'*Ammonites Kridion*, de d'Orbigny. Les petites différences que

l'on peut remarquer dans les proportions données par d'Orbigny viennent de ce que son échantillon est beaucoup plus grand que ceux qui sont à ma disposition ; mais j'ai pu voir en place, à plusieurs reprises, des spécimens aussi grands. Il me semble, cependant, n'avoir jamais trouvé la carène aussi coupante que celle indiquée par le dessin de la *Paléontologie française.*

Il est certain que l'*Ammonites Kridion,* de d'Orbigny, ne représente pas la vraie *Ammonites Kridion,* de Zieten. Oppel, qui avait entre les mains l'exemplaire original de Zieten, assure que ses tours intérieurs sont costulés ; que la forme est moins comprimée, et qu'il y a lieu de croire que cette ammonite n'est autre chose qu'une *Ammonites Conybeari* jeune. Cette méprise étant bien établie, Oppel propose le nom d'*Ammonites Hartmanni* pour l'ammonite de la pl. 51 de d'Orbigny, avec tours intérieurs, ronds et lisses, nom que nous avons adopté.

D'un autre côté, il est très-probable que l'*Ammonites geometricus,* si abondante partout à peu près au même niveau, et dont cependant d'Orbigny ne parle pas, a dû être confondue par lui avec l'ammonite à tours lisses, mais à tours extérieurs costulés, qu'il donne sous le nom erroné de *Kridion.* Comme l'*Ammonites geometricus* a une quille coupante, on aurait ainsi l'explication de ce détail dans la figure de la pl. 51 de la *Paléontologie française.*

La petite ammonite décrite par Quenstedt sous le nom de *miserabilis* est, à n'en pas douter, le jeune âge de l'*Ammonites Hartmanni ;* Quenstedt lui reconnaît un commencement de quille.

L'*Ammonites Hartmanni* est l'une des plus importantes dans le groupe des petites ammonites de la couche la plus basse de la zone supérieure. On la rencontre à peu près aussi nombreuse que les *Ammonites Davidsoni et resurgens,* et ces trois espèces peuvent servir surtout à caractériser cet horizon. Malheureusement, si l'on quitte les gisements de Saône-et-Loire, cet excellent point de repère manque presque tout à fait dans les autres contrées du bassin du Rhône ; là, ces petites ammonites se laissent mal apercevoir, et n'ont plus la faculté précieuse de résister plus que

le calcaire et de saillir sur la tranche des couches ; il en résulte
qu'il est très-rare de les rencontrer dans les carrières des autres
régions.

Localités : Saint-Fortunat. r. Berzé-le-Châtel, Jambles.
Borgy, Pouilly, Génelard, Sivry. c. Salins (Jura). Mont-
de-Lans (Isère). D'après M. d'Orbigny.

Explication des figures : Pl. XXI, fig. 8 et 9. Ammonites Hartmanni jeune, de Clomot, grossie deux fois ;
fig. 10 et 11. fragment de la même espèce, de Borgy,
grossi deux fois. les côtes commencent à s'y montrer ;
fig. 12 et 13. échantillon complet, de Sivry, à la fois lisse
et costulé, grossi deux fois ; fig. 14 et 15, fragment costulé, de Sivry, grossi deux fois. De ma collection.

Ammonites Berardi (nov. spec.).

(Pl. XXI, fig. 5, 6, 7.)

*Testa rotunda, subglobosa ; anfractibus quinis, late rotundatis ;
costis latis, obsoletis, in dorso evanescentibus ; umbilico angus-
tato, perprofundo ; apertura depressa, semilunari.*

Dimensions : Diamètre. 15 millim. ; largeur du dernier
tour, 34/100 ; épaisseur, 48/100 ; ombilic, 40/100.

Petite espèce globuleuse, déprimée, non carénée, composée de
5 tours arrondis, presque lisses, ornés sur les flancs de quelques
plis peu marqués, larges, qui se perdent avant d'arriver sur le
dos ; ces tours tombent dans l'ombilic par un angle droit
arrondi.

Dos rond, sans ornements ; ombilic étroit, profond, et cependant laissant voir les tours intérieurs distinctement jusqu'au
dernier ; les côtes paraissent manquer aux tours intérieurs ; les

tours sont recouverts au quart de leur largeur au moins; pour ce détail, les fig. 5 et 6 de la pl. XXI sont fautives, car, par une erreur du dessinateur, elles semblent indiquer un recouvrement en contact.

Cette jolie petite espèce est très-rare, elle accompagne les *Ammonites Davidsoni, resurgens et Hartmanni;* elle appartient par conséquent aux couches les plus profondes de la zone à *Ammonites oxynotus.*

Localités : Nolay. Borgy. r.

Explication des figures : Pl. XXI, fig. 5, *Ammonites Berardi,* de Borgy, de grandeur naturelle; fig. 6, la même, grossie deux fois; fig. 7, la même, vue par le dos, grossie deux fois. De ma collection.

Ammonites Pattl (Nov. spec.).

(Pl. XXI, fig. 16 et 17.)

Testa discoidea; anfractibus latis, plano convexis, costatis, parum involutis; costis rectis, acutis; dorso dilatato, obtuse-carinato atque subsulcato; apertura lata, subquadrata.

Dimensions : Diamètre, 20 millim.; largeur du dernier tour, 25/100; épaisseur, 29/100; ombilic, 54/100.

Coquille épaisse, comprimée dans son ensemble, carénée; spire composée de tours carrés, plus larges vers le dos, ornés sur le dernier d'environ 38 côtes droites, coupantes, très-régulières et occupant toute la largeur des tours; dos large, un peu convexe, portant une petite carène très-obtuse, arrondie, accompagnée de deux indices de sillon.

Au diamètre de 20 millim, on compte 6 tours dont les ornements ne varient pas, ce qui empêche de la confondre avec l'*Ammonites Hartmanni*. D'ailleurs, le nombre des côtes de cette dernière espèce est beaucoup moindre. L'*Ammonites resurgens* a aussi les côtes moins nombreuses et des proportions différentes.

Cette élégante petite coquille est fort rare, et accompagne ordinairement les *Ammonites Davidsoni*, *resurgens*, *Hartmanni*, faisant ainsi partie du groupe des petites ammonites de la couche la plus inférieure de la zone.

L'ammonite dont Quenstedt donne la figure (*der Jura*, pl. 13, fig. 19), appartient probablement à notre espèce; Quenstedt ne sait où la placer, et dit qu'elle provient d'un niveau bien plus bas que l'*Ammonites raricostatus* et qu'elle se trouve en compagnie de l'*Ammonites lacunatus*; position qui coïncide avec celle de l'*Ammonites Patti*.

Localités : Borgy, Sivry, Jambles. *rr.*

Explication des figures : Pl. XXI, fig. 16, *Ammonites Patti*, de Borgy, grossie une fois et demie; fig. 17, bouche de la même. De ma collection.

Ammonites lacunatus (Buckman).

(Pl. XXI, fig. 18, 19 et 20.)

1845. Buckman, *Geology of Cheltenham*, pl. 11, fig. 4 et 5.
1849. Quenstedt, *Cephalopoden*, pl. 4, fig. 13.
1858. Quenstedt, *der Jura*, pl. 12, fig. 4, 5, 6.

Dimensions : Diamètre, 30 millim.; largeur du dernier tour, 50/100; épaisseur, 26/100; ombilic, 20/100.

Coquille comprimée, non carénée, composée de tours très-embrassants, très peu renflée sur les flancs, d'une épaisseur partout égale, ornée sur l'ombilic, de 26 à 30 côtes séparées par des intervalles profonds : ces côtes, aussitôt arrivées sur les côtés, se partagent en deux côtes égales. — Cette bifurcation n'a lieu pour toutes les côtes, ni régulièrement, ni à la même distance de l'ombilic; — souvent une seconde bifurcation s'opère un peu plus haut : les côtes, après avoir dépassé le milieu du tour, se portent fortement en avant par une courbe gracieuse et arrivent sur le dos au nombre de 65 à 75, toutes égales et régulières.

Dos étroit, arrondi, muni d'un sillon étroit et profond ; les côtes arrivent jusque sur le bord de ce sillon, dont la largeur est de 2/3 de millim.

Le test, rarement conservé, est extraordinairement épais pour une coquille aussi petite ; cette circonstance rend plus remarquable encore la similitude des ornements et le relief égal des côtes, soit sur le moule, soit sur les parties encore munies de leur coquille ; ainsi, toutes les inégalités de la surface extérieure étaient répétées à la face intérieure du test : on remarque seulement sur le dos, quand le test existe, que le sillon paraît moins large et moins profond.

Les ornements de l'*Ammonites lacunatus* se rapprochent beaucoup de ceux des individus jeunes de l'*Ammonites Charmassei*, de la zone inférieure ; cependant l'*Ammonites lacunatus* est bien plus comprimée, ses côtes plus fines, plus flexueuses, plus portées en avant vers le dos ; le sillon, chez elle, est moins large et plus profond, les tours plus comprimés. L'*Ammonites lacunatus* fait encore partie du groupe des petites ammonites de la couche à *Ammonites Davidsoni*, mais il faut remarquer que, tandis que les autres paraissent exclusivement cantonnées dans cette couche, l'*Ammonites lacunatus* se montre à tous les niveaux de la zone, bien rarement cependant au-dessus de l'*Ammonites stellaris*. C'est une espèce assez abondante d'ailleurs dans plusieurs régions du bassin du Rhône ; — ainsi, elle serait répandue, soit horizontalement, soit verticalement, d'une manière bien différente que les *Ammonites Davidsoni*, *resurgens* et *Hartmanni*. Je ne suis pas certain qu'elle ne descende pas jusque dans les couches supérieures de la zone à *Ammonites Bucklandi*.

Ce sont les carrières de Nolay qui m'ont fourni les meilleurs échantillons.

L'*Ammonites lacunatus*, avec sa forme si étrange pour le lias inférieur, est une des coquilles les plus importantes de la zone à *Ammonites oxynotus* : s'il est rare d'en rencontrer de bons exemplaires entiers, ses fragments sont assez abondants et se reconnaissent avec facilité.

Son diamètre ne dépasse jamais 30 millim.

Localités : Saint-Fortunat, Dardilly, Limonest, Jambles, Péronne, Nolay, Sainte-Hélène, Borgy, Drevain, Clomot, Féchaux, Besançon, Chapelle-des-Buis.

Explication des figures : Pl. XXI, fig. 18, 19 et 20, *Ammonites lacunatus*, de Nolay, de grandeur naturelle, vu de trois côtés différents. De ma collection.

Ammonites obtusus (SOWERBY).

1817. Sowerby, *Minéral. Conch.*, pl. 167.
1842. D'Orbigny, *Paléont. française*, *Jurassique*, p. 191, pl. 44.

L'*Ammonites obtusus*, qui paraît être très-abondante dans le lias inférieur de certaines contrées, est très-rare au contraire dans les localités du bassin du Rhône que j'ai étudiées ; je n'en ai vu que des échantillons clair-semés, presque jamais en bon état, tandis que l'*Ammonites stellaris* se montre partout, au même niveau, avec une extrême profusion.

Cette espèce appartient à la partie inférieure de la zone et commence à 1 ou 2 mètres au-dessus des couches à *Ammonites Davidsoni*.

Je n'ai pu vérifier les lobes sur aucun échantillon, et ce n'est pas sans un peu d'incertitude que je rapporte mes spécimens à l'*Ammonites obtusus*, de Lyme-Régis ; — celle-ci, en effet, laisse voir à ses tours intérieurs, jusqu'au diamètre de 15 à 20 millim.,

des ornements très-différents de ceux des tours qui suivent : ce
sont des nodosités irrégulières, contournées, au nombre de 8 à 9
par tour, qui remplacent alors les côtes rayonnantes et ce n'est
qu'après ce diamètre de 20 millim. que les côtes régulières et
droites s'établissent. Je ne retrouve cette particularité ni sur la
figure donnée par d'Orbigny, ni sur celle de Sowerby, ce qui
m'étonne moins parce que je sais que le naturaliste anglais faisait
invariablement figurer ses plus gros exemplaires, sans donner
les rapports de proportions; il en résulte que le lecteur non
prévenu méconnaît souvent des espèces dont le dessin n'est que
la reproduction en petit d'ammonites d'une grosseur mons-
trueuse.

Localités : Saint-Fortunat, Saint-Cyr, Nolay. r. De
ma collection. Saint-Rambert (Ain), d'après M. d'Orbigny.

Ammonites stellaris (SOWERBY).

(Pl. XXXV, fig. 3, 4, 5 et 6.)

1825. Sowerby, *Miner. Conch.*, pl. 93.
1842. D'Orbigny, *Jurass.* pl. 191. pl. 44.

Coquille comprimée, aux flancs peu convexes, reconnaissable
à sa quille large et ronde; les sillons latéraux à peine indiqués
chez les adultes, sont assez marqués chez les jeunes. Il ne faut pas
oublier, en consultant la figure donnée par d'Orbigny, que cette
figure représente, réduit au quart de sa grandeur, un individu
de 34 centimètres de diamètre, par conséquent de très-grande
taille. Les côtes, sur les exemplaires moins âgés, sont plus nombreuses et plus saillantes; sur un échantillon de Jambles de
140 millim., j'en compte 36 sur le dernier tour. Généralement,
les côtes sont très-saillantes sur l'ombilic, surtout chez les individus comprimés.

L'échantillon de Nolay, de 60 millim., qui a conservé son test, laisse voir distinctement des lignes d'accroissement très-fines qui couvrent toute la surface de la coquille.

On rencontre fréquemment, dans les carrières de Saône-et-Loire, une variété comprimée qui s'éloigne assez du type. C'est une coquille très-comprimée, robuste, ornée de 36 côtes arrondies, très-marquées sur l'ombilic et se portant fortement en avant en s'élargissant. Le dos est surmonté d'une très-large et forte quille accompagnée de sillons peu profonds; les tours, au nombre de huit, tombent perpendiculairement dans l'ombilic en laissant voir les fortes ondulations qui résultent de la naissance des côtes. Ce détail n'est pas visible sur les moules, car le test est remarquablement épais ; les figures 4, 5, 6, de la pl. XXXV représentent une de ces *Ammonites stellaris* à côtes flexueuses.

Les proportions moyennes de cette variété donnent, pour un diamètre de 100 millim. : largeur du dernier tour, 36 millim.; épaisseur, 26 millim.; ombilic, 37 millim. On voit que ces chiffres offrent une différence notable avec les proportions données par d'Orbigny ; mais ce qui pourrait encore mieux séparer cette ammonite du vrai *stellaris*, c'est la forme des côtes très-fortement arquées; ni la figure donnée par Quenstedt, ni celles des autres auteurs, ne s'accordent, pour ce détail, avec nos échantillons.

L'*Ammonites stellaris* est la coquille la plus importante et la plus caractéristique des couches où elle se rencontre; elle se trouve partout, et c'est assurément le fossile le plus facile à observer. Ses débris ne peuvent échapper aux recherches, parce que les exemplaires sont presque toujours de très-grande taille.

Localités : Saint-Fortunat, Saint-Cyr, Limonest, Dardilly, Lournand, Saint-Denis-de-Vaux, Nolay, Jambles, Moroges, Saint-Christophe. cc. Mazaugues (Var) et Mont-de-Lans (Isère), d'après d'Orbigny.

Explication des figures : Pl. XXXV, fig. 3, *Ammonites stellaris*, jeune, de Jambles, de grandeur naturelle ; fig. 4, la même, variété à côtes arquées, avec son test, de Jambles, de grandeur naturelle ; fig. 5, bouche de la même ; fig. 6, bouche d'un autre exemplaire, avec très-grosse quille, de Nolay. De ma collection.

Ammonites Oppeli (U. SCHLOENBACH).

(Pl. XXXV, fig. 1 et 2 ; pl. XXXVI, fig. 1 et 2.)

Cette ammonite appartient au lias moyen, et c'est par erreur qu'elle figure ici au milieu des ammonites du lias inférieur.

Les échantillons, assez nombreux, que j'ai entre les mains, viennent de Lournand, de Jambles et de Sainte-Hélène, où je les ai recueillis en même temps que les *Ammonites raricostatus et planicosta*. Mais, dans ces localités, la partie supérieure du lias inférieur est recouverte d'un mètre environ de calcaire du lias moyen, très-semblable, pour le grain et la couleur, à ceux qui renferment l'*Ammonites raricostatus* ; les fossiles y offrent la même apparence et se trouvent de même cristallisés ; rien ne pouvait m'avertir, et j'avais classé cette ammonite, que je regardais comme nouvelle, dans les fossiles de la couche à *Ammonites planicosta*.

Les dessins, préparés depuis plus d'un an, étaient achevés quand j'ai pris connaissance du mémoire de M. U. Schloenbach, inséré dans le 15e volume des *Zeitschrift der Deutschen geologischen Gessellschaft*. J'ai vu que l'ammonite que je croyais nouvelle était déjà décrite, depuis 1863, sous le nom d'*Ammonites Oppeli* ; de plus, que cette coquille, trouvée en Bourgogne et dans le Lyonnais, dans des circonstances qui ne permettent pas de déterminer son âge avec sécurité, se trouvait en Allemagne dans des couches qui ne pouvaient laisser la moindre incertitude sur leur niveau géologique.

L'*Ammonites Oppeli*, y est associée aux *Ammonites Jamesoni* et *Valdani*.

Pour ne pas interrompre l'ordre des planches, je laisse donc figurer ces dessins au milieu des dessins qui représentent les fossiles du lias inférieur, en avertissant le lecteur ne n'en pas tenir compte aujourd'hui,

La description de l'*Ammonites Oppeli* paraîtra dans la troisième partie de ces Études, qui comprendra tout le lias moyen.

Ammonites Œduensis (DESPLACES DE CHARMASSE).

(Pl. XXII, fig, 1 et 2; pl. XLIII, fig. 3.)

1850. D'Orbigny, *Prodrome*, *Sinémurien* n° 31.

Dimensions : Diamètre, 325 millim. ; largeur du dernier tour. 20/100; épaisseur, 18/100; ombilic, 63/100.

Coquille discoïdale, comprimée dans son ensemble, composée de 7 tours ronds, un peu plus hauts que larges, ornés en travers de 49 côtes régulières, prenant naissance assez loin de l'ombilic et un peu plus marquées en se rapprochant du dos; elles se perdent tout à fait en arrivant aux 4/5 de la largeur des tours et prennent alors une légère inflexion en avant: ces côtes sont séparées par des intervalles égaux à elles-mêmes et paraissent continuer jusqu'au plus grand développement de la coquille; cependant, on remarque, quand l'ammonite a conservé sa chambre non cloisonnée, qui comprend à peu près un tour et quart, qu'en arrivant près de la bouche les grosses côtes se perdent et sont remplacées par de fortes lignes d'accroissement assez rapprochées, qui se dirigent en arrière d'abord, puis s'arrondissent en avant : la planche XXII ne reproduit pas ce détail parce que l'échantillon qui le met en évidence n'a été recueilli que trop tard.

Dans l'exemplaire figuré, le nombre de côtes s'élève à 49 pour le dernier tour, et à 36 pour le tour qui précède. Un autre exemplaire, du diamètre de 230 millim., montre 44 côtes pour le dernier tour et 34 pour le tour précédent.

Le dos est convexe, rond, lisse, sans aucun ornement; la bouche ronde, un peu comprimée et légèrement échancrée par le retour de la spire.

La coquille, assez épaisse, ne porte pas d'autres ornements que ces côtes. D'Orbigny dit, dans le *Prodrome*, que l'*Ammonites Œduensis* porte une seule pointe latérale dans le jeune âge : je ne puis pas retrouver ce détail, même sur des exemplaires qui laissent voir leurs tours intérieurs au diamètre de 40 millim.; on remarque seulement que les côtes deviennent un peu plus saillantes sur la moitié supérieure des tours. Malheureusement, les échantillons que j'ai à ma disposition ne présentent pas des détails bien conservés.

Giebel réunit l'*Ammonites Œduensis* à l'*Ammonites Birchi* (Voir *Cephalopoden*, p. 682), mais ce rapprochement me paraît inadmissible; sans parler des deux tubercules que la dernière porte sur chaque côte d'une manière si persistante, la forme des tours de l'*Ammonites Birchi* est plus déprimée; sa surface est couverte de petits plis très- apparents sur les flancs et surtout sur le dos. L'*Ammonites Œduensis* forme donc une bonne espèce bien caractérisée.

J'ai rapporté de Saint-Christophe-en-Brionnais un exemplaire de l'*Ammonites Œduensis*, dont les proportions ne sont pas celles que l'on rencontre habituellement : le diamètre est de 225 millim.; largeur et épaisseur du dernier tour, 26/100; ombilic, 52/100. Comme dans beaucoup d'espèces d'ammonites, qui offrent deux formes distinctes, ce serait ici la variété déprimée de l'*Ammonites Œduensis*; nous verrons bientôt que l'*Ammonites Birchi* offre aussi deux variétés bien reconnaissables, dont l'une est plus comprimée et plus ouverte.

C'est sur cet échantillon de Saint-Christophe que j'ai pu reconnaître les lobes de l'espèce, dessinés en partie seulement et grossis deux fois, pl. XLIII, fig. 3. Ces lobes sont très-fouillés et compliqués ; l'état de la surface ne m'a pas permis de saisir tous les détails dans leurs rapports entre eux, mais l'ensemble est très-fidèlement copié. Le dessin fait voir que ces lobes sont très-rapprochés de ceux de l'*Ammonites Birchi.*

L'*Ammonites OEduensis* est très-abondante dans les carrières de Borgy, entre Nolay et Dezize, où on la rencontre toujours en très-grands exemplaires ; ces échantillons conservent en grande partie leur test, mais en mauvais état ; on la trouve aussi à Nolay ; elle est très-rare partout ailleurs. Elle accompagne l'*Ammonites stellaris* et ne se montre jamais à un autre niveau.

Localités : Borgy. *cc.* Saint-Fortunat, Saint-Christophe. Pouilly, Nolay. *r.*

Explication des figures : Pl. XXII, fig. 1 et 2, *Ammonites OEduensis*, de Borgy, dessinée aux 2/5 de la grandeur naturelle, de la collection de M. Desplaces de Charmasse ; pl. XLIII, fig. 3, lobes grossis deux fois, pris sur une ammonite de Saint-Christophe. De ma collection.

Ammonites Landrioti (D'ORBIGNY.)

(Pl. XXIII, fig. 1 et 2.)

1850. D'Orbigny, *Prodrome, Sinémurien*, n° 33.

Dimensions : Diamètre, 257 millim. ; largeur du dernier tour, 17/100 ; épaisseur, 15/100 ; ombilic, 70/100.

Grande coquille discoïdale, très-comprimée dans son ensemble, composée de 8 tours, se recouvrant à peine, d'une forme elliptique, ornés de 50 côtes sur le dernier ; ces côtes, très-fortes, séparées par des intervalles un peu plus grands qu'elles-mêmes, ne prennent naissance qu'à une certaine distance de l'ombilic ; de là elles se portent en avant, très-obliquement, et se perdent avant d'arriver sur le dos. Quille peu saillante, étroite et anguleuse, se raccordant aux côtés sans sillons ; les ornements semblent être fort réguliers et ne pas varier depuis le jeune âge.

La coquille est épaisse : les lobes se montrent trop imparfaitement pour être dessinés.

L'*Ammonites Landrioti* a quelques rapports avec l'*Ammonites ophioïdes*, d'Orbigny, mais cette dernière espèce en est séparée par la forme de ses côtes, celle de ses tours et les sillons de sa quille.

Localité : Borgy. *rr.*

Explication des figures : Pl. XXIII, fig. 1 et 2, *Ammonites Landrioti.* de Borgy, réduite aux 2/3. De la collection de M. Desplaces de Charmasse.

Ammonites Locardi (Nov. spec.).

(Pl. XXVI, fig. 1, 2 et 3).

Testa discoïdea, inflata ; anfractibus latis, rotundatis ; costis rectis in medio tuberculatis ; dorso lato, convexo, lævigato, apertura rotunda, subdepressa.

Dimensions : Diamètre, 200 millim ; largeur du dernier tour, 27/100 ; épaisseur, 31/100 ; ombilic, 51/100.

Coquille discoïdale, épaisse, formée de tours ronds, un peu comprimés sur les côtés et cependant plus épais que hauts ; ornée sur le dernier tour de 31 côtes larges, arrondies, bien marquées sur l'ombilic et qui donnent naissance, un peu après avoir passé le milieu des tours, à un tubercule conique trèssaillant : tout le reste de la surface est lisse. Sur quelques points on croit voir les traces de lignes transverses ; le dos est large, arrondi et lisse.

9

Les tours sont recouverts sur le quart à peine de leur largeur : l'ombilic assez profond.

L'*Ammonites Locardi* a les plus grands rapports, pour la forme générale, et pour le mode d'enroulement, avec l'*Ammonites Birchi*, variété renflée, mais elle ne laisse pas voir les petites côtes si caractérisées qui couvrent la surface de l'*Ammonites Birchi* sur les flancs et sur le dos ; d'ailleurs, l'*Ammonites Locardi* n'a qu'un rang de tubercules. Les lobes ne sont pas assez apparents pour être dessinés, j'ai pu seulement suivre les contours du lobe dorsal, dont on trouve la figure pl. XXVI, fig. 3.

Je ne connais jusqu'à présent, de cette espèce rare, que l'échantillon figuré qui a été recueilli par M. Locard, dans les carrières de Saint-Fortunat, au niveau de l'*Ammonites oxynotus*.

Explication des figures : Pl. XXVI, fig 1, *Ammonites Locardi*, de Saint-Fortunat, réduite à moitié grandeur : fig. 2, bouche de la même, de grandeur naturelle ; fig. 3, portion des lobes, de grandeur naturelle. De la collection de M. Locard.

Ammonites Birchi (Sowerby).

(Pl. XLI, fig. 1 et 2.)

1820. Sowerby, *Miner. Conch.*, pl. 267.
1842. D'Orbigny, *Jurass.*, p. 287, pl. 86.

Les proportions données par d'Orbigny pour l'*Ammonites Birchi* sont celles que l'on rencontre le plus ordinairement : le nombre de grosses côtes garnies de tubercules, qui est de 30 environ par tour, devient tout à coup moindre plus tard. Un exemplaire de Saint-Fortunat, de 40 centimètres, n'en laisse voir que 21 au dernier tour.

Quand le test est conservé, les plis ou petites côtes qui couvrent le fond de la coquille se montrent très-distinctement sur l'ombilic jusqu'au contact du tour précédent ; il en reste souvent des traces sur le moule.

Au diamètre de 12 millim. l'*Ammonites Birchi* a déjà sa livrée complète et compte 23 côtes à doubles tubercules. Elle se rencontre au même niveau que l'*Ammonites OEduensis*, ou peut-être un peu plus haut. Je l'ai toujours trouvée fortement cristallisée. Elle est rare partout.

Le spécimen de Dracy-sur-Couches, dont je donne le dessin pl. XLI, est remarquable par sa forme moins comprimée, plus épaisse, plus enveloppante. Il a été recueilli par M. Desplaces de Charmasse ; son diamètre est de 197 millim. ; la largeur du dernier tour est de 28/100 ; son épaisseur, 31/100 ; largeur de l'ombilic, 59/100. Le nombre de côtes est de 26 au dernier tour et de 25 au tour précédent. Ces nombres s'éloignent considérablement de ceux donnés par d'Orbigny, qui paraît n'avoir connu, non plus que Sowerby, que la variété comprimée, très-conforme pour tous les ornements à la variété déprimée de Dracy, qui existe bien réellement du reste comme variété, car je l'ai rencontrée à plusieurs reprises.

Il est à remarquer que dans presque toutes les espèces d'ammonites, il existe ainsi deux formes, deux types différents, unis par les détails, séparés par les proportions. Ainsi, les *Ammonites OEduensis* et *Locardi* présentent, dans leurs formes générales, quelque chose qui approche de cette variation, régulière et constante dans ses rapports, que je viens de signaler pour les deux formes de l'*Ammonites Birchi*.

Localités : Dracy-sur-Couches, Saint-Fortunat, Nolay, Sarry, Jambles, Palinges (Saône-et-Loire), Moroges. *r.*

Explication des figures : Pl. XLI, fig. 1 et 2, *Ammonites Birchi*, de Dracy-sur-Couches, variété déprimée, réduite de ½. Du cabinet de M. Desplaces de Charmasse.

Ammonites Sauzeanus (D'Orbigny).

(Pl. XXIV, fig. 1, 2 et 3 ; pl. XLI, fig. 3 , 4 et 5.)

1842. D'Orbigny, *Jurassique.* p. 304, pl. 95, fig. 4 et 5.

Dimensions ; Diamètre, 100 millim.; largeur du dernier tour, 35/100 ; épaisseur, 37/100 ; ombilic. 44/100.

Coquille très-rare partout ; le spécimen dont je donne le dessin, pl. XXIV, n'est qu'un moule calcaire ; quoiqu'il soit bien plus grand que l'exemplaire de d'Orbigny, les proportions s'accordent assez bien avec celles données dans la *Paléontologie française.*

Les tours sont carrés, se recouvrant à peine, ils portent sur le dernier 16 grosses côtes saillantes, rectilignes, plus marquées vers le dos qui est carré, orné d'une carène obtuse, très-basse ; les tours ne sont pas plus épais à leur partie supérieure, au contraire, ce qui tient sans doute à ce que le test manque.

Les lobes finement dentelés , sans grandes digitations et sans rentrures profondes, sont bien ceux des *arietes* ; le premier lobe latéral est très-court, la selle latérale, au contraire, très-élevée est suivie de deux petits lobes accessoires.

On pourrait confondre l'*Ammonites Sauzeanus* avec l'*Ammonites Spinatus*, mais cette dernière a le dos concave, sa quille est crénelée, ses côtes plus nombreuses et ses lobes très-différents.

J'ai recueilli, au même niveau, deux échantillons d'une forme plus comprimée, que je crois cependant devoir réunir à l'*Ammonites Sauzeanus* ; la largeur des tours dépasse notablement leur épaisseur et le nombre des côtes va jusqu'à 21 par tour ; mais comme la forme d'ensemble, ainsi que les lobes, s'accordent avec ceux de l'*Ammonites Sauzeanus*, je réunis ces échantillons à l'espèce comme variété ; on trouvera, pl. XLI. fig. 3, 4 et 5, le dessin d'une de ces ammonites, trouvée à Saint-Fortunat. Cette variété à côtes nombreuses, a quelques ressemblance avec l'*Ammonites Maugenesti*, de d'Orbigny, du lias moyen, mais elle s'en distingue par son dos moins anguleux, orné d'une carène distincte, son ombilic moins ouvert et ses lobes tous différents.

L'*Ammonites Sauzeanus* appartient aux couches les plus profondes de la zone supérieure, peut-être même descend-elle avec l'*Ammonites geometricus*, dans les couches supérieures de la zone de l'*Ammonites Bucklandi*.

Localités : Nolay, Saint-Fortunat, Limonest. r. De ma collection. Ruffey, de la collection de M. Locard.

Explication des figures : Pl. XXIV, fig. 1, 2 et 3. *Ammonites Sauzeanus*, de grandeur naturelle ; pl. XLI, fig. 3, 4 et 5, la même, de Saint-Fortunat, variété comprimée, de grandeur naturelle. De ma collection.

Ammonites Scipionianus (D'ORBIGNY).

(Voir dans la zone inférieure, page 33.)

Cette ammonite, rare partout, que nous avons déjà décrite dans les espèces de la zone inférieure, se montre bien certainement aussi dans les couches inférieures du lias β. Elle passe ainsi d'une zone à l'autre, comme l'*Ammonites geometricus* et peut-être l'*Ammonites lacunatus*.

Localités : Curgy, Clomot. rr.

Ammonites geometricus (OPPEL).

(Pl. XXX, fig. 1 et 2.)

(Voir dans la zone inférieure, page 31.)

Nous avons déjà donné de nombreux détails sur cette espèce

remarquable, qui se trouve ordinairement dans les trois derniers mètres supérieurs du lias α, ou de la zone à *Ammonites Bucklandi*, et en très-grand nombre.

Quoique beaucoup plus rare dans la zone supérieure, elle s'y rencontre cependant quelquefois et à plusieurs niveaux. Ainsi, j'ai recueilli à Saint-Fortunat, dans les couches au-dessous de l'*Ammonites oxynotus*, un fragment de l'*Ammonites Œduensis* la mieux caractérisée et qui porte sur un de ses flancs un fragment plus petit de l'*Ammonites geometricus*, qu'il est impossible de méconnaître. J'ai rencontré à Dardilly, carrières du Bouquier, l'*Ammonites geometricus* dans les calcaires du banc *merifoliet*, nom par lequel les ouvriers désignent un des bancs calcaires où paraissent les premières *Belemnites acutus*.

L'*Ammonites geometricus* serait ainsi une des rares espèces qu'on rencontre dans les deux zones du lias inférieur. On peut donc l'indiquer comme caractéristique pour cette grande division du *lias*, quoiqu'elle ne le soit point pour l'une ou l'autre des deux zones qui la composent.

M. Pellat a bien voulu me communiquer un échantillon des carrières de Borgy et provenant des couches inférieures de la zone à *Ammonites oxynotus*, qui par sa taille et la conservation partielle de son test est des plus remarquables; on en trouvera le dessin pl. XXX, fig. 1, vu par côté, de grandeur naturelle; la fig. 2, donne la coupe du dernier tour. Je rapporte avec quelque doute cette ammonite à l'*Ammonites geometricus*; dans tous les cas, elle ne paraît rapprochée d'une manière frappante par les ornements et les proportions.

L'ammonite a un diamètre de 162 millim.; la largeur du dernier tour est de 20/100; son épaisseur, 17/100; l'ombilic, 61/100. Le nombre des côtes est de 52 pour le dernier tour, et de 44 pour le précédent. Les côtes tout à fait droites, ont une forme des plus singulières; quand le test existe encore, elles s'élèvent perpendiculairement, formant un pli régulier, aussi épais dans toute sa hauteur et se terminant dans un méplat arrondi de 2 à 3 millim. de largeur; les sillons très-profonds qui séparent les côtes sont tout à fait lisses, uniformément déprimés jusqu'au bas de la côte qui s'élève brusquement, comme une muraille. Rien cependant n'est raccordé par un pli anguleux, mais par des angles adoucis quoique brusques. Malgré ces ressemblances, même sur les parties qui ont perdu leur test, les côtes ont une forme différente de celles de l'*Ammonites geometricus*, par leur élévation et leur largeur relative sur la crête supérieure ; ces côtes ont de plus une largeur régulière et qui ne change presque pas de l'ombilic à la partie supérieure du tour.

Localités : Villebois, Nolay, Jambles, Borgy. *r.*

Explication des figures : Pl. XXX, fig. 1, *Ammonites geometricus* de grande taille, de Borgy, de grandeur naturelle ; fig. 2, coupe du dernier tour. De la collection de M. Pellat.

Ammonites spiratissimus (QUENSTEDT).

(Pl. XXVI. fig. 4.)

Voir dans la zone inférieure, page 26.

Cette espèce se rencontre aussi dans les couches à *Ammonites stellaris* de la zone supérieure.

On trouvera, pl. XXVI, fig. 4, un fragment de grandeur naturelle, que j'ai fait figurer à cause des lobes qui s'accordent assez bien avec ceux que donne V. Hauer, de la même espèce (*Ueber die Cephalopoden der nordostlichen Alpen*, p. 18, pl. 3, fig. 1 à 3), surtout si l'on considère que la figure d'Hauer, grossie trois fois, appartient à une ammonite de très-petite dimension.

On remarquera, dans le dessin que je donne, la distance considérable qu'il y a d'une cloison à l'autre ; cette grandeur des loges cloisonnées coïncide bien avec le détail que donne Quenstedt sur la grandeur inusitée de la chambre d'habitation de l'*Am-*

monites spiralissimus, qui comprend un tour et demi de la coquille.

Localités : Poleymieux, Nolay. Limonest. *r.*

Explication des figures : Pl. XXVI, fig. 4, fragment d'*Ammonites spiralissimus*, de Limonest, de grandeur naturelle. De ma collection.

Ammonites Victoris (Nov. spec.).

(Pl. XXXI, fig. 1 et 2, et pl. XLII, fig. 1 et 2.)

Testa discoïdea, compressa; anfractibus latis, convexis, transversim costatis; costis rectis, in medio bifurcatis, antice valde involutis; ultimo anfractu dimidiam testæ partem superante; dorso carinato; apertura sagittata.

Dimensions : Diamètre, 144 millim.; largeur du dernier tour, 52/100; épaisseur, 23/100; ombilic, 12/100.

Coquille comprimée, carénée, composée de tours très-larges, le dernier occupant plus de la moitié du diamètre total; les tours qui s'élèvent sur l'ombilic par un contour arrondi, sont ornés, là, de 18 à 20 plis ou côtes, droits, saillants, qui se dirigent en arrière; en arivant sur le milieu du tour, un certain nombre de côtes se partagent, quelques autres un peu plus loin : enfin, près du dos, de nouveaux plis se montrent encore et tous se portent fortement en avant en s'arrondissant jusque contre la carène qui est élevée et presque coupante. Les côtes sont marquées jusqu'au fond de l'ombilic qui est étroit et profond, mais nullement anguleux sur ses bords; la plus grande épaisseur de la coquille se trouve au tiers du tour, en partant de l'ombilic.

L'*Ammonites Victoris* a quelque rapport avec l'ammonite dont Quenstedt donne la figure (*der Jura*, pl. 12, fig. 7), sous le nom d'*Ammonites betacaltis*, mais celle-ci n'a pas de carène et les plis ne sont pas droits.

L'*Ammonites Victoris* est très-rare. Le bel échantillon que j'ai fait dessiner, pl. XXII, a été recueilli à Nolay, un peu au-dessous des couches à *Ammonites oxynotus*, par mon ami Victor Thiollière, et fait partie maintenant de la collection de la ville de Lyon. Avec cet échantillon de Nolay, je n'en connais qu'un autre de Lournand, et un exemplaire de Saint-Fortunat qui est d'une taille énorme. Il a plus de 45 centimètres de diamètre et conserve ses lobes jusqu'à la fin, de sorte qu'avec sa dernière loge, la coquille ne pouvait pas mesurer moins de 60 centimètres; malgré cette grande taille, les proportions sont remarquablement les mêmes que pour l'échantillon de Nolay ; les voici :

Diamètre , 456 millim.; largeur du dernier tour. 52/100. épaisseur. 24/100 ; ombilic, 11/100.

Les ornements persistent, du moins les côtes rectilignes principales sont très-apparentes, seulement, la carène n'est plus distincte, et le dos toujours étroit est arrondi; mais il n'y a là rien de surprenant, et ce changement partiel de formes arrive ordinairement aux ammonites d'un âge très-avancé ; l'une des faces de cette énorme coquille est dépouillée de son test et permet de compter le nombre des cloisons qui, sur le dernier tour, s'élève à 17.

L'échantillon de Lournand me paraît un peu plus renflé que les deux autres et n'est pas entier; c'est lui qui m'a fourni la forme des lobes que l'on trouvera pl. XXXI, fig. 1, de grandeur naturelle; ce dessin ne comprend qu'une partie des lobes dont toute la série, qui se rapproche de l'ombilic, n'a pas pu être distinguée. La disposition des lobes et des selles est très-rapprochée de celle que donne l'*Ammonites Aballoensis*. Sur une petite portion du test de cet exemplaire de Lournand, le test fort bien conservé m'a permis d'observer de curieux détails : chaque pli recourbé en avant près de la carène, porte 6 à 8 lignes, espacées assez irrégulièrement, sur lesquelles on distingue, à la loupe, des points formés par une légère dépression ; le dessin pl. XXXI, fig. 2, montre ces ornements du test sur un fragment grossi deux fois.

Localités : Saint-Fortunat, Nolay, Lournand. r.

Explication des figures : Pl. XXXI, fig. 1, lobes de l'*Ammonites Victoris* de Lournand, de grandeur naturelle; fig. 2, détails de la surface du test, grossis; pl. XLII, fig. 1 et 2, la même, de Nolay, de grandeur naturelle. De la collection Victor Thiollière.

Ammonites Boucaultianus (D'ORBIGNY).

(Pl. XXXIX, fig. 1 et 2.)

1842 D'Orbigny, *Jurassique*, p. 294, pl. 96 et 97.

Ce spécimen de Jambles, que j'ai fait figurer pl. XXXIX, n'est qu'un fragment, mais il est intéressant par sa grande taille et la conservation de certaines parties de son test; la forme s'accorde assez bien avec celle de la figure de d'Orbigny, pl. 96, tout en paraissant un peu moins comprimée; les flancs sont convexes, le dos étroit, munie d'une carène arrondie, qui manque sur le moule. Au diamètre de 160 millim., les côtes sont au nombre de 40 environ, à peine marquées près de l'ombilic; de là elles s'élèvent très-légèrement fluxueuses et en prenant de l'importance, jusqu'aux deux tiers du tour, où un certain nombre, la moitié à peu près, se bifurquent et s'arrondissent en se portant en avant; toutes les côtes se montrent alors très-semblables, fort nettement séparées et régulières; les côtes et les sillons sont également recouverts par de petites lignes superficielles mais très-nettes et fort élégantes, dont on compte 10 à 11 par chaque côte. Les lobes ne sont pas visibles, cependant ce que l'on en voit montre qu'ils sont très-profondément découpés.

Rapprochée de l'*Ammonites Aballoensis*, l'*Ammonites Boucaul-*

tianus en diffère par ses plis et ses ornements réguliers; sa carène beaucoup plus basse et la forme arrondie de son ombilic.

On la distingue de l'*Ammonites Victoris* par ses côtes à peine marquées sur l'ombilic, et qui, ne se bifurquent jamais deux fois, par son épaisseur et la forme de sa carène.

La figure que donne Quenstedt (*Der Jura*, pl. 12, fig. 7) a beaucoup de rapport aussi avec l'*Ammonites Boucaultianus*, mais cette ammonite, que Quenstedt décrit sous le nom de *betacalsis* et qui habite bien le même niveau, porte une carène crénelée qui l'éloigne beaucoup de la nôtre; les côtes y sont aussi plus petites et moins courbées vers le dos.

Sur mon échantillon, je ne remarque pas de traces des petits tubercules que les côtes paraissent former, en arrivant vers le dos, dans la figure pl. 90, de d'Orbigny. Je n'hésite pas cependant à rapporter cette ammonite à l'*Ammonites Boucaultianus*; le nombre des côtes, leur direction, les proportions de l'ombilic et de l'enroulement, tout me semble coïncider.

On remarquera que le fragment dessiné porte, à sa partie supérieure, les restes du tour suivant avec les débris des cloisons, qui font voir le profond enfoncement du lobe ventral; cette circonstance fait connaître la distance qu'il y a d'une cloison à l'autre; de plus, comme cette partie, encore cloisonnée, devait être suivie de la chambre d'habitation, ce qui reste des deux tours ainsi superposés, dans ce fragment, permet de calculer que l'ammonite à laquelle il appartient ne pouvait pas avoir moins de 44 centimètres de diamètre.

Le fragment n'est pas assez complet pour que je puisse en déduire les proportions de la coquille.

Localité : Jambles. *rr*. Niveau très-rapproché de celui de l'*Ammonites oxynotus*.

Explication des figures : Pl. XXXIX, fig. 1, fragment d'*Ammonites Boucaultianus*, de Jambles, de grandeur naturelle; fig. 2, partie supérieure du tour, coupe de grandeur naturelle. De ma collection.

Ammonites Guibalianus (D'ORBIGNY).

1842. D'Orbigny, *Jurassique*, p. 259, pl. 73.
1842. D'Orbigny, *Jurassique*. *Ammonites Collenoti*, p. 305, pl. 95,
fig. 6 à 9.
1856. Oppel, *Die Juraformation*, p. 206.

D'après Oppel, les *Ammonites Guibalianus* et *Collenoti*, de d'Orbigny, appartiennent à une seule et même espèce, et il dit avoir
recueilli près de Nancy les deux formes ensemble, dans la même
couche, avec la *Griphæa obliqua*.

J'ai toujours rencontré l'*Ammonites Guibalianus*, dans le bassin
du Rhône, au niveau de l'*Ammonites stellaris*, au-dessous des
couches à *Ammonites oxynotus*.

Le plus grand exemplaire vient de Lournand, il a 245 millim.
de diamètre; largeur du dernier tour, 46/100; épaisseur, 26/100;
largeur de l'ombilic, 18/100. Si ces proportions diffèrent un
peu de celles données par d'Orbigny, la différence de taille
peut en rendre compte. Le dernier tour porte 36 côtes ou plis
peu marqués et qui paraissent moins flexueux, que les côtes des
tours intérieurs.

Cet exemplaire est muni de ses lobes jusqu'à son extrémité,
par conséquent sa taille devait dépasser 360 millim.

La figure donnée par d'Orbigny, pl. 73, est excellente et très-
fidèle.

Localités : Saint-Didier, Jambles, Nolay, Lournand. r.

Ammonites Aballoensis (D'ORBIGNY).

(Pl. XXVII, fig. 1 et 2 ; pl. XXVIII, fig. 1.)
(Pl. XXXVIII, fig. 1, 2 et 3.)
(Pl. XL, fig. 1.)

1850. D'Orbigny, *Prodrome. Sinémurien*, n° 30.

Dimensions : Diamètre, 135 millim ; largeur du dernier tour, 48/100 ; épaisseur, 30/100 ; ombilic, 21/100.

Coquille comprimée, carénée, formée de tours convexes coupés carrément sur l'ombilic, où ils sont ornés de gros plis saillants et irréguliers, ou plutôt de faisceaux formés par un certain nombre de plis plus petits : ces gros plis, très-saillants, partent du contour de l'ombilic, en ligne droite, un peu dirigés en arrière jusqu'aux trois quarts de la largeur des tours. Là, entre chacun d'eux, un ou deux plis nouveaux prennent naissance, puis tous s'élargissent en perdant leur saillie et en s'infléchissant fortement en avant ; ces ornements sont remarquablement irréguliers, d'un exemplaire à l'autre ; on peut voir de plus dans l'ammonite dessinée pl. XXVII combien la forme et la direction des côtes changent, du commencement à la fin du dernier tour.

La carène, très-élevée, non coupante, n'est pas lisse en dessus, mais très-finement et irrégulièrement crénelée ; elle se lie aux flancs par une courbe insensible, sans former un ressaut ; avec l'âge la carène disparaît et le dos est arrondi ; le siphon, petit et rond, est placé bien au-dessous de la carène.

L'ombilic est assez large, profond et les tours y tombent perpendiculairement. La coquille est d'une épaisseur notable, surtout près de l'ombilic, de sorte que les moules ont un aspect assez différent. L'*Ammonites Aballoensis* est une des espèces qui peuvent être facilement méconnues à cause de cette circonstance ; le dos surtout, quand le test manque, prend une forme tout autre, il devient largement arrondi, et rien ne pourrait faire supposer la saillie considérable qu'y forme la carène.

L'échantillon de Curgy (pl. XXVII), qui m'a été communiqué par M. Desplaces de Charmasse, permet de se rendre compte des deux états, puisqu'une partie n'est qu'un moule tandis que le reste montre le test parfaitement conservé.

L'ammonite figurée pl. XXXVIII, trouvée par moi à Saint-Fortunat, dans le calcaire rosâtre, avec l'*Ammonites oxynotus*, est un moule très-bien conservé et qui m'a fourni le dessin des lobes (même planche, fig. 3) ; le lobe latéral supérieur, formé de sept branches égales, descend plus bas que le lobe dorsal ; la selle latérale est large, arrondie et plus élevée que la selle dorsale, puis viennent quatre lobes peu profonds qui vont en diminuant d'importance et restent bien au-dessus du niveau du lobe dorsal. On remarquera que cet exemplaire est notablement moins comprimé que celui de Curgy.

C'est sur cet échantillon qu'ont été copiés les lobes dessinés pl. XXVIII, fig. 1, la partie des lobes rapprochés de l'ombilic y manque.

Le fragment dessiné pl. XL, fig. 4, provient de Saint-Fortunat ; je l'ai fait figurer à cause de la belle conservation du test et de ses ornements sur l'ombilic : on y compte 26 plis sur l'ombilic, pour le dernier tour ; dans un autre échantillon de la même taille, aussi de Saint-Fortunat, ces plis sont bien plus nombreux et moins arrondis, on en compte 38.

L'*Ammonites Aballoensis* se trouve dans les couches à *Ammonites oxynatus*.

On ne peut pas la confondre avec l'*Ammonites Victoris*, malgré la grande ressemblance des ornements, à cause de ses proportions d'abord, mais surtout en remarquant la forme si opposée des ombilics.

Localités : Saint-Fortunat, Curgy, Moroges. r.

Explication des figures : Pl. XXVII, fig. 1 et 2, *Ammonites Aballoensis*, de Curgy, de grandeur naturelle, du ca-

binet de M. Desplaces de Charmasse; pl. XXVIII, fig. 1,
lobes de l'échantillon de Curgy, de grandeur naturelle ;
pl. XXXVIII, fig. 1 et 2, — moule de Saint-Fortunat, de
grandeur naturelle. Fig. 3. lobes de grandeur naturelle ;
pl. XL. fig. 1, fragment d'un exemplaire avec le test, de
Saint-Fortunat, de grandeur naturelle. De ma collection.

Ammonites oxynotus (QUENSTEDT)

(Pl. XXXIII, fig. 1 à 3.)

1843. Quenstedt, *Flozgebirge*, p. 161.
1845. Buckman, *Ammonites cultellus; geology of Cheltenham*,
pl. 12, fig. 4 et 5.
1849. Quenstedt, *Cephalopoden*, pl. 5, fig. 11.

Voici les dimensions pour un certain nombre d'exemplaires
de grandeurs différentes :

Diamètre.	Largeur du dernier tour.	Épaisseur du dernier tour.	Largeur de l'ombilic.
20 mil.	45/100	25/100	28/100
71 mil.	45/100	17/100	18/100
86 mil.	46/100	17/100	19/100
185 mil.	47/100	20/100	23/100
220 mil.	45/100	12/100	20/100
330 mil.	44/100	23/100	21/100

Coquille très-comprimée, ombiliquée, formée de 6 à 7 tours
aciculés, à carène coupante. Les côtes peu renflées portent 12 à
20 plis irréguliers, apparents seulement au milieu des flancs, et
qui, aux deux tiers du tour, se partagent en deux ou trois et s'infléchissent en avant; tous ces ornements ont quelque chose de
vague, d'irrégulier et prennent un aspect différent sur chaque

individu. Sur les tours intérieurs bien conservés. les côtes sont pourtant visibles toujours.

L'ombilic, assez ouvert, montre des variations notables dans sa largeur (voir le tableau ci-dessus), les tours sont recouverts plus ou moins, tantôt montrant un quart de leur largeur à découvert, tantôt seulement un sixième; sous ce rapport, l'*Ammonites oxynotus* est une des espèces les plus irrégulières. Les tours sont largement arrondis dans l'ombilic.

La carène, absolument coupante en tranchant acéré, justifie très-bien le nom de l'espèce; cette carène, cependant, vue à la loupe, ne décrit pas un contour régulier, la ligne extrême forme comme des festons très-allongés et faiblement indiqués, sur chacun desquels on voit 8 à 12 petites dents irrégulières; ordinairement, aux trois quarts extérieurs des tours, la coquille subit un amincissement, il se forme un méplat comme si l'on en avait pincé le bord. (Voir la fig. 1, pl. XXXIII.)

L'*Ammonites oxynotus*, outre les variations d'individus à individus, subit encore, avec l'âge, des changements assez importants. Au diamètre de 7 millim. elle est renflée, et l'on voit déjà sur l'ombilic 10 à 12 gros plis; à 20 millim., la coquille n'est pas encore fortement comprimée; la carène, très-peu élevée. forme une petite quille arrondie, séparée des côtés. L'ammonite prend ensuite sa forme-type, qu'elle ne quitte plus jusqu'au diamètre de 125 millim.; elle commence alors à perdre ses côtes: à 160 millim., la quille coupante s'arrondit, la coquille devient plus épaisse et reprend une forme moins comprimée.

Sur les types qui ont l'ombilic plus ouvert, on voit quelquefois un grand nombre de petits plis, un peu obliques, qui descendent sur l'angle arrondi du tour jusqu'au fond de l'ombilic.

Les lobes se font remarquer en ce que le lobe dorsal, quoique peu allongé comparativement, descend cependant bien plus bas que tous les autres. La selle dorsale, de même largeur que la selle latérale, s'élève moins haut que celle-ci, tandis que la seconde selle latérale, presqu'aussi large, s'abaisse beaucoup. L'en-

semble est très-rapproché des lobes de l'*Ammonites Guibalianus* et
très-différents des lobes figurés par d'Orbigny, pl. 87, pour les
Ammonites Lynx et *Ammonites Coynarti* qui sont certainement
des espèces très-séparées de l'*Ammonites oxynotus;* les lobes de
mes petits exemplaires s'accordent fort bien avec les dessins que.
donne Quenstedt; quant aux adultes, on peut consulter avec confiance le dessin de ma pl. XXXIII, fig. 5, qui est très-fidèlement
copié et de grandeur naturelle, sur un très-bel échantillon de
grande taille, de Saint-Fortunat.

Les grands exemplaires de cette ammonite, avec leur test bien
conservé, m'ont permis de compléter une observation que j'avais
déjà faite sur d'autres espèces, observation qui regarde la formation et la nature du test. On remarque, en effet, sur l'*Ammoni-*
tes oxynotus, un fait que l'on retrouverait je crois sur la plupart
des ammonites, si l'on pouvait examiner plus souvent de grands
exemplaires en bon état; le test se montre formé de deux couches bien distinctes; la couche intérieure, très-épaisse près de
l'ombilic, diminue progressivement à mesure qu'elle se rapproche
du dos, où elle arrive à ne pas dépasser l'épaisseur d'un fort
papier; la couche extérieure se comporte d'une manière directement inverse. elle est très-mince vers l'ombilic et s'épaissit progressivement à mesure qu'elle se rapproche du dos, où elle acquiert
l'épaisseur de 3 millim. 1/2; il se fait de la sorte une compensa-
tion dans l'épaisseur générale du test qui comprend les deux couches. Il me semble, pourtant, que cette épaisseur est un peu plus
forte dans la région de l'ombilic; ces mesures sont prises sur un
spécimen de Saint-Fortunat, de 330 millim. de diamètre. J'ai
remarqué un fait analogue chez certaines coquilles bivalves, des
lima, par exemple; on remarque sur quelques échantillons, bien
préparés par les circonstances de la fossilisation, deux couches
fort distinctes dans le test, l'une très-épaisse au crochet et très-
mince sur la région palléale, et l'autre se comportant, pour
l'épaisseur, d'une manière diamétralement opposée.

L'étude détaillée du test, chez les ammonites, amènerait certainement, d'ailleurs, à admettre plus de deux couches distinctes

10

pour l'ensemble; on peut voir, sur certains exemplaires bien conservés du lias supérieur de la Verpillière, trois ou quatre couches dans le test, couches qui ont résisté aux causes de destruction suivant des lois différentes, et dont les surfaces bien distinctes forment des niveaux réguliers dans l'épaisseur de la coquille.

L'*Ammonites oxynotus*, par sa forme remarquable, par son abondance sur tous les points, par le niveau qu'elle occupe si régulièrement dans les couches qui séparent l'*Ammonites stellaris* de l'*Ammonites raricostatus*, est une des espèces les plus importantes et les plus caractéristiques du lias inférieur; ce n'est pas là une de ces ammonites dont la rencontre est une rareté, et dont les caractères sont complétés avec peine par quelques exemplaires trouvés sur des points différents; c'est une espèce que l'on trouve partout, de toutes les tailles, et dont les ornements, les lobes et les variétés sont parfaitement connus; de plus, elle occupe à peu près le milieu dans l'ensemble des couches que l'on a l'habitude de regarder comme formant la partie supérieure du lias inférieur. Ce sont ces considérations qui m'ont engagé à la prendre pour la coquille caractéristique et le type de la zone.

Localités: Saint-Fortunat, Saint-Cyr, Limonest, Lagnieu, Lournand, Jambles, Sainte-Hélène, Saint-Christophe, Nolay, Sarry, Panessière. *c.*

Explication des figures : Pl. XXXIII, fig. 1. *Ammonites oxynotus*, de Lournand; fig. 2, la même, de Sainte-Hélène, variété largement ombiliquée; fig. 3, la même de Jambles; fig. 4, la même de Jambles, variété renflée, coupe pour montrer la forme des tours; fig. 5, lobes de la même, de Saint-Fortunat, de grandeur naturelle. De ma collection.

Toutes les figures de la pl. XXXIII sont de grandeur naturelle.

Ammonites Buvigneri (D'ORBIGNY).

(Pl. XXXIV, fig. 1 et 2.)

1842. D'Orbigny, *Jurassique*, pl. 74.

Dimensions : Diamètre, 126 millim.; largeur du dernier tour, 58/100 ; épaisseur, 28/100 ; ombilic, 5/100.

Le bel échantillon dont je donne la figure, pl. XXXIV, provient de Lournand. Il présente quelques légères différences pour les proportions avec celui de d'Orbigny, qui est plus comprimé, mais il n'y a rien dans ces différences qui puisse justifier une séparation ; l'échantillon de d'Orbigny est d'ailleurs beaucoup plus grand. Les lobes de mon ammonite'paraissent conformes à ceux figurés pl. 74 de la *Paléontologie française*.

Les ornements extérieurs consistent en lignes un peu vagues, flexueuses, irrégulières, qui se portent en avant vers le dos ; ce sont plutôt des groupes de lignes peu saillants, mais marqués plus fortement du côté extérieur ; je remarque que, contrairement à ce que l'on pourrait supposer, ces côtes sont plus marquées sur le moule. Il n'y a pas de carène proprement dite, mais le dos se réduit à une largeur de 4 millim. sur le dernier tour ; il est lisse, arrondi et couvert par la continuation des fines lignes d'accroissement qui passent sur tout le reste de la coquille. La plus grande épaisseur des tours est assez rapprochée de l'ombilic.

Cette espèce paraît très-rare dans le bassin du Rhône, où elle se trouve certainement au même niveau que l'*Ammonites oxynotus ;* d'Orbigny la place dans le lias moyen, mais Oppel, après avoir vérifié les gisements de la Meurthe, ainsi que les exemplaires de la collection de M. Buvignier, nous assure qu'elle vient du sinémurien supérieur.

La forme des tours, la grandeur de l'ombilic permettent de la distinguer de l'*Ammonites Oppeli* du lias moyen ; elle est très rapprochée aussi de la forme de l'*Ammonites Sæmanni* (voir plus loin la description de cette dernière), mais les lobes singuliers de cette espèce diffèrent tellement qu'il n'est pas possible de les confondre.

Localité : Lournand. *rr*.

Explication des figures : Pl. XXXIV, fig. 1 et 2, *Ammonites Buvigneri*, de Lournand, de grandeur naturelle. De ma collection.

Ammonites Greenoughi (SOWERBY).

1816. Sowerby, *Miner. Conch.*, pl. 132.

Espèce peu importante dans nos contrées ; je ne l'ai jamais rencontrée en bons échantillons, mais seulement en fragments, au niveau de l'*Ammonites oxynotus*.

Localités : Saint-Fortunat, Nolay. *rr*,

Ammonites Cluniacensis (Nov. spec.).

(Pl. XXV, fig. 8, 9 et 10.)

Testa compressa, carinata ; anfractibus compressis, lateribus convexiusculis, transversim, costatis ; costis latis, simplicibus, externe flexuosis ; carina elevata ; apertura compressa, antice acuta.

Dimensions : Diamètre, 31 millim. ; largeur du dernier tour, 39/100 ; épaisseur, 24/100 ; ombilic 31/100.

Petite coquille comprimée et carénée, composée de tours un

peu convexes, ornés de 32 à 34 côtes simples, rondes, séparées par des intervalles plus petits qu'elles-mêmes; bien marquées sur l'ombilic, elles vont en s'élargissant, se courbent en avant vers le dos et se perdent avant d'arriver contre la carène.

Les tours sont recouverts à la moitié de leur largeur au moins; la carène assez saillante et bien limitée paraît, à la loupe, finement crénelée; un exemplaire laisse voir une série de lignes régulières qui couvrent toutes la surface, on en compte 8 à 10 environ par côtes (Voir le grossissement, fig. 10.)

Il me semble impossible de rattacher cette petite ammonite à l'*Ammonites Guibalianus;* l'ombilic est trop grand, les côtes trop nombreuses, trop fortes et trop régulières; les mêmes raisons l'éloignent encore plus de l'*Ammonites Victori*.

Localités : Lournand, Borgy. rr.

Explication des figures : Pl. XXV, fig. 8, *Ammonites Cluniacensis*, de Lournand, de grandeur naturelle; fig. 9, la même, de Borgy, de grandeur naturelle; fig. 10, grossissement du test. De ma collection.

Ammonites Tamariscinus (SCHLOENBACH).

(Pl. XXV, fig. 11.)

1856. U. Schloenbach, *Ueber neue und weniger bekannte Jurassische Ammoniten, in Palæontographica, XIII Band.* 4° Cassel, 1865, p. 13, pl. XXVII, fig. 1.

Cette ammonite ne m'est connue que par un beau fragment de 120 millim., qui ne forme pas le quart d'un tour entier et que j'ai recueilli à Nolay, dans les couches à *planicosta*.

Les tours elliptiques comprimés, sont entamés par les tours précédents; ils portent, par tour, 50 à 60 côtes peu saillantes, simples, arrondies, un peu courbées en avant et très-atténuées sur le dos; l'épaisseur du fragment dessiné va à 36 millim.; les

lobes très-compliqués, à longues ramifications, sont finement
découpés.

L'*Ammonites Tamariscinus* a été tout récemment établie par
M. U. Schloenbach. Ses fragments ne paraissent pas être aussi
rares dans le Hanovre que dans le bassin du Rhône, où elle n'est
encore indiquée que par un seul échantillon.

Localité : Nolay. *rr.*

Explication des figures : Pl. XXV, fig. 11, fragment
d'*Ammonites Tamariscinus*, de Nolay, de grandeur naturelle. De ma collection.

Ammonites altus (Von Hauer).

(Pl. XXVIII, fig. 4, 5, 6.)

1856. V. Hauer, *Ueber die Cephalopoden aus dem Lias der nordostlichen Alpen*, p. 66, pl. 20, fig. 7 et 9.
1860. Ooster, *Catalogue des Céphalopodes fossiles, des Alpes suisses*,
p. 34, pl. 15, fig. 14 à 17.

Dimensions : Diamètre, 40 millim.; largeur du dernier tour,
47/100 ; épaisseur, 24/100 ; ombilic, 25/100.

Les deux jolis exemplaires de l'*Ammonites altus*, dont je donne
la figure, viennent des carrières de Borgy et de Nolay, où je les
ai recueillis au niveau de l'*Ammonites oxynotus*. La forme des
tours, celle du dos, et l'absence de tout ornement, font, il me
semble, reconnaître parfaitement l'*Ammonites altus* de M. de Hauer,
quoique l'ombilic, dans mes échantillons, soit moins grand et le
recouvrement des tours plus considérable. Si je passe par-dessus
ce défaut de concordance, c'est que je puis m'autoriser du texte
même de M. de Hauer, qui paraît admettre l'ombilic plus étroit
dans les jeunes de l'*Ammonites altus*; il dit, en effet, en parlant
d'un échantillon de Saint-Wolfgang, que c'est « un très-petit

fragment avec un ombilic étroit. » (Mémoire cité, p. 67, ligne
10.) Il importe de remarquer, de plus, que les échantillons de
MM. de Hauer et Ooster ne sont que des moules et que, dans
cet état, l'ombilic est nécessairement plus grand. Pour tout le
reste, la ressemblance est complète; l'épaisseur la plus grande
des tours est près de l'ombilic sur lequel les tours tombent perpendiculairement.

M. Ooster donne, dans son mémoire sur les céphalopodes des
Alpes, la figure de deux ammonites qui paraissent appartenir à
l'*Ammonites altus*. Il est très-intéressant de retrouver ainsi, dans
le lias des Alpes, soit en Suisse, soit en Autriche, une
espèce aussi rare, même dans les contrées où les fossiles sont
abondants et bien conservés. M. Ooster dit, en parlant de cette
ammonite, que l'échantillon décrit par M. de Hauer vient du
lias supérieur d'Adneth, c'est une erreur; le gisement d'Adneth
ne peut être attribué à aucun niveau spécial du lias; on peut
même voir, par le tableau des fossiles inséré dans le mémoire de
M. Hauer, p. 78, que la plus grande partie des espèces provenant
d'Adneth appartient aux étages sinémuriens et liasiens de
d'Orbigny. Il est donc des plus probables que l'*Ammonites altus* est
à Adneth au même niveau que dans les carrières de Saône-et-
Loire, c'est-à-dire très-rapprochée de l'*Ammonites oxynotus*.

Localité : Nolay, Borgy. *rr*.

Explication des figures : Pl. XXVIII, fig. 4 et 5, *Ammonites altus*, de Nolay, de grandeur naturelle ; fig. 6, autre
exemplaire, de Borgy. De ma collection.

Ammonites Driani (Nov. spec.).

(Pl. XXXVII, fig. 1 à 6.)

*Testa discoidea, compressa ; anfractibus compressis, costatis ;
costis rectis, obsoletis, in dorso evanescentibus; dorso rotun-*

*dato, lævigato; apertura elongata; compressa, antice ro-
tunda.*

Dimensions : Diamètre, 187 millim.; largeur du dernier tour,
38/100 ; épaisseur, 25/100 ; ombilic, 29/100.

Coquille discoïdale, comprimée, non carénée ; spire composée
de tours comprimés, arrondis en haut, fortement échancrés en
bas, ornés sur les flancs de 22 à 23 gros plis droits, larges, irréguliers, qui disparaissent vers le dos.

Les tours sont recouverts aux trois cinquièmes par le tour suivant ; l'ombilic, profond, est coupé perpendiculairement ; la plus
grande épaisseur de la coquille est près de l'ombilic ; la forme est
très-constante et ne varie pas dans le jeune âge, comme on peut
le voir par les figures 3 à 6, seulement, alors, les côtes beaucoup
plus minces relativement, sont plus nombreuses ; les lobes ne
sont pas visibles.

La coquille paraît être extraordinairement épaisse, surtout
dans la région de l'ombilic, où elle mesure plus de 4 millim. chez
une ammonite de 180 millim. de diamètre.

En ne considérant que le dernier tour, on pourrait confondre
l'*Ammonites Driani* avec l'*Ammonites Salisburgensis* (voir la page
suivante), mais la comparaison de l'ombilic presque fermé jusqu'au dernier tour dans cette dernière espèce, le manque de
côtes et le dos caréné pour tous les tours intérieurs, permettent
bien vite de reconnaître les caractères différents des deux
ammonites.

L'*Ammonites Driani* se trouve dans les couches caractérisées
par l'*Ammonites oxynotus* ; c'est une forme bien tranchée et dont le
niveau ne présente pas de doutes ; cependant ce type n'a pas
encore été signalé dans d'autres régions que le bassin du Rhône
où elle paraît assez répandue, sans être commune nulle part.

Localités : Saint-Fortunat, Sainte-Hélène, Nolay. *r.*

Explication des figures : Pl. XXXVII, fig. 1 et 2, *Ammonites Driani*, de Nolay, réduite au 3/5, vue de face et de

profil; fig. 3 et 4, la même, de Sainte-Hélène, de grandeur naturelle; fig. 5, 6, autre, aussi de Sainte-Hélène.
De ma collection.

Ammonites Salisburgensis (Von Hauer.)

(Pl. XXXII, fig. 1 et 2.)

1853. Von Hauer, *Ueber die Cephalopoden ans dem Lias der nor
dost. Alpen*, p. 47, pl. 13, fig. 1, 2 et 3.

Dimensions (prises sur l'ensemble) : Diamètre, 155 millim.;
largeur du dernier tour, 40/100; épaisseur, 20/100;
ombilic, 21/100.
Dimensions (prises avant le déroulement, en éliminant le
dernier tour): Diamètre, 88 millim.; largeur du dernier
tour, 54/100; épaisseur, 22/100; ombilic, 10/100.

Quoique l'ammonite que j'ai rapportée de Moroges, soit un peu
plus comprimée que celle du calcaire rouge d'Adneth, décrite
par M. de Hauer, je n'hésite pas à la regarder comme identique
et appartenant à la même espèce; la forme de l'ombilic, la curieuse évolution du dernier tour et sa transformation, tout paraît
s'accorder et ne pas laisser de doutes.

Le dos de l'ammonite de Bourgogne est plus anguleux pour le
même diamètre, mais l'échantillon de M. de Hauer n'est qu'un
moule, tandis que l'autre a conservé son test, excepté pour la
partie excentrique. Les lobes, très-peu distincts, malheureusement, paraissent semblables.

Je suis obligé de donner deux proportions différentes pour
cette ammonite, car le dernier tour est très-différent des tours
intérieurs.

La coquille est comprimée, formée de tours légèrement convexes sur les flancs, lisses ou avec des traces de petites côtes flexueuses; dos lisse, anguleux, sans former une carène distincte, ombilic des plus étroits, profond, coupé absolument carrément, les tours tombant brusquement par un angle droit sur le tour précédent; à 90 millim. de diamètre la coquille change d'allure, la carène s'arrondit, l'ombilic s'ouvre, de grosses côtes flexueuses, très-irrégulières, se montrent et vont en augmentant de volume jusqu'à la bouche. La dernière loge comprend, sur mon échantillon, au moins un demi-tour, car les lobes cessent à la partie brisée en bas, à gauche de la fig. 1, pl. XXXII; à l'extrémité du dernier tour, celui-ci est assez éloigné de l'ombilic pour ne recouvrir que la moitié du tour précédent.

La place a manqué pour donner le dessin vu de face, de cette dernière partie de l'*Ammonites Salisburgensis*, que l'on voit en profil dans le haut de la figure 1; le dos n'y est pas étroit et anguleux, comme sur les autres tours, mais largement arrondi et d'une forme si différente que l'on est surpris de constater un changement de forme aussi prompt, à la distance d'un demi-tour, dans une même coquille.

Localité: Moroges. *rr.*

Explication des figures: Pl. XXXII, fig. 1, *Ammonites Salisburgensis*, de Moroges, de grandeur naturelle; fig. 2, le même échantillon vu de face, sans le dernier tour. De ma collection.

Ammonites Sœmanni (Nov. spec.)

(Pl. XL, fig. 2, 3, 4; pl. XLIII, fig. 1, 2.)

Testa compressa, carinata; anfractibus convexis, latis, involutis, lœvigatis; ultimo dimidiam testœ partem superante; dorso acuto, vix carinato, apertura compressa, sagittata.

Dimensions: Diamètre, 58 millim.; largeur du dernier tour, 58/100; épaisseur, 17/100; ombilic, 4/100.

Coquille comprimée, carénée, avec un très-petit ombilic; les tours, convexes sur les flancs, paraissent lisses; la plus grande épaisseur correspond au milieu des tours, et la surface s'abaisse en s'arrondissant, de là jusque vers l'ombilic; carène coupante sans être en saillie; le moule ne montre aucune trace d'ornements.

Ce qui distingue surtout cette ammonite, ce sont ses lobes d'une forme à part; malheureusement les deux dessins que j'en donne ne sont, ni l'un ni l'autre complets; le petit échantillon de Saint-Fortunat (pl. XL), dont les lobes sont représentés, fig. 4, grossis deux fois, n'est pas assez bien conservé près de l'ombilic, et les derniers lobes n'apparaissent plus que comme de faibles ondulations, sur le moule rongé dans cette partie; le gros fragment de Saint-Christophe, dessiné pl. XLIII, fig. 1 et 2, n'est pas lui-même en assez bon état pour pouvoir donner avec netteté toute la série; la portion, près du dos, est très-confuse, et les derniers lobes auxiliaires sont également mal indiqués; ce contre-temps n'empêche pas de constater l'ensemble, qui est remarquable. Le lobe dorsal, qui descend plus bas que tous les autres, est suivi de trois lobes latéraux assez volumineux, mais très-inégaux; puis vient une série de petits lobes auxiliaires, au nombre de 10, d'une taille à peu près égale, séparés par des selles bilobées très-régulières aussi; la cloison qui est vue de face sur le fragment de la fig. 2, montre que le lobe ventral était profond.

J'ai fait dessiner le gros fragment trouvé à Saint-Christophe en Brionnais, sans aucune restauration. On remarquera qu'il a subi, du côté de l'ombilic, une compression dont il faut tenir compte. Cet échantillon montre que l'ammonite, en grandissant, parvenait à une certaine épaisseur. Je ne connais ni le test, ni les ornements, mais rien ne paraît indiquer qu'il y eu des côtes ou des stries.

Je dédie à notre regretté collègue **Louis Sœmann**, cette très-remarquable espèce, dont on pourra, je l'espère, **compléter** bientôt la description, quand on aura trouvé des échantillons plus satisfaisants.

L'*Ammonites Sœmanni* habite les couches à *Ammonites oxy-nolus*.

Localités : Saint-Fortunat, Saint-Christophe. *rr.*

Explication des figures : Pl. XL, fig. 2 et 3, *Ammonites Sœmanni*, de Saint-Fortunat, de grandeur naturelle; fig. 4, lobes de la même, grossis deux fois; pl. XLIII, fig. 1, fragment de la même, de Saint-Christophe, de grandeur naturelle, avec les lobes; fig. 2, le même fragment vu de lacc. De ma collection.

Ammonites jejunus (Nov. spec.).

(Pl. XXXI, fig. 6, 7, 8.)

Testa discoïdea, carinata, compressa; anfractibus subfalcatis, convexis, perparum involutis ; costis latis, vix perspicuis; apertura elliptica.

Dimensions : Diamètre, 25 millim.; largeur du dernier tour, 24/100; épaisseur, 14/100; ombilic, 56/100.

Ces proportions ne sont pas sûres, parce que je n'ai pu les prendre que sur un fragment.

Petite espèce comprimée, carénée; spire composée de tours étroits, comprimés, avec une carène distincte mais peu saillante; ils sont ornés de 16 à 18 gros plis, peu marqués et larges; les tours se recouvrent très-peu, leur forme est une ellipse : ombilic très-grand ; lobes ?

Je ne connais cette espèce que par un seul échantillon qui n'a pas son test; elle paraît fort rare et provient des couches supérieures; la seule ammonite avec laquelle on pourrait la confondre est l'*Ammonites Nodotianus* , mais, celle-ci, pour le même diamètre, a un nombre de côtes plus qu; double, et les tours moins comprimés.

Localité : Limonest. *rr*.

Explication des figures : Pl. XXXI, fig. 6, 7, 8, *Ammonites jejunus*, fragment de grandeur naturelle, de Limonest. De ma collection.

Ammonites Bonnardi (D'ORBIGNY).

(Pl. XLII, fig. 3.

1842. D'Orbigny, *Jurassique*, p. 196, pl. 46.
1825. Sowerby, *Ammonites Turneri*, *Miner. Conch.* pl. 452, fig. 2 (non fig. 1).

Dimensions : Diamètre, 117 millim.; largeur du dernier tour, 19/100; épaisseur, 15/100; ombilic, 64/100.

Je ne donne pas de figure de cette belle espèce, parce que celle de d'Orbigny est excellente.

Les proportions données ci-dessus sont prises sur un exemplaire moins grand que celui de la planche de d'Orbigny.

A 117 millim. de diamètre, je compte 67 côtes sur le dernier tour, 60 sur le tour précédent et 54 sur le troisième.

Les tubercules indiqués par d'Orbigny près du dos, sont à peine visibles et pas du tout saillants sur le test, comme il le supposait,

L'*Ammonites Bonnardi* se trouve un peu au-dessous de l'*Ammonites oxynotus*; le plus grand spécimen que j'aie recueilli mesure 150 millim. de diamètre, et vient de Sarry.

On remarque sur le test, près du dos, des lignes d'accroissement qui se portent en avant; la quille est un peu plus ronde,' moins étroite que celle indiquée dans la *Paléontologie française*.

Les lobes dessinés pl. XLII, fig. 3, grossis deux fois, sont pris sur une ammonite de 80 millim. ; quoiqu'il y ait des différences de détail avec ceux donnés par d'Orbigny, ils s'accordent bien pour la disposition générale.

Cette forme n'est commune nulle part; cependant, elle paraît très-abondante à Lyme-Régis. Oppel a pu constater, dans cette localité, que l'*Ammonites Turneri*, de Sowerby (*Miner. Conch.*, pl. 452, fig. 2), se rapporte à l'*Ammonites Bonnardi*. Il dit avoir vu là de grands exemplaires de l'ichthyosaurus de ce niveau, entièrement couverts de spécimens de cette ammonite. (*Die Jura-formation*, p. 202).

Localités : Saint-Fortunat, Limonest, Nolay, Sainte-Hélène. *r*. De ma collection.

Environs de Belley, d'après M. d'Orbigny.

Explication des figures : Pl. XLII, fig. 3, lobes de l'*Ammonites Bonnardi*, de Nolay, grossis 2 fois.

Ammonites Nodotianus (D'ORBIGNY).

(Pl. XXIX, fig. 3 et 4.)

1842 D'Orbigny, *Jurassique*, p. 198, pl. 47.

Les proportions que donne d'Orbigny sont exactes et les figures très-bonnes, je ne saurais donc mieux faire que de renvoyer le lecteur à la belle planche 47 de la *Paléontologie française ;* je remarque seulement, que dans aucuns de mes échantillons, la carène n'est aussi coupante que dans la figure 2, de d'Orbigny ; l'on trouvera, pl. XXIX, fig. 4, une coupe qui donne la forme exacte d'un tour ; la fig. 3 de la même planche représente un fragment de l'*Ammonites Nodotianus*, grossi deux fois, pour faire voir que les petites lignes d'accroissement recouvrent, non seulement les intervalles des côtes, mais les côtes elles-mêmes; ces lignes se portent fortement en avant, en haut des tours.

Jusqu'au diamètre de 14 millim., les tours sont ronds, très-difficiles à démêler de ceux de l'*Ammonites raricostatus*; les côtes sont toujours bien marquées sur ces premiers tours, et deviennent moins saillantes ensuite. Les côtes me paraissent être généralement moins arquées et moins obliques que dans la figure de d'Orbigny.

Les lobes ne s'accordent pas entièrement avec ceux donnés dans la *Paléontologie française*, ni avec ceux figurés par M. de Hauer, pour le bel exemplaire qu'il décrit du calcaire rouge d'Adneth (*Ueber die Cephalopoden aus dem Lias d. n o. Alpen*, pl. 6, fig. 3.)

L'*Ammonites Nodotianus* habite des couches plus élevées que l'*Ammonites Bonnardi*; elle est aussi moins rare.

Localités: Saint-Fortunat, Limonest, Jambles, Sainte-Hélène, Nolay, Sarry, Moroges, Lournand, Saint-Christophe.

Explication des figures: Pl. XXIX, fig. 3, fragment d'*Ammonites Nodotianus*, garni de son test, de Moroges, grossi deux fois; fig. 4, bouche de la même, de grandeur naturelle. De ma collection.

Ammonites Pellati (Nov. spec.).

(Pl. XLIII, fig. 4, 5, 6.)

Testa discoïdea, subcompressa, carinata; anfractibus rotundatis; lateribus convexis, transversim costatis, costis simplicibus ornatis; dorso rotundo, obtuso; apertura rotundata.

Dimensions: Diamètre, 27 millim.; largeur du dernier tour, 30/100; épaisseur, 30/100; ombilic, 50/100.

Petite espèce à tours ronds, prenant un accroissement assez rapide, ornée de côtes droites, saillantes, presque tuberculées en arrivant près du dos, qui porte une carène large et très-obtuse ; les côtes sont au nombre de 24, sur le dernier tour, et de 21 sur le précédent. On peut compter 5 tours.

Le test est couvert, indépendamment des côtes, de lignes d'accroissement fines et bien marquées, et qui forment, sur la carène, un sinus en avant très-prononcé (Voir la fig. 6).

Les tours, aussi larges que hauts, sont recouverts par le tour suivant, seulement au septième de leur largeur.

Cette jolie espèce, fort rare, paraît rapprochée des *Ammonites viticola*, *Edmondi*, *Bodleyi*, qui offrent, au premier coup d'œil, des ornements très-semblables, mais elle en est, en réalité, fort éloignée par ses proportions et son accroissement plus rapide, comme on pourra le voir en comparant les chiffres ; au même diamètre, ses tours sont beaucoup plus larges et plus épais ; ainsi, au diamètre de 24 millim., ses tours mesurent 7 millim., et pour trouver des tours de cette largeur dans l'*Ammonites viticola*, par exemple, il faut les mesurer sur un exemplaire de 34 millim. ; ses ornements et ses côtes un peu anguleuses la distinguent d'ailleurs très-bien.

Localité : Borgy, *rr*.

Explication des figures : Pl. XLIII, fig. 4 et 5, *Ammonites Pellati*, de Borgy, de grandeur naturelle ; fig. 6, fragment de la même, vu par le dos, grossi 2 fois 1/2 pour montrer les détails du test. De ma collection.

Ammonites Dudressieri (D'ORBIGNY),

1844. D'Orbigny, *Jurassique*, p. 325, pl. 103.

Cette coquille, indiquée par d'Orbigny dans le lias supérieur, se trouve déjà dans le lias inférieur; elle est, à ce niveau, très-rare dans le bassin du Rhône. Je l'ai recueillie, en fragments, à Saint-Fortunat, avec l'*Ammonites oxynotus;* Oppel l'a trouvée dans les mêmes couches à Nancy et à Lyme-Régis.

Localité : Saint-Fortunat. *rr.*

Ammonites Pauli (Nov. spec.).

(Pl. XXIX, fig. 5 et 6.)

Testa plano-discoidea ; anfractibus rotundis, parum involutis, costatis, subcarinatis ; costis rectis usque ad dorsum productis et conjugatis ; dorso subangulato, apertura rotunda.

Dimensions : Diamètre, 25 millim.; largeur du dernier tour, 22/100; épaisseur, 21/100 : ombilic, 60/100.

Jolie petite espèce fort rare; coquille discoïdale, comprimée, formée de tours ronds légèrement anguleux au sommet, ornés en travers de 31 côtes droites, saillantes, un peu irrégulièrement espacées, se portant très-légèrement en avant; en arrivant sur le dos elles se réunissent, sans la moindre trace de sillons latéraux, à une quille très-basse et très-étroite, de la même forme que les côtes elles-mêmes.

L'ammonite, vue par côté, paraît festonnée parce que la carène s'élève un peu chaque fois que les côtes viennent la rejoindre. L'*Ammonites halecis* (Buckman, *Geology of Cheltenham*, pl. XI, fig. 9), montre des côtes disposées absolument comme celles de l'*Ammonites Pauli,* mais tous les autres caractères sont très-dissemblables.

Römer (*Oolithen-Gebirges*, pl. XII, fig. 8) décrit, du lias inférieur, l'*Ammonites Bronni,* qui a plus d'un rapport aussi avec

11

notre ammonite, mais le dos en est concave, les tours plus larges et les côtes bien plus nombreuses.

Localités : Saint-Fortunat, Sainte-Hélène. *rr*.

Explication des figures : Pl. XXIX, fig. 5 et 6, *Ammonites Pauli*, de Sainte-Hélène, de grandeur naturelle. De ma collection.

Ammonites armentalis (Nov. spec.).

(Pl. XXIX, fig. 1 et 2.)

Testa plano-discoidea, compressa ; anfractibus subrotundis, parum involutis, costatis non carinatis ; costis simplicibus in dorso lævissime distortis ; dorso rotundo, costato; apertura elliptica, subcompressa.

Dimensions : Diamètre, 111 millim.; largeur du dernier tour, 19/100 ; épaisseur, 16/100 ; ombilic, 64/100.

Coquille discoïdale, comprimée, non carénée; spire composée de 7 à 8 tours, plus hauts que larges, arrondis sur les flancs. ornés sur le dernier de 59 côtes simples, droites, peu marquées sur l'ombilic, très-légèrement dirigées en avant et plus saillantes en approchant du bord supérieur; dos rond, sans sillons ni carène, mais les côtes le traversent en gardant leur importance; seulement on constate sur le milieu du dos un peu d'irrégularité dans leur allure; les côtes semblent, là, se réunir deux par deux par un petit empâtement noduleux, puis, entre les deux qui suivent, l'espace reste libre sur le dos comme sur les flancs. Malheureusement, mon échantillon n'est qu'un moule, et comme la chambre d'habitation, ou dernière loge, comprenait tout le dernier tour, la coquille, non soutenue par les cloisons, a souffert évidemment, dans cette partie, un mouvement de compression oblique qui la défigure un peu.

Les côtes, assez irrégulières d'abord, sont croisées, sur un des flancs seulement, par deux ou trois lignes concentriques, à peine marquées, qui sembleraient indiquer des sillons longitudinaux dans l'intérieur de la coquille.

L'ombilic est très-ouvert ; les tours se recouvrent très-peu et laissent voir les 7/8 de leur largeur.

Au diamètre de 27 millimètres, le cinquième tour intérieur compte encore plus de 44 côtes.

Cette belle espèce, dont je regrette beaucoup de ne pouvoir donner la forme des lobes, me paraît bien séparée des espèces déjà décrites. Elle appartient au niveau de l'*Ammonites raricostatus* ; je l'ai recueillie à Sarry (Saône-et-Loire), village situé dans la région la plus fertile des beaux pâturages du Charollais.

Localité : Sarry. *rr.*

Explication des figures : Pl. XXIX, fig. 1 et 2, *Ammonites armentalis*, de Sarry, de grandeur naturelle. De ma collection.

Ammonites Edmundi (Nov. spec.).

(Pl. XXXIX, fig. 3 et 4.)

Testa plano-discoidea, carinata ; anfractibus compressis, parum involutis, costatis ; costis rectis, ad dorsum valde notatis, dorso rotundato, obtuse carinato ; apertura elliptica, compressa.

Dimensions : Diamètre, 56 millim.; largeur du dernier tour, 20/100 ; épaisseur, 18/100 ; ombilic, 63/100.

Coquille comprimée, carénée, spire composée de tours étroits, mais un peu plus hauts qu'épais, ornés, sur le dernier, de 40 côtes simples, tranchantes, droites, séparées par des intervalles un peu plus grands. Ces côtes sont inclinées en avant et sont plus marquées en arrivant vers la carène, où elles disparaissent ; la quille est ronde, très-petite, très-basse et n'est pas accompagnée de sillons.

Le nombre des tours est de 7 ; le second tour intérieur compte 40 côtes.

L'échantillon, d'une belle conservation, est muni de son test, excepté pour la moitié du dernier tour ; on voit par place des lignes d'accroissement sur les intervalles qui séparent les côtes ; malheureusement les lobes ne sont pas visibles.

L'*Ammonites Edmundi* est assez difficile à distinguer de l'*Ammonites tardecrescens* (Hauer) (voir plus loin), mais cette dernière a des côtes bien plus nombreuses, plus rondes, moins droites, les flancs plus arrondis, la carène mieux indiquée. L'*Ammonites Nodotianus* est très-rapprochée aussi, mais sa compression, sa carène, ses proportions la séparent nettement de l'*Ammonites Edmundi*.

J'ai recueilli cette ammonite qui paraît fort rare, à Nolay, dans les couches à *Ammonites raricostatus*.

Localité : Nolay. *rr*.

Explication des figures : Pl. XXXIX, fig. 3 et 4, *Ammonites Edmundi*, de Nolay, de grandeur naturelle. De ma collection.

Ammonites Oosteri (Nov. spec.).

(Pl. XXX, fig. 3 et 4.)

Testa plano-discoidea, compressa, carinata ; anfractibus numerosis, compressis, paululum involutis, costatis ; costis incurvis, simplicibus, interdum supra vel infra confluentibus ; dorso carina subacuta notato, bisulcato ; apertura compressa, subquadrata.

Dimensions : Diamètre, 147 millim.; largeur du dernier tour, 18/000 ; épaisseur, 15/100 ; ombilic, 65/100.

Coquille discoïdale, carénée, très-comprimée dans son ensemble, composée de 9 tours un peu plus hauts qu'épais, à côtés parallèles un peu arrondis (surtout pour les tours intérieurs), ornés de 50 côtes arrondies, arquées, irrégulières, séparées par des intervalles un peu plus grands qu'elles-mêmes; on remarque à des distances irrégulières que ces côtes, en partant de l'ombilic, se réunissent sur le milieu du tour à une autre côte, en formant une seule qui se porte légèrement en avant; d'autres fois, la bifurcation se fait en sens inverse, et des côtes simples en partant de l'ombilic se séparent en deux. Des côtes simples se montrent ensuite et séparent l'un de l'autre ces singuliers ornements et se suivent au nombre de 2 à 5. Ces côtes simples elles-mêmes ne sont pas parallèles entre elles pour la plupart; ce curieux désordre cesse à peu près complètement pour le tour le plus extérieur qui ne montre que des côtes simples. Les trois premiers tours intérieurs, jusqu'au diamètre de 8 millim., n'ont eux-mêmes que des côtes régulières, très-serrées. Ce ne sont donc que les tours intermédiaires, au nombre de 5 à peu près, qui offrent les accidents caractéristiques des côtes.

Le plus grand de mes échantillons a un diamètre de 125 millimètres.

Le dos est carré, étroit; il est muni d'une quille étroite, saillante, accompagnée de deux sillons de même largeur.

M. Ooster donne une figure très-reconnaissable de cette espèce dans son *Mémoire sur les Céphalopodes des Alpes-Suisses* (1), p. 13, pl. 13, fig. 3 à 5. Cette ammonite, recueillie par M. Meyrat dans les Alpes-Bernoises, est inscrite par M. Ooster sous le nom de *Sinemuriensis*, d'Orbigny, ce qui est certainement une erreur. Je ne puis mieux faire que de donner à cette belle et curieuse espèce le nom du savant naturaliste qui le premier l'a fait connaître.

Les lobes ne sont pas visibles.

L'*Ammonites Oosteri* a les plus grands rapports de forme géné-

---

(1) *Catalogue des Céphalopodes fossiles des Alpes-Suisses*, in-4°, Zurich, 1860. *In*, nouveaux Mémoires de la Soc. helvét. des scienc. nat.

rale avec l'*Ammonites Bonnardi*, dont elle ne paraît séparée que par les caprices de ses côtes singulières. Je l'ai recueillie au niveau de l'*Ammonites raricostatus*; elle est des plus rares dans le lias inférieur du bassin du Rhône et semble l'être un peu moins dans les Alpes-Bernoises. Il est singulier qu'elle n'ait pas encore été trouvée dans les autres contrées où les ammonites du lias inférieur abondent.

Localités : Nolay, Sarry. *rr*.

Explication des figures : Pl. XXX, fig. 3 et 4, *Ammonites Oosteri*, de Nolay, de grandeur naturelle. De ma collection.

Ammonites planicosta (Sowerby.)

(Pl. XXV, fig. 1, 2 et 3.)

1814. Sowerby, *Miner. Conch.*, pl. 73.
1830. Zieten (non Schlotheim), *Wurtembergs*, *Ammonites capricornus*, p. 6, pl. 4, fig. 8.

Dimensions : Diamètre, 45 millim.; largeur du dernier tour, 24/100; épaisseur, 29/100; ombilic, 60/100.

Coquille discoïdale, comprimée dans son ensemble, composée de 7 tours, se recouvrant à peine, arrondis, déprimés, ornés de fortes côtes droites, très-élevées, devenant plus larges et plus hautes en haut du tour, de là passant sans inflexion sur le dos en s'abaissant un peu. Les côtes forment ainsi un gros anneau continu qui s'infléchit en avant sur le dos d'une manière à peine sensible; les intervalles des côtes forment des sillons profonds, arrondis, plus larges que les côtes elles-mêmes.

Je compte 22 côtes sur le dernier tour, et 20 sur le précédent.

Lorsque le test est bien conservé, on voit des lignes rayonnantes irrégulières qui couvrent toute la surface.

Je ne connais pas de figure satisfaisante de l'*Ammonites plani-*

costa, et cependant c'est une des espèces les plus importantes et les plus caractéristiques des couches supérieures du lias inférieur. Malheureusement l'espèce a presque toujours été confondue avec l'*Ammonites capricornus* (Schlotheim) du lias moyen ; cette erreur a été commise par d'Orbigny, et l'on a lieu de s'étonner qu'un aussi bon observateur soit tombé dans cette confusion ; il est probable que la rareté des bons spécimens entiers a été pour beaucoup dans l'incertitude des auteurs au sujet de l'*Ammonites planicosta* ; en effet, on la rencontre souvent mais en petits exemplaires et rarement munie de son test.

Comparée à l'*Ammonites capricornus*, de même taille, les différences qui les séparent apparaissent avec une grande évidence ; cette dernière est comprimée au lieu d'être déprimée, ses tours plus larges et moins nombreux, ses côtes plus rondes, moins anguleuses ; les tours intérieurs de l'*Ammonites planicosta* sont presque aussi étroits, aussi serrés, aussi garnis de rayons que ceux de l'*Ammonites varicostatus*.

L'*Ammonites planicosta* est d'ailleurs toujours de plus petite taille que l'*Ammonites capricornus* ; je n'en connais pas d'échantillons dont le diamètre dépasse 45 millim. Le spécimen dessiné pl. XXV, entièrement couvert de son test, peut servir de type ; elle se trouve au-dessus de l'*Ammonites oxynotus*, avec l'*Ammonites varicostatus* ; quelquefois dans les couches inférieures de la zone, mais plus rarement.

Localités : Saint-Fortunat, Péronne, Jamble, Nolay, Sainte-Hélène, Lournand, Sarry, Besançon (chapelle des Buis), de ma collection ; Col-des-Encombres, collection de M. L. Pillet.

Explication des figures : Pl. XXV, fig. 1 et 2, *Ammonites planicosta*, de Sainte-Hélène, de grandeur naturelle ; fig. 3, lobes de la même, de grandeur naturelle. De ma collection.

Ammonites subplanicosta (Oppel.)

1856. Oppel, *Die Juraformation*, p. 209.

Oppel a donné ce nom à une petite espèce qui accompagne toujours l'*Ammonites raricostatus*, dans le lias d'Ofterdingen et de Balingen ; « elle ressemble, dit-il, à l'*Ammonites planicosta*, mais elle en diffère par la petitesse relative de ses tours ; elle s'accorde sous ce rapport avec l'*Ammonites Carusensis*, d'Orbigny (Jur., pl. 84, fig. 3 à 6), mais cette dernière n'a pas les côtes en saillies sur le dos » ; je conclus de cette dernière phrase que l'*Ammonites subplanicosta*, d'Oppel, a des côtes simples, passant sur le dos, comme celles de l'*Ammonites planicosta*, mais moins larges et plus coupantes.

L'*Ammonites subplanicosta* est moins déprimée que l'*Ammonites planicosta* ; ses tours ronds sont ornés d'un nombre de côtes plus considérable, et ces côtes sont plus étroites. Voici les proportions que je prends sur un échantillon de Saint-Christophe : diamètre, 37 millim. ; largeur du dernier tour, 24/100 ; épaisseur, 24/100 ; ombilic, 58/100 ; nombre des côtes, 34. En comparant ces chiffres à ceux que nous a donnés l'*Ammonites planicosta*, on peut se faire une idée de la différence.

Cette ammonite est extrêmement rare dans le bassin du Rhône ; je n'en connais que des échantillons incomplets, trouvés au niveau de l'*Ammonites raricostatus*.

Localités : Berzé-le-Châtel, Saint-Christophe, Pannessières. *rr*.

Ammonites Bodleyi (Buckman).

(Pl. XXVIII, fig. 2 et 3.)

1845. Buckman. *The Geology of Cheltenham*, p. 89, pl. 11, fig 7.

Dimensions : Diamètre, 83 millim.; largeur du dernier tour, 19/100; épaisseur, 17/100; ombilic, 62 1/2/100.

Coquille discoïdale, comprimée, composée de 6 tours arrondis, comprimés, ornés, sur le dernier tour, de 46 côtes saillantes, étroites mais arrondies et non coupantes, séparées par des intervalles plus grands qu'elles-mêmes ; ces côtes occupent toute la largeur du tour, depuis l'ombilic, sans subir de modifications ; elles se courbent un peu en avant et disparaissent contre la carène.

Carène ronde, obtuse, avec sillons latéraux à peine indiqués ; les tours sont recouverts au cinquième à peu près. Je ne puis distinguer les lobes.

Je crois voir, dans les parties où le test est conservé, qu'il y a dans les intervalles des côtes quelques lignes d'accroissement. L'ensemble de mon échantillon se rapporte parfaitement à la figure de Buckman, sauf que la quille y est un peu moins saillante. Les côtes de l'*Ammonites Bodleyi* ont une forme tout à fait particulière ; elles sont tout à la fois rondes, étroites et très-saillantes et représentent assez bien l'effet que produirait une cordelette qui serait enroulée sur le tour à distances régulières.

Très-rapprochée pour la figure d'ensemble de l'*Ammonites Edmundi*, la forme de ses côtes l'en éloigne absolument ; les tours de l'*Ammonites Bodleyi* sont, de plus, moins nombreux au même diamètre.

Je ne crois pas me tromper en inscrivant sous le nom de l'es-

pèce anglaise l'ammonite du Mont-d'Or ; mon échantillon vient
des carrières de Saint-Fortunat, au niveau de l'*Ammonites oxynotus*.

    Localité : Saint-Fortunat. *rr*.

    Explications des figures : Pl. XXVIII, fig. 2 et 3, *Ammonites Bodleyi*, de Saint-Fortunat, de grandeur naturelle.
De ma collection.

Ammonites tardecrescens (V. Hauer).

(Pl. XXXI, fig. 3, 4, 5.)

1854. V. Hauer, *Jahrbuch der k. k. geolog. Reichan.* IV, p. 747.
1856. V. Hauer, *Ueber die Cephalopoden aus dem Lias der nord
    ostlichen Alpen*, p. 20, pl. 3, fig. 10 à 12.

Dimensions : Diamètre, 58 millim.; largeur du dernier tour.
19/100 ; épaisseur, 15/100 ; ombilic, 64/100.

    Coquille discoïdale, carénée, très-comprimée dans son ensem-
ble, formée de 8 tours ovales, ornés sur le dernier de 70 côtes
très-régulières, un peu arquées en avant ; carène petite, bien
marquée sans être haute, avec très-faibles indices de sillons latéraux. Les tours se recouvrent au cinquième de leur largeur ; les
côtes deviennent plus étroites en se rapprochant du centre, mais
la coquille conserve la même physionomie et les mêmes ornements jusqu'aux tours les plus jeunes.

    Très-rapprochée de l'*Ammonites Edmundi*, l'*Ammonites tarde-
crescens*, quoique ses proportions soient presque les mêmes, s'en
distingue facilement par une comparaison attentive. L'*Ammonites tardecrescens* a les côtes rondes et arquées, bien plus nombreuses, les tours plus comprimés et en même temps plus arrondis sur les flancs.

    Si nous la comparons à l'ammonite d'Adneth que décrit M. de
Hauer, il n'y a guère que les sillons du dos, moins marqués dans

l'espèce française, qui pourraient justifier une séparation ; tout le reste s'accorde bien, les lobes sont évidemment les mêmes, sauf les pointes aiguës et très-prolongées du lobe dorsal, qui sont plus courtes sur nos exemplaires.

Localités : Saint-Fortunat, Ruffey, Lournand, Jambles, Borgy, Nolay, Moroges, Berzé-le-Châtel, Sarry.

Explication des figures : Pl. XXXI, fig. 3 et 4, *Ammonites tardecrescens*, de Nolay, de grandeur naturelle; fig. 5, lobes de la même, grossis deux fois. De ma collection.

Ammonites viticola (Nov. spec.).

(Pl. XXXI, fig. 9 à 13.)

Testa plano-discoida, vix carinata ; anfractibus rotundis, angustatis, numerosissimis, perparum involutis, costatis atque subtiliter lineatis ; costis rectis, rotundis, inœqualibus ; dorso late rotundo ; apertura rotunda.

Dimensions : Diamètre, 83 millim.; largeur et épaisseur du dernier tour, 18/100 ; ombilic, 66/100.

Coquille discoïdale, comprimée, composée de 10 tours ronds, étroits, se recouvrant à peine, ornés, sur le dernier tour, de 44 côtes arrondies, peu saillantes, droites, très-rarement obliques en avant, peu régulières et plus élevées sur le milieu des tours; tout le test est de plus couvert de lignes d'accroissement irrégulières ; dos rond, sur lequel une quille large et arrondie marque une faible saillie. Souvent la spire se développe dans un plan excentrique, les côtes des tours extérieurs paraissent alors plus effacées; tous les spécimens irréguliers montrent l'enroulement dextre ; ces ammonites ont alors les rapports les plus évidents avec la *turritiles Boblayei*, d'Orbigny; les lobes ne s'accordent pas cependant pour les détails.

Cette espèce, très-importante pour les couches supérieures de la zone, habite avec les *Ammonites raricostatus* et *Nodotianus*. Oppel paraît la réunir à l'*Ammonites raricostatus*, mais il y a entre les deux espèces des différences telles, que leur séparation me paraît nécessaire.

La première observation qui frappe c'est que l'*Ammonites rari costatus* (je parle de la variété à côtes serrées, la seule qui puisse amener une confusion) a les côtes plus écartées sur les tours extérieurs, que l'*Ammonites viticola*, tandis que ses côtes, sur les tours intérieurs, sont, au contraire, plus rapprochées; la forme des côtes est d'ailleurs tout autre; l'*Ammonite viticola* montre ses tours si nombreux couverts partout de côtes semblables, et qui ne sont pas plus serrées aux tours du centre qu'aux tours extérieurs.

L'*Ammonites raricostatus*, au même diamètre, a les tours extérieurs beaucoup plus gros que l'*Ammonites viticola*, et, chez cette dernière, la forme de ces tours est ronde au lieu d'être taillée carrément; enfin, les proportions des deux espèces ne sont pas les mêmes.

Ainsi, deux échantillons portant le même diamètre de 48 millim. et comparés avec soin montrent les différences suivantes :

	Ammonites raricostatus.	*Ammonites viticola.*
Dernier tour,	29 côtes.	40 côtes.
Quatrième tour intérieur,	40 côtes.	30 côtes.
Largeur du dernier tour,	10 1/4 millim.	9 millim.

Les côtes de l'*Ammonites raricostatus* deviennent très-saillantes en approchant du dos; celles de l'*Ammonites viticola*, plus irrégulières, plus rondes, s'effacent au contraire en approchant du côté extérieur des tours.

Je ne puis pas conserver à cette espèce le nom de *Boblayei*, (quoiqu'elle soit assurément la *turrilites Boblayei*,) car d'Orbigny lui-même a déjà donné ce nom d'*Ammonites Boblayei* à une ammonite du lias moyen.

L'*Ammonites viticola* se montre en nombre considérable dans les vignobles de la Bourgogne méridionale, où les couches supérieures du lias inférieur sont bien développées : il se montre là bien plus abondant que l'*Ammonites raricostatus*, qui l'accompagne toujours.

Localités : Saint-Fortunat, Poleymieux, Berzé-le-Châtel, Lournand, Sainte-Hélène, Nolay, Sarry, Jambles, Moroges, Pannessières. *c.*

Explication des figures : Pl. XXXI, fig. 9 et 10, grand exemplaire de l'*Ammonites viticola*, de Sainte-Hélène, à côtes obliques, de grandeur naturelle : fig. 11, lobes du même, de grandeur naturelle. Fig. 12 et 13, autre exemplaire, de la même localité, variété la plus ordinaire, de grandeur naturelle. De ma collection.

Ammonites raricostatus (ZIETEN.)

(Pl. XXV, fig. 4 à 7.)

1830. Zieten, *Würtemb.*, pl. 13, fig. 4.
1842. D'Orbigny, *Jurass.*, p. 213, pl. 54.
1849. Quenstedt, *Cephalopoden*, pl. 4, fig. 3.

L'*Ammonites raricostatus* est une des espèces les plus importantes et les plus caractéristiques; comme elle se présente sous deux formes différentes, je crois utile de présenter quelques détails.

La première variété, dont on trouvera le type très-fidèle dans la figure de d'Orbigny, pl. 54, et dans celle de Zieten, présente des côtes saillantes, très-espacées; les tours, le plus souvent, sont très-déprimés; les côtes ne dépassent pas, dans certains échantillons, le nombre de 20, pour le dernier tour, au diamètre de 60 millim. Quand l'ammonite passe ce diamètre, les tours ne sont plus déprimés et se montrent aussi hauts qu'épais : cette variété, à grosses côtes rares sur le tour extérieur, est peu commune dans le bassin du Rhône, les échantillons se rencontrent en mauvais état ; le niveau où elle se trouve m'a toujours paru plus bas que celui de l'autre variété, c'est-à-dire, au-dessous quelquefois de l'*Ammonites oxynotus*.

La seconde variété a des côtes plus nombreuses (30 environ sur le dernier tour), ses tours sont généralement moins déprimés ; ses tours intérieurs sont couverts de côtes fines, très-serrées et très-régulières ; les fig. 4 et 5 de ma pl. XXV représentent, très-fidèlement, un bel exemplaire de cette seconde variété : je remarque que souvent les tours sont plus arrondis sur le dos ; les figures 6 et 7 représentent un autre exemplaire avec les côtes encore plus serrées et que l'on peut regarder comme une forme extrême ; cette variété à côtes serrées occupe, avec l'*Ammonites viticola*, les couches les plus élevées du lias inférieur, presque au contact des premières couches du lias moyen.

Il n'est pas très-rare de trouver des exemplaires de la seconde variété, avec l'enroulement latéral comme pour l'*Ammonites viticola;* cette particularité et l'identité des lobes peuvent faire supposer qu'il y a un degré de parenté très rapproché entre les deux espèces, malgré les différences que nous avons signalées.

Voici les mesures moyennes que me donnent les échantillons des deux types de l'*Ammonites raricostatus* : Variété à grosses côtes écartées : diamètre, 65 millim.; largeur du dernier tour, 22/100 ; épaisseur, 21/100 ; ombilic, 64/100. Si l'on mesure cette variété à un âge moins avancé, soit au diamètre de 35 millim., par exemple, toutes les autres proportions restant les mêmes, l'épaisseur du dernier tour seule varie et s'élève de 21 à 29/100. Variété à côte serrée : diamètre, 50 millim. ; largeur du dernier tour, 21/100 ; épaisseur , 22/100 ; largeur de l'ombilic, 61/100.

Localités : Saint-Fortunat, Lournand, Jambles, Sainte-Hélène, Sarry, Saint-Christophe, Nolay, Drevain. Pannessières. *c.*

Explication des figures : Pl. XXV, fig. 4 et 5. *Ammo-*

nites raricostatus de Nolay, de grandeur naturelle. Fig. 6 et 7, la même de Sarry, de grandeur naturelle. De ma collection.

Ammonites vellicatus (Nov. spec.).

(Pl. XL, fig. 5 à 8.)

Testa plano discoidea, subcompressa, carinata; anfractibus ro-tundatis, costatis; costis acutis, simplicibus, antice obli-quis, externe evanescentibus; dorso subangulato; apertura rotunda.

Dimensions : Diamètre, 32 millim. ; largeur du dernier tour, 22/100; épaisseur, 23/100 ; ombilic, 56/100.

Jolie petite espèce, comprimée dans son ensemble; spire composée de six tours arrondis, plutôt un peu déprimés, ornés sur le dernier de 24 à 26 côtes aiguës, obliques, séparées par des intervalles doubles, peu marquées en haut et en bas des tours; carène à peine indiquée. Sur les parties qui ont con-servé leur test, on voit de fines lignes irrégulières couvrir toute la coquille et passer sur le dos sans inflexion, sans former de sinus en avant; les côtes, qui sont comme pincées, sont plus saillantes sur le test que sur le moule. Quand le test manque on remarque entre chaque côte, sur le haut du tour seulement, la trace d'une côte intermédiaire, quelquefois même de deux.

Les tours sont recouverts au quart par le tour suivant.

L'*Ammonites vellicatus* se rencontre au dessus de l'*Ammonites oxynotus*.

Localité : Saint-Fortunat, *rr*.

Explication des figures : Pl. XL, fig. 5 et 6, *Ammoni-tes vellicatus* de Saint-Fortunat, de grandeur naturelle.

Fig. 7 et 8, autre exemplaire de la même provenance. De ma collection.

Ammonites ziphus (ZIETEN.)

1830. Zieten, *Würtembergs*, pl. 5, fig. 2.

Cette petite espèce est des plus rares dans notre lias inférieur, et je ne l'ai rencontrée qu'en fragments : les tours sont arrondis comme ceux d'une *Ammonites planicosta*, les côtes très-distantes et la place des épines très-apparente sur les moules.

Localité : Berzé-le-Châtel. *rr*.

COUP D'OEIL

SUR LES AMMONITES DE LA ZONE SUPÉRIEURE.

Les ammonites que nous venons d'étudier successivement, jouent un rôle assez important parmi les fossiles de la zone à *Ammonites oxynotus*, pour mériter que nous nous y arrêtions un moment avant de passer aux gastéropodes.

Le nombre des espèces est considérable, il ne s'élève pas à moins de 46, réparties à toutes les hauteurs. Si l'on examine comment ces espèces sont distribuées verticalement, on voit que chacun des quatre niveaux différents de la zone que nous avons indiqués page 95 peut être caractérisé par un certain nombre de ces ammonites, ce qui est représenté par le tableau suivant :

DISTRIBUTION DES AMMONITES DANS LA ZONE A AMMONITES OXYNOTUS

COUCHES A AMMONITES DAVIDSONI.	COUCHES A AMMONITES STELLARIS.	COUCHES A AMMONITES OXYNOTUS.	COUCHES A AMMONITES PLANICOSTA.
Amm. Davidsoni.	Amm. stellaris.	Amm. oxynotus.	Amm. planicosta.
— resurgens.	— obtusus.	— victoris.	— raricostatus.
— Hartmanni.	— Œduensis.	— Abatloensis.	— Cluniacensis.
— Bevardi.	— Landrioti.	— Iauvigneri.	— jejunus.
— Patti.	— Locardi.	— Greenoughi.	— Nodotianus.
— lacunatus.	— Birchi.	— Tamariscinus.	— Pellati.
— Sauzeanus.	— geometricus.	— altus.	— Pauli.
— Scipionianus.	— Bonaultianus.	— Driani.	— armentalis.
— spiratissimus.	— Guibalianus.	— Salisburgensis.	— subplanicosta.
		— Sœmanni.	— tardecrescens.
		— Bonnardi.	— viticola.
		— Dudressieri.	— vellicatus.
		— ziphus.	— Edmundi.
		— Brdleyi.	— Oosteri.

12

On voit que les deux subdivisions les plus inférieures comprennent chacunes 9 espèces, tandis que les deux niveaux supérieurs en comptent chacun 14.

Si l'on veut considérer les rapports qui peuvent exister entre les ammonites spéciales à chaque niveau, voici ce qui frappe d'abord :

Dans le groupe le plus inférieur, les *Ammonites Davidsoni* et *Berardi* ont une grande analogie entre elles pour la forme; d'un autre côté, les *Ammonites resurgens* et *Patti* rappellent les *Ammonites arietes* de la zone inférieure; l'*Ammonites Hartmanni*, par la forme lisse de ses premiers tours, se rattache aux deux premières, mais elle passe plus tard aux secondes par les côtes de son âge adulte.

L'*Ammonites lacunatus* est un type tout à fait à part; cependant on peut la considérer comme un dérivé de l'*Ammonites Charmassei* de la zone inférieure.

Les six premières espèces de ce premier groupe, soit des couches à *Ammonites Davidsoni*, n'atteignent jamais une taille qui passe deux ou trois centimètres, fait d'autant plus curieux qu'elles sont placées entre l'*Ammonites Bucklandi* et l'*Ammonites Stellaris* et plusieurs autres coquilles qui arrivent à un développement gigantesque; ces petites espèces sont toujours ensemble et forment, par leur réunion, un excellent caractère pour indiquer le premier niveau inférieur de la zone à *Ammonites oxynotus;* malheureusement, il y a des régions où elles sont invisibles; cependant, l'*Ammonites Davidsoni*, et surtout l'*Ammonites lacunatus*, se retrouvent presque partout.

Dans les couches à *Ammonites stellaris*, faisant le deuxième niveau en montant, nous remarquerons deux ammonites importantes, dont les formes ont entre elles une grande analogie, les *Ammonites stellaris* et *obtusus*, que l'on peut placer ensemble et qui appartiennent encore aux *arietes;* puis un groupe de trois espèces, aussi rapprochées par leur forme extérieure que par la découpure profonde de leurs lobes : les *Ammonites Œduensis*, *Birchi* et *Locardi*. De ce petit groupe, l'*Ammonites Œduensis* acquiert seule une assez grande importance, dans les carrières de Saône-et-Loire, par le nombre considérable des individus.

Dans les couches à *Ammonites oxynotus*, le type des *arietes* cesse de se montrer ; les ammonites à dos caréné, très-enveloppantes et à petit ombilic présentent en revanche un groupe important ; en effet, à l'*Ammonites oxynotus* il faut ajouter les *Ammonites Victoris, Aballoensis, Salisburgensis, Burigneri* et *Sœmanni*. Cette dernière mérite une place à part pour ses lobes curieux.

A ce même niveau, on remarque un autre petit groupe curieux composé des *Ammonites Altus, Driani, Tamariscinus* et *Greenonghi ;* toutes montrent des tours arrondis, plus ou moins comprimés, un dos lisse et l'ombilic assez ouvert.

Enfin, au niveau supérieur, dans les couches à *Ammonites planicosta*, si l'on excepte deux petites espèces peu importantes, les *Ammonites jejunus* et *Cluniacensis*, on peut dire que toutes les autres ammonites ne présentent qu'une même famille, avec des formes variées sans doute, mais rapprochées par un grand nombre de points ; toutes montrent des lobes qui ont une grande analogie, un ombilic très-grand, des tours étroits et un accroissement très-peu rapide ; toutes ces ammonites jeunes, au diamètre de 15 millim. par exemple, peuvent à peine se distinguer l'une de l'autre : ainsi, l'*Ammonites Nodotianus* qui, adulte, est si différente de l'*Ammonites planicosta*, offre cependant des tours intérieurs qu'il est difficile de ne pas confondre avec ceux de cette espèce.

Si des 46 espèces d'ammonites propres à la zone de l'*Ammonites oxynotus*, soit à la zone supérieure du lias inférieur, on retire les *Ammonites Scipionianus, spiratissimus, geometricus* et *Davidsoni*, qui figurent déjà dans la zone inférieure, il reste 42 espèces d'ammonites, toutes caractéristiques de la zone, dont on ne trouve jamais les restes ni au-dessus ni au-dessous de ce niveau ; ce fait paléontologique est des plus remarquable ; aucune de ces espèces ne passe dans les couches si rapprochées du lias moyen.

Les ammonites du lias inférieur, non plus que celles du lias moyen, n'ont jamais fourni d'aptychus, du moins je ne crois pas qu'on ait encore cité d'aptychus de cet âge, et les ammonites qui

en sont pourvues ne commencent que dans les couches du lias
supérieur ; on les voit continuer ensuite dans toute la formation
Jurassique, puis durant toute la période de la craie.

Ce fait négatif, après les innombrables recherches poursuivies
partout dans le lias inférieur, n'est pas facile à expliquer et
semble fournir un argument aux géologues qui ne veulent
voir entre les *ammonites* et les *aptychus* d'autres relations que
le hasard, qui ferait loger fortuitement quelquefois les aptychus,
comme pourrait le faire tout autre corps étranger, dans la cavité
non cloisonnée du dernier tour des ammonites.

Je ne veux pas entreprendre ici une dessertation sur les *Aptychus*, leur nature, leurs rapports avec les ammonites ; il me semble pourtant qu'au milieu des mille difficultés que soulève le
classement de ces corps singuliers, l'opinion la plus raisonnable
paraît encore celle qui les considère comme des pièces appartenant
à l'organisation intérieure des *Ammonites*, et jouant un rôle analogue aux opercules des gastéropodes avec lesquels ils montrent
un rapport frappant : j'ai toujours trouvé les *aptychus* placés au
milieu de la dernière loge des ammonites, et d'une dimension telle
que les deux valves, réunies suivant leur côté rectiligne, forment
une surface qui coïncide exactement avec le gabarit intérieur de
l'ammonite dans laquelle ils se trouvent ; la constance de ce rapport et cette circonstance que la même espèce d'ammonite renferme toujours la même espèce d'aptychus, me paraissent des
preuves bien fortes, puisque le hasard n'amènerait pas, sans déviation, un accord semblable, si l'aptychus n'était qu'un corps
étranger, amené fortuitement dans la loge du céphalopode, avec
lequel il n'aurait aucun rapport d'organisation.

L'absence d'aptychus dans les ammonites du lias inférieur et
du lias moyen, reste donc jusqu'à présent inexpliquée. Si l'on
considère ces corps comme jouant le rôle d'opercules, rien
n'empêcherait il est vrai de supposer que les ammonites de ces
deux étages peuvent être privées d'aptychus comme certains gastéropodes sont privés d'opercules, malgré la très-grande analogie qui
les relie à d'autres espèces de gastéropodes qui en sont pourvus.

Ce qui rend le cas encore plus embarrassant, c'est que l'on ne peut pas dire que les *Aptychus* n'ont commencé à se montrer que dans le lias supérieur. En effet, plusieurs céphalopodes des étages inférieurs ont montré quelque chose d'analogue; bien plus, l'*Ammonites planorbis*, la première de toutes les ammonites Jurassiques dans l'ordre des temps, possède un véritable *Apty-chus*. Ce qu'en dit notre ami regretté Oppel, est assez intéressant, et comme le recueil où cette observation est consignée n'est pas très-répandu, je crois bien faire en donnant ici la traduction de cette page curieuse.

Voici ce que dit Oppel, dans le *Jahreshefte des Vereins für vaterlandische Naturkunde in Würtembergs*, 12 Jahr, Stuttgart, in-8°, 1856, p. 107 :

« Pendant mon voyage en Angleterre, j'ai vu à Bath, dans la
« collection de M. Moore, une magnifique série d'*Ammonites*,
« munies de leurs *aptychus* : les *falcifères* du lias supérieur d'Il-
« minster font très-bien voir surtout la disposition des *aptychus*.
« Dans cette collection, on voit des *Ammonites* contenant des *apty-
« chus*, depuis l'âge adulte jusqu'au diamètre de 3 lignes : mais,
« ce qui me parut le plus intéressant, fut une *Ammonite* lisse,
« tout à fait comprimée, qui provenait du lias inférieur et qui,
« chose surprenante, laissait voir un *aptychus* non divisé. Mal-
« gré la compression, je reconnus que cette *Ammonite* n'était
« autre que l'*Ammonites planorbis* (Sowerby), ou *psilonotus*
« (Quenstedt).

« A mon retour, je cherchai à mettre à découvert l'*aptychus*
« de nos *Ammonites psilonotus*, et je réussis à la première tenta-
« tive; je reconnus la place de l'*aptychus*, dans la grande cham-
« bre et dans la même position où se trouve ordinairement les
« espèces connues; du milieu du dos l'*aptychus* se contourne
« en dedans, de chaque côté, d'une manière symétrique; le con-
« tour extérieur qui n'est pas toutefois mis complètement en
« évidence, ressemble à celui d'un *aptychus* des falcifériens;
« cependant l'entaille cordiforme est moins apparente. La subs-
« tance paraît être une masse noire, poreuse, friable, qui porte

« en dehors des plis peu marqués et parallèles à la périphérie :
« l'*aptichus* est d'une seule pièce, et l'on voit clairement que
« rien n'indique une séparation en deux parties. »

Ainsi, voilà une ammonite, l'*Ammonites planorbis*, la plus an-
cienne espèce des couches jurassiques, puisqu'elle repose
sur le bonne bed, et qui est pourtant munie d'un *aptychus*;
remarquons toutefois que, malgré la similitude de la forme, il y
à cette importante différence à signaler, qu'ici l'*aptychus* n'est pas
en deux pièces séparées.

Les géologues qui n'admettent pas de relations organiques entre
les *Ammonites* et les *aptychus* ne doivent pas voir sans étonnement
la confiance que montre Oppel pour retrouver l'*aptychus* de l'*Ammonites planorbis;* ils doivent être plus surpris encore en voyant
que cette confiance a été couronnée de succès à la première ten-
tative bien dirigée. La démonstration a bien quelque valeur
quand il s'agit d'un observateur aussi compétent et aussi consciencieux qu'Oppel.

Terminons ces réflexions sur les ammonites de la zone supérieure, en notant que si les espèces que nous venons d'étudier sont très-variées dans leurs formes, elles diffèrent souvent
beaucoup aussi dans leurs tailles; nous voyons, en effet, des
espèces dont le diamètre ne dépasse jamais 2 ou 3 centimètres,
et d'autres, comme les *Ammonites stellaris, Birchi, Victoris,* etc.,
qui arrivent à un diamètre qui dépasse 60 centimètres.

Turritella Branoviensis (Nov. spec).

*Testa elongata, anfractibus plano-convexis, longitudinaliter
lineatis transversimque striatis.*

Dimensions : Longueur...?; diamètre, **7** millim.; hauteur
du dernier tour, 4 1/2 millim.; angle spiral, 18°.

Coquille allongée, conique,; spire formée d'un angle régulier, composé de tours arrondis, plus larges que hauts, ornés en long de 8 sillons assez irrégulièrement espacés, sur lesquels passent de fortes lignes transverses d'accroissement cintrées ; suture bien marquée ; le premier sillon ne se montre qu'à une certaine distance au-dessus de la suture ; la bouche ronde ; l'échantillon, qui n'est pas complet, ne permet pas d'observer d'autres détails, ni même de s'assurer du genre.

Localité : Saint-Christophe. *r. r.*

Turritella intermedia (Terquem et Piette.)

(Pl. XLV, fig 3.)

1805. Terquem et Piette, *Lias inférieur* de l'est de la France p. 34, pl. 2, fig. 3 et 4).

L'échantillon figuré, qui n'est qu'un moule, ne montre que des traces très-effacées, des nodosités qui caractérisent les premiers tours de cette turritelle.

Localité : Nolay. *rr.* Couches inférieures.

Explication des figures : Pl. XLV, fig. 3, moule de la *Turritella intermedia*, de Nolay, de grandeur naturelle. De ma collection.

Chemnitzia Noguesi (Nov. spec.).

(Pl. XLV, fig. 4 et 3.)

Testa turrita, elongata, spira angulo 9° ; anfractibus convexis , lineis crebris et æqualibus longitudinaliter impressis, 7-8. costis transversim ornatis ; sutura linealis, vix perspicua.

Dimensions : Longueur calculée, 35 millim. ; diamètre,

4 millim.; angle spiral, 9°; la hauteur des tours est au moins égale à leur diamètre.

Coquille turriculée, très-allongée; spire formée d'un angle régulier, composé de tours arrondis, sans être très-convexes, séparés par une dépression très-large au milieu de laquelle il est presque impossible d'apercevoir la suture; les tours, aussi hauts que larges, sont ornés de 7 à 8 grosses protubérances transverses, allongées, un peu obliques en avant, sur lesquelles viennent passer 12 à 15 lignes longitudinales très-fines et régulières; par sa forme élancée, ses ornements et ses larges sillons arrondis, cette *Chemnitzia* se distingue facilement de toutes les autres.

La *Chemnitzia Carusensis* d'Orbigny (*Jurass.*, pl. 237, fig. 13 à 15), a quelques rapports de détails avec la notre, mais d'Orbigny dit positivement, suture profonde : tandis qu'elle est nulle dans la *Chemnitzia Noguesi*. D'ailleurs, la large dépression qui sépare chaque tour, n'est pas indiquée dans la *Paléontologie française*, de plus, les côtes transverses y sont plus droites.

Localité : Nolay. *r. r.*

Explication des figures : Pl. XLV, fig. 4, *Chemnitzia Noguesi* de Nolay, de grandeur naturelle. Fig. 5, un tour de la même, grossi. De ma collection.

Chemnitzia Berthaudi (Nov. spec.).

(Pl. XLV, fig. 2.)

Testa turrita, angulo spiræ. 13°. anfractibus convexis, costatis; costis crebris, æqualibus, subarcuatis, usque ad suturam prominentibus.

Dimensions : Longueur calculée, 9 millim, 3/4 ; diamètre, 2 millim. 3/4 ; angle spiral 13°.

Coquille turriculée, allongée, spire formée d'un angle régulier, composé de 8 à 9 tours réguliers, moyennement convexes, ornés en travers de 20 côtes environ : ces côtes sont minces, très-régulières, saillantes, fortement cintrées en arrière et se prolongent aussi marquées jusque vers la suture qui est linéaire mais profonde et bien marquée ; sur quelques points on peut voir qu'il y avait de plus, de nombreuses stries longitudinales, dont il reste des traces dans les intervalles des côtes.

Même en faisant abstraction des stries longitudinales, il est impossible de rattacher notre *Chemnitzia* à la *Melania Blainvillei* de Goldfuss (*Petrefacta*, pl. 198 , fig. 9), du lias de Banz, car les tours de cette coquille sont beaucoup moins convexes que ceux de la notre et les côtes plus rectilignés.

Comparée au *Cerithium Henrici* de J. Martin (*Iufrà-lias*, p. 76, pl. 2, fig. 17-18), notre chemnitzia n'en diffère que par les stries longitudinales, car l'ouverture n'est pas assez dégagée pour affirmer le genre. Le *Cerithium Henrici* se trouve à un niveau beaucoup plus bas, dans la zone de l'*Ammonites angulatus*.

Localité : Je ne connais cette jolie espèce que par un seul échantillon que j'ai recueilli à Péronne.

Explication des figures : Pl. XLV, fig. 2, *Chemnitzia Berthaudi*, de Péronne, grossie 4 fois. De ma collection.

Phasianella Œduensis (Nov. spec.).

(Pl. XLV, fig. 1.)

Espèce déjà décrite dans ce volume, de la zone à *Ammonites Bucklandi*, voir ci-devant, page 41.

Elle n'est pas très-rare dans la zone supérieure.

Localités : Lournand, Jambles. *r*.

Explication des figures : Pl. XLV, fig. 1, *Phasianella Œduensis*, de Lournand, grossie. De ma collection.

Trochus optio (Nov. spec.).

(Pl. XLV, fig. 11.)

Testa conoïdea, subelongata ; anfractibus convexiusculis, lineis crebris, per obliquis, transversim notatis ; ultimo antice rotundato.

Dimensions : Longueur, 8 millim.; largeur, 7 millim.; angle spiral, 62°.

Coquille conique, plus longue que large ; spire formée d'un angle régulier, composé de 7 tours lisses, un peu convexes, couverts de lignes d'accroissement excessivement obliques en avant; le dernier tour très-largement arrondi en avant; la bouche ronde.

Les lignes transverses sont dirigées d'arrière en avant, contrairement à ce que l'on remarque ordinairement dans les coquilles analogues, l'ombilic paraît profond.

Localités : Nolay, Borgy, Saint-Christophe. *r.*

Explication des figures : Pl. XLV, fig. 11, *Trochus optio,* de Nolay, grossi 3 fois. De ma collection.

Trochus calcarius (Nov. spec.).

(Pl. XLV, fig. 16 et 17.)

Testa conica, umbilicata, spira angulo 51°; anfractibus lævigatis, planis ; ultimo supra convexo, lineis teneris spiraliter adornato ; apertura depressa, quadrata.

Dimensions : Longueur, 7 millim.; largeur, 5 millim. 3/4 ; angle spiral, 51°.

Coquille conique, lisse, plus longue que large, ombiliquée ; spire formée d'un angle régulier, composé de 8 tours unis, plans, plutôt légèrement concaves, dont le dernier, enflé en avant, porte de très-faibles lignes concentriques ; l'ombilic est profond, arrondi ; la fig. 17 de la planche XLV représente cet ombilic un peu trop étroit ; bouche carrée, déprimée.

Le *Trochus glaber*, de Koch et Dunker (*Verstein. des norddeutschen Oolithgebildes*, p. 24, pl. I, fig. 12), montre des rapports frappants avec le *Trochus calcarius*, et quoiqu'il vienne d'une couche du lias moyen, beaucoup plus élevé, par conséquent, j'aurais inscris sous ce nom le *trochus* de Pouilly, mais le texte des auteurs allemands dit que le dernier tour est peu courbé et que les tours sont à peine convexes ; ces détails sont directement opposés à la forme que présente le *Trochus calcarius*, dont le dernier tour est très-renflé et les tours plutôt concaves.

Le *Trochus glaber*, de d'Orbigny (*Jurassique*, pl. 305, fig. 10 à 13), a le dernier tour, au contraire, plus renflé et plus anguleux, en même temps que le nôtre, l'ombilic plus large est bordé par un angle décidé.

Localités : Pouilly, couches inférieures ; Saint-Christophe, couches supérieures. *r*.

Explication des figures : Pl. XLV, fig. 16 et 17, *Trochus calcarius*, de Pouilly, grossi 4 fois. De ma collection.

Turbo Escheri (Munster *in* Goldfuss.)

1841. Goldfuss, *Petrefacta*, p. 96, pl. 193, fig. 14.

Dimensions : Longueur, 12 millim.; diamètre, 9 millim.

J'ai recueilli à Moroges un exemplaire de *Turbo Escheri* qui n'est pas entier, mais dont les ornements, fort bien conservés, me paraissent se rapporter tout-à-fait à ceux de la coquille du lias d'Amberg, figurée par Goldfuss. Le dernier tour, très-arrondi et saillant en avant, porte 8 lignes spirales, perlées, régulières, alternant avec d'autres lignes plus petites, formant un ensemble très-élégant.

Localité : Moroges. *rr*. De ma collection.

Turbo Orion (D'ORBIGNY.)

1850. D'Orbigny, *Jurassique*, p. 331., pl. 327, fig. 1 à 3.)

Dimensions : Longueur et largeur, 7 millim.

Les échantillons de cette espèce, que j'ai rapportés de Nolay, sont bien semblables et de même taille que celui décrit par d'Orbigny, mais les lignes transverses, formant quadrille, y sont plus fortement indiquées. Le large ombilic de cette jolie espèce la fait aisément reconnaître.

Localités : Nolay. *rr* De ma collection ; environs de Châlon-sur-Saône, d'après M. d'Orbigny.

Turbo Chantrei (Nov. spec.).

(Pl. XLV, fig. 9 et 10.)

Testa conica depressa, angustissime ombilicata, anfractibus convexis, subangulosis, costis parvissimis, æqualibus transversim ornatis, undique decurrentibus; ultimo anfractu dimidiam testæ parte m fere occupante.

Dimensions : Longueur, 4 1/2 millim. ; largeur, 4 millim. ; angle spiral, 80°.

Coquille conique, un peu déprimée, munie d'un ombilic des plus étroits et profond, paraissant comme le trou fait par une aiguille; spire formée d'un angle légèrement convexe, composé de tours ronds, saillants, ornés d'un grand nombre de plis fins, réguliers, transverses, très-serrés, qui se propagent partout et viennent se perdre dans la dépression où se trouve l'ombilic; ces plis ne sont bien visibles qu'à l'aide de la loupe : bouche ronde.

Ce joli *Turbo* a quelques rapports avec le *Turbo Socconensis* d'Orbigny, du lias moyen (*Jurassique*, p. 337, pl. 328, fig. 5 et 6) : mais les stries ou plis sont dans ce dernier trois fois plus gros que dans le *Turbo Chantrei*; la forme du dernier tour, en avant, est moins renflée et porte des lignes spirales qui manquent tout à fait dans ce dernier.

Localités : Jambles, Lournand. *r.*

Explication des figures : Pl. XLV, fig. 9 et 10, *Turbo Chantrei*, de Lournand, grossi 5 fois. De ma collection.

Turbo Piátoni (Nov. spec.).

(Pl. XLV, fig. 13, 14 et 15.)

Testa ovato-conica, umbilicata ; anfractibus subplanis, 7 lineis granulorum inœqualibus longitudinaliter ornatis ; ultimo lineis alternis concentrice striato ; apertura rotunda.

Dimensions : Longueur, 6 millim. ; largeur, 5 3/4 millim.; angle spiral, 65°.

Coquille conique, à peine plus haute que large, pourvue d'un ombilic étroit et profond ; spire formée d'un angle régulier, composé de 6 tours à peu près plans, ornés en long de 7 séries inégales de granules, croisées par des plis verticaux, obliques, réguliers, formant aux points de rencontre de très-petites protubérances; en avant, contre la suture, un petit angle saillant, crénelé; suture profonde et marquée par un ressaut; le dernier tour est renflé et arrondi en avant; il est couvert de lignes concentriques disposées une plus grosse et une plus petite alternativement; bouche ronde.

Cette charmante petite espèce vient des couches les plus inférieures, où se trouvent les petites ammonites qui accompagnent l'*Ammonites Davidsoni*.

Localité : Borgy. *rr.*

Explication des figures : Pl. XLV, fig. 13, *Turbo Piatoni*, grossi 4 fois, de Borgy; fig. 14, le même en coupe verticale; fig. 15, le même, vu par-dessus. De ma collection.

Turbo strophium (Nov. spec.).

(Pl. XLV, fig. 12.)

Testa conica; anguste umbilicata; anfractibus complanatis, antice subcarinatis, 3 lineis granorum involutis, transversim oblique ligatis, antice acuta granulorum serie adornatis; apertura rotundata, subdepressa.

Dimensions : Longueur, 8 millim.; largeur, 7 millim.; angle spiral, 62°.

Coquille conique, un peu plus haute que large, pourvue d'un ombilic étroit et profond; spire formée d'un angle régulier, composé de six tours plans, ornés en long de trois séries de granules inégales, reliées verticalement par des chaînons obliques; en avant, près de la suture, une bandelette saillante, formant carène, est couverte de petites cannelures rayonnantes, très-régulières; le dernier tour, peu arrondi en avant, laisse mal voir les ornements sur mon échantillon.

Il y a une foule de turbos jurassiques qui portent des ornements rapprochés de ceux du *Turbo strophium* ; ainsi le *Turbo tri-
plicatus*, J. Martin (*Infrà-lias*, pl. 1, fig. 37 et 38). Cependant ce
dernier a une forme plus allongée, ses ornements ne sont pas
disposés de même et il n'a pas d'ombilic.

Localité : Borgy. *rr.*

Explications des figures : Pl. XLV, fig. 12, *Turbo strophium*, de Borgy, grossi 4 fois. De ma collection.

Turbo tiro (Nov. spec.).

(Pl. XLV, fig. 7 et 8).

*Testa rotunda, depressa, lævigata, imperforata ; anfractibus
rotundis, inornatis ; apertura rotunda.*

Dimensions : Longueur, 6 millim. ; largeur, 7 millim. ;
angle spiral, 75°.

Coquille globuleuse, plus large que longue, sans ombilic ; spire
formée d'un angle convexe composé de cinq tours lisses, arrondis ; suture bien marquée, bouche ronde.

Le *Turbo solarium*, Piette (Bullet. *Soc. géolog.* 1856, p. 205,
fig. 16), très-rapproché du notre, a un ombilic crénelé.

Le *Turbo gibbosus*, d'Orbigny (*Jurassique*, pl. 330, fig. 1 à 3), a
la bouche renversée en dehors et calleuse sur la columelle, le dernier tour est plus élevé.

Le *Trochus nitidus*, Terquem (*Fossiles du Luxembourg*, pl. 15,
fig. 16), a la bouche beaucoup plus oblique en dehors.

Localités : Nolay, Borgy, Saint-Christophe. *r.*

Explication des figures : Pl. XLV, fig. 7 et 8, *Turbo
tiro*, de Borgy, grossi 3 fois. De ma collection.

Pleurotomaria expansa (Sowerby, spec.).

1821. Sowerby, *Helicina expansa, Miner. Conch.* pl. 273,
   fig. 1, 2, 3.
1848. Deslongchamps, *Pleurotomaria suturalis, Mém. sociét. Linn.
   de Normandie,* pl. 17, fig. 3.
1850. D'Orbigny, *Pleurotomaria expansa, Jurassique,* pl. 352,
   fig. 1 à 4.

Dans mes échantillons, la forme paraît un peu plus déprimée
que celle des figures de d'Orbigny et de Sowerby; les lignes longitudinales qui couvrent le test sont excessivement fines, souvent
invisibles.

Localités : Jambles, Lournand, Borgy, Nolay, Drevain. *r.*

Pleurotomaria gigas (E. Deslongchamps).

(Pl. XLIV, fig. 1.)

1848. E. Deslongchamps, *Mém. soc. linn. de Normandie,* p. 132,
   pl. 10, fig. *AA* et *BB.*
1850. D'Orbigny, *Jurassique,* p. 448, pl. 365.

Dimensions : Hauteur, 135 millim.; largeur, 170.
Autre exemp.   »   120   »   »   140; angle spiral, 87°.

Coquille conique, déprimée, de très-grande taille, plus large
que haute, non ombiliquée; spire formée d'un angle un peu
convexe, composé de sept tours ronds, très-convexes, couverts
de très petites bandelettes longitudinales, ordinairement dispo-

sécs alternativement, une plus grosse, une plus petite ; ces lignes sont croisées par des stries d'accroissement transversales, dirigées en arrière ; bande de sinus très-large, tout à fait sans saillie (sur l'avant-dernier tour elle mesure 5 millim.), ornée de quatre lignes longitudinales irrégulières, recouvertes de stries transverses cintrées en arrière ; cette bande est placée en avant des tours ; et n'est séparée de la suture que par un espace qui égale une fois et demi sa largeur.

On remarquera des différences de formes assez grandes entre la figure que je donne, pl. XLIV, et les figures de d'Orbigny et de Deslongchamps. Si je conserve, néanmoins, à ce beau pleurotomaire le nom imposé par le savant professeur de Caen, c'est que M. Deslongchamps dit que l'état de ses échantillons ne lui permet pas de les décrire complètement, l'on peut regarder, dès lors, les contours comme n'étant pas rigoureusement indiqués ; l'exemplaire que je fais figurer a conservé sa livrée presqu'intacte, et, dans ses premiers tours surtout, les ornements résultant de l'entrecroisement des lignes ; le dessin peut en être regardé comme très-fidèle et ne laissant aucune chance d'erreurs. D'après ce que je puis voir, la coquille était certainement très-mince, comme le dit M. Deslongchamps.

 Localités : Saint-Fortunat. rr., au niveau le plus bas, dans le banc appelé le gros banc blanc ;

 Salgret et Chenoz, localités des environs de Salins, citées par d'Orbigny.

 Explication des figures : Pl. XLIV, fig. 1, *Pleurotomaria gigas*, de Saint-Fortunat, de grandeur naturelle. De ma collection.

Pleurotomaria undosa (Schubler, spec. non Deslongchamps.),

1830. Schübler, *in Zieten, Versteinerung. Trochus undosus*, p. 46, pl. 34, fig. 3.

Je n'ai que des moules de cette espèce ; ces moules on des tours carrés avec empreintes de tubercules en haut et en bas des tours qui sont placés fortement en gradins les uns sur les autres; ces moules s'accordent bien avec la figure de Zieten.

J'aurais inscrit ce pleurotomaire sous le nom de *Pl. similis* (Sow.), nom qui doit remplacer celui de *Pl. anglica*, du même auteur (voir page 43), si je ne voyais accepter par plusieurs auteurs, la figure donnée par d'Orbigny (*Jurassique*, pl. 347, fig. 1) qui représente un moule de son *Pleurotomaria anglica*; ce moule a des tours ronds, très-saillants, très-séparés et dépourvus de tubercules, dès lors le nom de *Pl. similis*, ou *anglica*, ne peut se donner aux moules qui ont une forme toute différente.

Localités : Saint-Cyr, Saint-Didier, Saint-Fortunat, Poleymieux, Nolay. *r.* Des couches inférieures.

Pleurotomaria Marcousana (D'ORBIGNY).

1850. D'Orbigny, *Jurassique*, p. 399, pl. 347, fig. 2 et 3.

Cette coquille, qui ne se trouve qu'à l'état de moules, provient aussi des couches inférieures de la zone; le seul échantillon que je connaisse a été recueilli à Saint-Cyr par M. A. Falsan; il se distingue facilement du *Pl. undosa*, par son angle spiral plus petit et ses tours placés non en gradins.

Localité : Saint-Cyr. *rr.*

Pleurotomaria similis (SOWERBY spec.).

Voir, pour les détails de cette coquille, dans la zone à *Ammonites Bucklandi*, page 43 de ce même volume.

Je n'ai que des échantillons, peu nombreux et en mauvais état, provenant des couches inférieures de la zone à *Ammonites oxynotus.*

Localités : Borgy, Sivry. *r.*

Pleurotomaria subdonosa (Münster *in* Goldfuss).

1841. Goldfuss, *Petrefacta*, pl. 185, fig. 9.

Mes échantillons de Borgy se rapportent bien à la figure de Goldfuss ; la coquille, ornée de forts créneaux dans l'angle du dernier tour, porte une bandelette de sinus saillante, carénée, limitée par deux lignes irrégulières très-marquées ; le dernier tour, absolument plat en avant, est orné de grosses lignes concentriques qui sont plus serrées en s'éloignant du bord ; ces lignes sont croisées par des stries rayonnantes plus faibles.

Localité : Borgy. *r*. Couches inférieures,

Pleurotomaria Charmassei (Nov. spec.).

(Pl. XLIV, fig. 2 et 3.)

Testa trochiformi, crassissima ; anfractibus convexis, superne nodulis transversis decoratis, striis concentrice decussatis, ad suturam biseriatim margaritatis ; — fascia sinus prominente, carinata, in medio anfractum posita ; ultimo anfractu antice subconvexo, lineis concentrice notato ; umbilico subcalloso, haud profundo ; apertura rotunda, depressa.

Dimensions : Diamètre. 65 millim.....

Coquille probablement aussi large que haute, robuste, très-épaisse, pourvue d'un ombilic superficiel, c'est plutôt un pli formé par la callosité de la columelle.

Tours arrondis, un peu anguleux en avant, ornés sur cet angle de tubercules allongés, verticaux, sur lesquels viennent onduler des lignes concentriques assez fortes, qui continuent et couvrent tout le dessus du dernier tour.

La bande du sinus, assez large et saillante en carène, occupe une place bien marquée sur le milieu des tours, peut-être un peu plus haut que le milieu; deux rangs de tubercules marquent la partie inférieure des tours.

Ce pleurotomaire est certainement rapproché du *Pleurotomaria similis* (Sowerby), mais la forme de sa bouche, et surtout celle de sa columelle si fortement arquée, aussi bien que sa petite fente ombilicale, m'ont engagé à l'en séparer, bien plus que les différences dans les détails de l'ornementation, qui me paraissent excessivement variables d'une coquille à l'autre.

Il y a de plus la forme des tours dans les moules; le milieu est comme déprimé à la place que devait occuper la bande du sinus.

Localités : Saint-Fortunat, Sivry, Sarry. *r*. Couches inférieures avec l'*Ammonites Davidsoni*.

Explication des figures : Pl. XLIV, fig. 2 et 3, *Pleurotomaria Charmassei*, de Sivry, de grandeur naturelle. De ma collection.

Pleurotomaria Humberti (Nov. spec.).

(Pl. XLV, fig. 18, 19, 20.)

Testa conica, depressa, trochiformi, umbilicata; anfractibus rotundatis antice tuberculatis, ultimo externe subangulato; postice lineis distantibus longitudinaliter notatis; fascia sinus elevata, carinata, in medio transversim imbricata; apertura oblique rotundata.

Dimensions : Hauteur calculée, 46 mill.; diamètre, 70 mill.; angle spiral, 98°.

Coquille plus large que haute, ombiliquée; spire formée d'un angle régulier, composé de tours convexes, fortement en saillie, ornés en avant, contre la suture, par de fortes nodosités verticales, sur lesquelles passent en ondulant deux lignes égales, saillantes, fort nettes ; la bande du sinus, qui vient après, est d'une largeur moyenne, anguleuse, ornée de crénelures cintrées et surmontée au milieu par une bandelette lisse, saillante ; en arrière de la bande du sinus, qui est placée un peu en avant des tours, on voit un rang de nodosités plus effacées, puis trois petites bandelettes, lisses, saillantes, également espacées. Cette partie des tours est fortement rentrante ; la bande du sinus est très-nettement limitée ; au-dessus et au-dessous de cette bande, on remarque que les stries d'accroissement qui recouvrent toute la coquille s'infléchissent en arrière tout à coup et si brusquement, qu'elles courent presque horizontalement ; ce détail n'est pas rendu fidèlement dans la fig. 20 de la pl. XLV ; le dernier tour, qui est arrondi en dessus, n'est pas muni de son test et laisse voir la place d'un ombilic étroit et profond ; le moule est un peu anguleux sur la partie extérieure des tours.

Localité : Saint-Fortunat. *rr.* Dans les couches à *Ammonites oxynotus.*

Explication des figures : Pl. XLV, fig. 18, *Pleurotomaria Humberti,* de Saint-Fortunat, de grandeur naturelle ; fig. 19, profil de la bande du sinus, un peu grossie ; fig. 20, détails du sinus, grossis. De ma collection.

Pleurotomaria Nerei (MUNSTER IN GOLDFUSS).

1844. Goldfuss, *Petrefacta,* p. 71, pl. 185, fig. 6.

L'échantillon que je possède, quoique peu complet, permet cependant de reconnaître parfaitement les ornements qui garnissent l'angle extérieur du dernier tour et la bande du sinus, qui en est si rapprochée ; la forme générale et les autres détails s'accordent aussi avec la figure de Goldfuss. Mon exemplaire est de quelques millimètres plus grand.

Localité : Borgy. *r.* De ma collection.

Cerithium Ogerieni (Nov. spec.).

(Pl. XLV, fig. 6.)

*Testa conica, elongata ; anfractibus convexiusculis, 3 lineis
granulorum longitudinaliter ornatis , antice fasciatis ; ultimo
plicis concentrice decorato.*

Dimensions : Longueur, 7 1/2 millim.; diamètre, 2 millim. :
angle spiral 10°.

Coquille allongée, conique, spire formée d'un angle régulier,
composée de neuf tours légèrement convexes, ornés en long de
trois lignes égales sur lesquelles passent d'autres lignes verticales d'égale importance, de manières à former trois séries régulières de petites granulations; il y a, de plus, en avant, contre
la suture, une très-petite bandelette déprimée et lisse,

L'échantillon, bien conservé du reste, est trop engagé dans le
calcaire pour reconnaître la forme de la bouche, je l'ai recueilli
à Pannessières, près de Lons-le-Saunier.

Localité : Pannessières. r.

Explication des figures : Pl. XLV, fig. 6, *Cerithium Ogerieni.* de Pannessières, grossi trois fois. De ma collection.

Pholadomya Deshayesi (Chapuis et Dewalque).

1852. Chapuis et Dewalque, *Fossiles du Luxembourg*, p. 111,
pl. 15, fig. 1.

Dimensions : Longueur, 42 millim.; largeur, 68 millim.:
épaisseur, 39 millim.

Les pholadomyes sont peu abondantes dans la zone à *Ammonites oxynotus*, et la *Pholadomya Deshayesi* est presque la seule que l'on y rencontre. Nos échantillons sont d'une forme un peu moins ramassée que le spécimen figuré par MM. Chapuis et Dewalque, et l'extrémité postérieure semble moins largement arrondie; mais le bord cardinal droit, les fortes carènes de son aire cardinale, la position des crochets et les 11 côtes toujours équidistantes, s'accordent parfaitement avec la pholadomye belge.

Localités : Saint-Fortunat, où elle est commune, Sarry, Nolay, Berzé-le-Châtel.

Pholadomya Voltzi (AGASSIZ).

1845. Agassiz, *Etudes critiques*, *Myes*, pl. 3. c. — fig. 1 à 9.

La coquille, peu importante du reste, que j'inscris sous ce nom, vient de Saint-Fortunat. Elle est un peu plus élancée que les pholadomyes de Mulhausen décrites par Agassiz; c'est-à-dire qu'elle est un peu plus large, pour la même longueur, que je compte des crochets à la région palléale.

Localité : Saint-Fortunat. r.

Pleuromya Galatea (AGASSIZ).

(Pl. XLIV, fig. 4, 5, 6.)

1845. Agassiz, *Etudes critiques*, p. 239, pl. 28, fig. 1 à 3.

Dimensions : Longueur, 23 millim.; largeur, 49 millim.; épaisseur, 16 1/2 millim.

Coquille ovale, renflée, dont la largeur dépasse le double de la

longueur, couverte de sillons concentriques bien marqués; bord
cardinal un peu convexe, bord palléal droit; extrémités arrondies sans être larges; crochets petits, déprimés, fortement contournés en avant et placés au sixième antérieur; coquille fermée
sur tout son contour; l'aire cardinale est limitée par un pli aigu,
très-marqué et profond. Je ne connais pas de pleuromye dont les
crochets soient moins saillants.

Le bel échantillon dont je donne le dessin ne laisse apercevoir
aucune impression musculaire.

Localités : Lagnieu. r. Niveau de l'*Ammonites oxynotus*.

Explication des figures : Pl. XLIV. fig. 4, 5, 6, *Pleuromya Galatea*, de Lagnieu, de grandeur naturelle. De ma
collection.

Pleuromya crassa (AGASSIZ).

1845. Agassiz, *Etudes critiques*, p. 240, pl. 28, fig. 4 à 6.

Coquille assez répandue dans la zone supérieure, les tailles
varient. Quelques échantillons, avec fragment de test conservé,
laissent voir les petites ponctuations en lignes rayonnantes irrégulières; détail qui peut s'observer dans toute les espèces du
genre *Pleuromya*, quand on a des échantillons suffisants.

Localités : Saint-Fortunat, Nolay, Borgy, Sarry, Sainte-Hélène, Robiac.

Pleuromya Toucasi (Nov. spec.).

(Pl. XLVI, fig. 5. 6.)

*Testa æquivalvi, inæquilaterali, inflata, plicis regularibus
concentrice notata, antice truncata, postice producta, rotunda;
umbonibus crassis, anticis, depressis; margine superiore
subrecto.*

Dimensions : Longueur, 22 millim.; largeur, 37 millim.; épaisseur, 19 millim.

Quel que soit le nombre des pleuromyes déjà décrites, je ne puis trouver une figure qui réponde à la forme de cette petite espèce, que j'ai rapportée des couches du lias inférieur de Puget-de-Cuers (Var).

La coquille, assez massive, est couverte de plis concentriques réguliers ; les crochets, arrondis et peu proéminents, sont placés tout à fait du côté antérieur et rendent la coquille des plus inéquilatérales ; bord cardinal presque droit, bord inférieur arrondi; l'extrémité anale est très-prolongée et largement arrondie ; la coquille fermée partout.

Localité : Puget-de-Cuers. r.

Explication des figures : Pl. XLVI, fig. 5, 6, *Pleuromya Toucasi*, de Puget-de-Cuers, de grandeur naturelle. De ma collection.

Pleuromya striatula (AGASSIZ).

(Pl. XLVI, fig. 4.)

(Voir dans la zone inférieure, page 49.)

La *Pleuromya striatula* est une des espèces les plus répandues dans notre zone à *Ammonites oxynotus*, où elle joue un rôle assez important; elle s'y montre sans interruption dès les couches les plus inférieures, où elle passe depuis la zone à *Ammonites Bucklandi*, dans laquelle nous l'avons déjà signalée.

Elle se montre souvent ici de grande taille, comme on peut le voir par le spécimen représenté fig. 4. La valve droite me paraît toujours être un peu plus grande et son crochet un peu plus saillant.

Localités : Saint-Fortunat, Saint-Germain, Bully, Saint-Denis-de-Vaux, Sarry, Jambles, Saint-Christophe, Borgy, Nolay, Sivry. *cc.*

Explication des figures : Pl. XLVI, fig. 4, *Pleuromya striatula*, de Saint-Fortunat, de grandeur naturelle. De ma collection.

Pleuromya liasina (Schubler, spec.).

1830. Zielen, *Unio liasinus, Würtemb.* pl, 61, fig. 2.

(Voir, zone inférieure, page 48.)

Forme beaucoup moins répandue que la *Pleuromya striatula*.
Localités : Saint-Fortunat, Limonest.

Pleuromya cylindrata (Nov. spec.).

(Pl. XLVI, fig. 2, 3.)

Testa inæquilaterali, crassa, cylindracea, antice obliqua rotunda, postice subacuminata, margine superiore vel inferiore recta ; umbonibus subacutis, carinatis, anticis, vix prominentis ; valvis lævibus, late hyantibus.

Dimensions : Longeur, 27 millim. ; largeur, 60 millim.; épaisseur, 23 millim.

Coquille cylindrique, allongée, très-renflée, dont la surface paraît lisse; crochets anguleux, un peu carénés, peu élevés, placés au tiers antérieur ; ils se raccordent en ligne droite à l'extrémité antérieure, qui forme un angle arrondi ; côté postérieur presque anguleux.

La coquille est très-ouverte sur la région cardinale; le bord cardinal est droit, le bord inférieur très-légèrement sinueux ; la plus grande épaisseur correspond au milieu de la largeur ; la coquille est d'ailleurs fort épaisse partout et, vue par les crochets, représente un ovale assez régulier.

Ce qui me paraît caractériser cette pleuromye, après son renflement inusité, c'est la forme des crochets, et surtout la ligne absolument droite qui relie les crochets à l'extrémité antérieure.

Localité : Saint-Germain. *rr.*

Explication des figures : Pl. XLVI, fig. 2, 3, *Pleuromya cylindrata*, de Saint-Germain, de grandeur naturelle. De ma collection.

Pleuromya angusta (AGASSIZ).

(Pl. XLVI, fig. 1) ?

1842. Agassiz, *Études critiques*, p. 240, pl. 28, fig. 7 à 9.

Dimensions : Longueur, 21 millim.; largeur, 47 millim.; épaisseur, 14 millim.

Très-élégante coquille, bien plus large que deux fois sa hauteur ; crochets moyens, bien formés, placés au tiers antérieur ; une très-légère dépression descend du crochet sur le bord palléal, qui est droit ; le test, assez épais, est couvert de petits plis concentriques irréguliers et serrés ; la coquille est un peu baillante aux extrémités.

Agassiz dit qu'elle appartient au lias supérieur, mais à Saint-Christophe et à Sarry elle est bien dans les calcaires à *Ammonites raricostatus*, avec la grande *Cardinia philea* ; comme le test de l'échantillon figuré est très-bien conservé, je l'ai fait dessiner, parce qu'il est rare de rencontrer des *Pleuromya* avec leur test.

Localités : Saint-Christophe, Sarry. *r.*

Explication des figures : Pl. XLVI, fig. 1, *Pleuromya*

angusta, de Saint-Christophe, de grandeur naturelle. De ma collection.

Cardium truncatum (PHILLIPS).

1828. Young et Bird, *Yorkshire*, *Cardium pectinatum*, pl. 8, fig. 5.
1834. Phillips, *Geology, or Yorkshire*, *Cardium truncatum*, pl. 13, fig. 14.
1836. Goldfuss, *Petrefacta*, pl, 143, fig. 10.

Dimensions : Longueur, 6 millim.; largeur, 7 millim.; épaisseur, 4 millim.

Cette jolie petite espèce paraît fort rare, je ne l'ai rencontrée que dans les calcaires de Saint-Christophe ; mais elle doit échapper bien souvent à l'observation, dans les roches dures de ce niveau, à cause de sa très-petite taille.

La figure de Goldfuss coïncide parfaitement avec mon échantillon, qui est cependant un peu renflé, ce qui n'a rien de surprenant puisqu'il est plus petit ; les lignes rayonnantes qui ornent le côté postérieur ne se voient qu'à la loupe, elles sont au nombre de 14 à 16 ; les crochets, qui sont médians, ne montrent aucune tendance à se dévier d'un côté ou de l'autre, et sont en contact.

Je ne cite pas, dans la synonymie, le *Cardium truncatum* de Sowerby (*Miner. Conch.*, pl. 553, fig. 3), parce que la figure que donne l'auteur anglais, prise du côté des crochets, montre une lunule bien marquée du côté antérieur, tandis que ce détail manque tout à fait dans notre spécimen, qui offre cependant une conservation merveilleuse.

Localité : Saint-Christophe. rr.

Hippopodium ponderosum (SOWERBY).

(Pl. XLVI, fig. 7 et 8.)

1819. Sowerby, *Miner. Conch.*, pl. 250.
1850. D'Orbigny, *Prodrome, liasien*, n° 164.

Dimensions, le moule : Longueur, 65 millim.; largeur, 35 millim.; épaisseur, 26 millim.

Cette curieuse coquille se rencontre quelquefois dans le bassin du Rhône, mais je n'en connais aucun bon échantillon ; elle est toujours en fragments malgré son énorme épaisseur. Cela tient sans doute à ce que le test, dans nos couches, en est toujours entièrement cristallisé. Dans tous les spécimens qui permettent d'observer la coquille sur sa tranche, je remarque que ce test est composé de deux couches superposées, d'une épaisseur à peu près égale.

Sowerby a donné une bonne figure de l'*Hippopodium ponderosum*, mais je ne crois pas que le moule intérieur ait été encore figuré ; je donne donc, pl. XLVI, fig. 7 et 8, le dessin d'un moule calcaire, de Saint-Fortunat, d'une assez bonne conservation et de grande taille. Si on le compare à la figure de Sowerby, on aura de la peine à se rendre compte de la relation des formes ; il ne faut pas perdre de vue que le test a une épaisseur qui atteint, par places, 20 millim., ce qui explique la différence grande qui existe entre les contours de la coquille et ceux de son moule intérieur. Il existe, à l'intérieur de la coquille, du côté antérieur et près du bord palléal, une petite cavité étroite et très-profonde, qui devait se traduire sur le moule par une saillie en forme de corne. Ce creux profond correspond à l'énorme protubérance extérieure qui caractérise l'*Hippopodium ponderosum ;* cet appendice cornu, si l'on a sous les yeux la fig. 8 de la pl. XLVI, devrait se voir à la place où est posé le chiffre et à droite dans une position symétrique; malheureusement le moule est tronqué dans cette partie et ce trait caractéristique ne peut se voir.

D'Orbigny place, par erreur, l'*Hippopodium ponderosum* dans le lias moyen; je l'ai toujours rencontré à la partie supérieure du lias inférieur et dans les couches mêmes où l'on trouve l'*Ammonites oxynotus*, c'est une coquille caractéristique de ce niveau.

Localités : Saint-Fortunat, Lournand, Sarry, Moroges. r.

Explication des figures : Pl. XLVI, fig. 7 et 8, *Hippopodium ponderosum*, moule intérieur, de Saint-Fortunat, de grandeur naturelle. De ma collection.

Cardinia philea (D'ORBIGNY).

(Pl. XLVII, fig. 1.)

(Voir, zone inférieure, page 56.)

En parlant des bivalves de la zone à *Ammonites Bucklandi*, j'ai déjà décrit cette grande cardinia que d'Orbigny a placée dans le *Prodrome* en lui imposant le nom de *Cardinia philea*.

Tandis que dans la zone inférieure sa présence est des plus rares, elle prend, au contraire, une importance considérable dans la zone à *Ammonites oxynotus*; très-abondante partout, c'est une des coquilles les plus caractéristiques pour cette partie du lias inférieur; c'est surtout dans les carrières du département de *Saône-et-Loire* qu'elle se rencontre très-nombreuse; son test brillant et presque toujours bien conservé, ne résiste pas, malheureusement, aux chocs, parce qu'il est tout à fait spathique, et cette circonstance rend les bons échantillons fort rares.

J'ai fait représenter, pl. XLVII, fig. 1, un moule intérieur de la *Cardinia philea*, de grande taille, qui me permet de compléter ici la description de l'espèce; l'empreinte postérieure, moins saillante que l'autre, est coupée presque carrément en avant;

celle antérieure montre une forte saillie à bords coupants, avec la forme d'une ellipse élargie aux extrémités; du crochet descend obliquement une saillie large et bien indiquée.

Les bords du manteau ont laissé une forte empreinte sur la coquille, la frange a imprimé des traces très-visibles, entre la ligne palléale et le bord de la coquille.

La *Cardinia philea* arrive souvent à une très-grande taille, comme le fait voir le moule figuré, qui accuse une coquille de 16 centimètres de largeur; il y a une opposition remarquable entre le moule aux saillies fortement accusées et la forme extérieure de la coquille adoucie et arrondie de toute part.

On distingue facilement la *Cardinia philea* de la *Cardinia copides* en ce que cette dernière est plus élancée et a ses bords supérieurs et inférieurs à peu près droits; de plus, son empreinte musculaire antérieure touche presque l'extrême bord de la coquille, et celle postérieure, au contraire, est très-éloignée de l'extrémité; ainsi, dans un moule de *Cardinia philea* de 150 mill. il y a 45 millim. du bord interne de l'empreinte postérieure à l'extrémité du moule, tandis que dans un moule de *Cardinia copides* de 135 millim., l'écartement de ces deux mêmes points mesure 55 millim.

La *Cardinia philea* se montre à tous les niveaux de la zone supérieure, depuis les couches à *Ammonites stellaris*, jusques aux couches à *Ammonites raricostatus*.

Localités : Saint-Fortunat, Jambles, Lournand, Sainte-Hélène, Saint-Christophe, Sarry, Dezize, Borgy. *cc.*

Explication des figures : Pl. XLVII, fig. 1, *Cardinia philea*, moule intérieur de Saint-Christophe, de grandeur naturelle. De ma collection.

Cardinia concinna (Unio Sowerby).

1821. Sowerby, *Unio concinnus, Miner. Conch,* pl. 223, fig. 1, 2.

La cardinie de Nolay, dont je donne la figure pl. XLVII,

fig. 2 et 3, ne peut se rapporter à aucune autre espèce qu'à la *Cardinia concinna* avec laquelle elle s'accorde parfaitement, soit pour le contour extérieur, soit pour la taille, soit pour l'intérieur de la coquille.

Les valves, épaisses vers le crochet, sont minces et tranchantes sur la région palléale ; les impressions musculaires très-peu marquées et celle du manteau à peine visible, malgré l'état parfait de conservation de mon échantillon.

Le sillon qui descend du crochet dans l'intérieur des valves (d'après M. Terquem, *Fossiles du Luxembourg*, p. 300) ne paraît nullement dans mon spécimen.

Je crois que, ni l'*Unio concinnus* de Goldfuss (*Petrefacta*, pl. 132, fig. 2), ni celui de Zieten (*Würtembergs*, pl. 60. fig. 2 à 5) ne peuvent être réunis au fossile décrit, sous le même nom, par Sowerby. La coquille de Goldfuss montre une forme différente : celle de Zieten a les crochets plus médians et les empreintes musculaires plus grandes et plus distantes entre elles.

La cardinie décrite par Quenstedt (*Der Jura*, pl. 6, fig. 4) sous le nom de *Thalassites concinnus*, aussi bien que celle figurée par Agassiz (*Etudes critiques*, pl 12, fig. 21 et 22) sous celui de *Cardinia concinna*, appartiennent probablement à d'autres espèces et ne peuvent s'inscrire sous le nom de *Cardinia concinna*, Sowerby.

Il semble donc que l'espèce de Sowerby, qui paraît rare, a été méconnue par la plupart des paléontologistes, et il importe de revenir, pour le type de l'espèce, à la figure de l'ouvrage anglais ; l'ensemble de la coquille forme un ovale parfait ; le bord cardinal présente une courbe régulière, comme le bord palléal ; le dessin de la fig. 2 de ma pl. XLVII n'est malheureusement pas exact pour le contour ; l'échantillon est plus arrondi sur le bord palléal que le dessin et la figure devrait se prolonger en s'arrondissant jusqu'au trait indiqué à gauche de la fig. 2 ; les crochets, placés aux 7/8 antérieurs, sont très-petits, très-aigus. fortement contournés en avant, où ils surmontent une lunule profonde et excessivement petite.

Localité : Je ne la connais que de Nolay, où elle n'est pas rare.

Explication des figures : Pl. XLVII, fig. 2 et 3, valve de *Cardinia concinna*, de Nolay, de grandeur naturelle. De ma collection.

Cardinia hybrida (Unio SOWERBY).

(Voir zone inférieure, page 57.)

Espèce peu importante dans la zone supérieure. J'en ai rencontré quelques spécimens à Jambles et à Saint-Christophe-en-Brionnais, au niveau de l'*Ammonites oxynotus*.

Localités : Jambles, Saint-Christophe. *r.*

Cardinia Listeri (Unio SOWERBY).

1817. Sowerby, *Unio Listeri*, *Miner. Conch.*, pl. 154, fig. 1. 3. 4.

Je ne connais que quelques moules, qui me paraissent appartenir à cette espèce.

Localité : Jambles. *r.*

Cardinia crassiuscula (Unio SOWERBY).

(Voir zone inférieure, page 55.)

Très-peu commune dans la zone supérieure ; des débris peu distincts et quelques moules intérieurs.

Localité : Saint-Fortunat. *r.*

14

Lucina liasina (AGASSIZ. spec.).

(Pl. XLVI, fig. 9 et 10.)

(Voir zone inférieure, page 58.)

Cette coquille n'est pas très-rare dans la zone de l'*Ammonites oxynotus* et sa taille ne varie pas; je dois cependant mentionner un exemplaire trouvé dans les carrières de Bully et d'une grandeur exceptionnelle; il est muni de fines lignes concentriques fort régulières, et mesure, en longueur, 41 millim.; en largeur, 49 millim.; en épaisseur, 37 millim. La coquille est un peu inéquilatérale; les valves se rejoignent en formant un angle aigu. Les crochets semblent moins renflés que ceux de la figure donnée par MM. Terquem et Piette (*Lias inférieur*, pl. 11, fig. 3 et 4), et un peu déviés à gauche.

Localités : Saint-Fortunat, Bully, Nolay, Saint-Hélène, Sivry, Robiac. *c.*

Explication des figures : Pl. XLVI, fig. 9 et 10, *Lucina liasina*, de Nolay, de grandeur naturelle. De ma collection.

Myoconcha oxynoti (QUENSTEDT).

(Pl. XVVII, fig. 4 et 5.)

1858. Quenstedt, *Der Jura*, p. 109, pl. 13, fig. 34.

Coquille très-peu répandue; elle a été recueillie par moi (le moule seulement) dans les couches calcaires où pullule l'*Ammonites oxynotus*.

La forme, la grandeur, les sillons du côté antérieur, tout se rapporte parfaitement à la coquille de Quenstedt. qui paraît aussi rare en Allemagne que dans nos contrées, puisque ce savant dit qu'il ne l'a rencontrée qu'une fois à Ofterdingen.

Localité : Saint-Fortunat. *r*.

Explication des figures : Pl. XLVII, fig. 4 et 5, *Myoconcha oxynoti* (partie du moule), de grandeur naturelle : de Saint-Fortunat. De ma collection.

Isocardia cingulata (GOLDFUSS).

1840. Goldfuss, *Petrefacta*, pl. 140, fig. 16.

Petite coquille très-rare dans la zone supérieure. L'échantillon recueilli à ce niveau, à Saint-Fortunat, est fort bien conservé; la coquille n'a pas plus de 6 millim. de longueur; ses lignes d'accroissement ont une importance relative considérable et forment de véritables gradins, assez régulièrement espacés; les lignes rayonnantes sont très-visibles; la forme générale est plus globuleuse que celle indiquée par la figure de Goldfuss, qui paraît avoir été faite sur un échantillon déformé.

Localité : Saint-Fortunat, *r*. Beaucoup plus abondante au col des Encombres, près de Saint-Martin-de-Belleville (Savoie), lieu dit le Roc-Retourné : M. L. Pillet m'a communiqué plusieurs bons exemplaires de cette localité.

Pinna Hartmanni (ZIETEN).

(Voir zone inférieure, page 58.)

Coquille rare dans la zone supérieure de nos contrées; j'en possède un assez bon échantillon de Dardilly.

Localités : Saint-Fortunat, Dardilly. *r*.

Mytilus minimus (Sowerby, spec.).

(Pl. XLVIII, fig. 9.)

1821. Sowerby, *Modiola minima, Miner. Conch.*, p. 210, fig. 5 et 7.

Les stries concentriques qui couvrent mon échantillon sont remarquables par leur régularité et leur espacement considérable, pour une aussi petite coquille.

Localité : Dracy. *rr.*

Explication des figures : Pl. XLVIII, *Mytilus minutus*, de Dracy, grossi deux fois. De ma collection.

Lima succincta (Schlotheim).

(Pl. XLVII, fig. 6, 7, et pl. XLVIII, fig. 1.)

(Voir zone inférieure, page 66.)

La *Lima succincta*, qui paraît moins répandue dans la zone supérieure, présente cependant plusieurs variétés intéressantes.

La plus grande se rapproche beaucoup de la *Lima* figurée par Goldfuss, pl. 100, fig. 5, sous le nom de l'*Hermanni*, sans arriver pourtant à une aussi grande taille.

La seconde variété rappelle par ses côtes inégales la *Lima inœquistriata* de Goldfuss, pl. 114. fig. 10. Je fais représenter sur ma pl. XLVIII., fig. 1, un spécimen du Jura, en bon état, et qui peut donner une idée exacte de cette variété assez rare.

Enfin, la troisième variété, toujours de la même forme générale, mais plus petite et plus mince, a cela de particulier que les côtes principales seules sont en évidence, les côtes accessoires y sont à peine visibles ; on en trouvera le dessin pl. XLVII, fig. 6 et 7, d'après un bel échantillon de Saint-Fortunat.

Localiés : Saint-Fortunat, Dardilly, Génelard, Saint-Thiébaud, Puget-de-Cuers. *c.*

Explication des figures : Pl. XLVII, fig. 6, *Lima succincta*, de Saint-Fortunat, de grandeur naturelle; fig. 7, portion du test grossi ; pl. XLVIII ; fig. 1, la même, de Saint-Thiébaud, de grandeur naturelle. De ma collection.

Lima punctata (SOWERBY, spec.).

(Voir dans la zone inférieure, page 63.)

La *Lima punctata*, de la zone supérieure, ne diffère pas de celle décrite dans la zone à *Ammonites Bucklandi*, seulement elle se rencontre moins communément.

Localités : Saint-Fortunat, Nolay, Borgy.

Lima pectinoïdes (SOWERBY, spec.).

(Voir dans la zone inférieure, page 65).

La *Lima* à côtes alternantes, de la zone à *Ammonites oxynotus*, ne paraît pas différer de celle de la zone inférieure.

Les côtes, au nombre de 26 à 27, recouvrent toute la coquille, jusque sur les oreilles même.

Localités : Saint-Fortunat, Saint-Cyr, Poleymieux, Saint-Didier, Dardilly, Pommiers, Jambles, Féchaux. *c.*

Je dois encore signaler, dans la zone à *Ammonites oxynotus*, une autre *Lima* assez semblable au premier coup d'œil à une *Lima pectinoïdes* de petite taille, mais bien différente cependant : les côtes, au nombre de 20, sont anguleuses, lisses et séparées par des intervalles sans côtes auxiliaires; de plus, les côtes cessent de chaque côté, à une certaine distance du bord et laissent la place à une area dépourvue d'ornements : cette lima été recueillie à Saint-Fortunat, l'état de l'échantillon n'a pas permis de la faire figurer.

Avicula Sinemuriensis (D'Orbigny).

(Pl. XLVIII, fig. 2 et 3.)

(Voir zone inférieure, page 68.)

L'*Avicula Sinemuriensis* est assez abondante dans la zone supérieure, surtout au niveau de l'*Ammonites oxynotus ;* on remarque une assez grande irrégularité dans les détails des côtes, dont le nombre varie de 14 à 17.

L'extrémité buccale de la charnière est quelquefois entièrement recouverte de plis tout à fait semblables à ceux de la coquille, mais plus serrés à mesure qu'ils se rapprochent du bord cardinal ; d'autres fois, la coquille prend là un allure irrégulière, elle devient enflée et se recouvre de plis concentriques informes. (Voir fig. 3.)

Souvent les lignes nombreuses qui garnissent l'entre-deux des côtes, semblent égales entre elles, cependant un examen attentif fait voir qu'il y a toujours au milieu une ligne plus saillante que les autres.

L'échantillon de Saint-Fortunat, dessiné fig. 2, pl. XLVIII, présente une circonstance fort intéressante et bien rare, il a conservé encore en partie sa coloration naturelle. La coquille est d'un blanc jaunâtre et l'on voit deux ou trois zones d'un rose vif, qui suivent le mouvement des lignes concentriques d'accroissement.

Je n'ai point d'échantillons satisfaisants de la valve droite.

  Localités : Saint-Cyr, Saint-Fortunat, Saint-Didier, Saint-Germain, Bully, Nolay. *c.*

  Explication des figures : Pl. XLVIII, fig. 2, *Avicula Sinemuriensis*, de Saint-Fortunat, de grandeur naturelle. De ma collection. Fig. 3, la même, de Saint-Didier, aussi de grandeur naturelle. Collection de M. A. Falsan.

Avicula papyracea (BUCKMAN).

1845. Murchison, *Outline of the geology of Cheltenham*, p. 97, pl. 10, fig. 3.

Dimensions : Longueur, 18 millim.; largeur ?

Petite coquille couverte de stries rayonnante, très-fines, inégales, qui ornent toute la surface, crochet aigu, saillant, recourbé sur la ligne cardinale; l'échantillon que j'ai de cette avicule n'est pas en bon état.

Les lignes très-serrées, surtout vers le crochet, se voient nettement à l'aide de la loupe; la plupart sont alternantes, une plus faible, une plus forte; de très-nombreuses lignes concentriques croisent ces stries rayonnantes.

Oppel réunit à l'*Avicula papyracea* celle que l'on trouve, munie de fines stries, à *Ofterdingen* et à *Balingen*, dans la zone supérieure: je ne crois pas me tromper en inscrivant sous le même nom, celle que j'ai trouvée dans les carrières du Mont-d'Or.

Localité : Saint-Fortunat. *r.*

Pecten textorius (SCHLOTHEIM).

(Voir dans la zone inférieure, page 71.)

Le *Pecten textorius* est moins abondant dans la zone supérieure, cependant ses fragments se rencontrent encore à chaque pas.

Localités : Saint-Cyr, Saint-Fortunat, Pommiers, Jambles, Nolay, Borgy. *c.*

Pecten Hehli (D'ORBIGNY).

(Voir dans la zone inférieure, page 70.)

Beaucoup moins répandu dans la zone supérieure, le *Pecten Hehli*, n'y présente aucuns détails qui permettent de le distinguer de celui qui est si commun dans la zone supérieure.

Localités : Saint-Cyr, Saint-Fortunat, Poleymieux.

Pecten priscus (SCHLOTHEIM).

(Pl. XLVIII, fig. 4.)

1820. Schotheim, *Die Petrefactenkunde*, p 222.
1840. Goldfuss, *Petrefacta*, p. 43, pl. 89, fig. 5.

Dimensions : Longueur, 29 millim.; largeur, 28 millim.; angle cardinal, 90°.

Coquille ronde, équilatérale, inéquivalve, ornée sur la valve gauche, qui est plus bombée, de 17 côtes saillantes, toutes égales, arrondies, séparées par des sillons beaucoup plus étroits; l'oreille montre une échancrure pour le byssus; toute la coquille est couverte de stries concentriques très-marquées, formant sur les côtes un angle qui se dirige en haut, et en bas dans les sillons; la valve droite, plus plane, porte le même nombre de côtes, mais leur largeur est moindre et ne dépasse pas celle des sillons; les stries concentriques sont disposées comme sur l'autre valve, seulement dans les intervalles elles décrivent un sinus arrondi au lieu d'un angle descendant. De chaque côté des dernières côtes, il existe entre elles et le bord de la coquille une area étroite ornée de stries horizontales.

Le bord palléal est fortement festonné, les côtes sont marquées à l'intérieur de la coquille.

Le *Pecten priscus* présente quelque intérêt parce qu'on le trouve en nombre considérable sur un point du bassin du Rhône assez éloigné, dans le lias inférieur, du *Puget-de-Cuers* (Var), en compagnie de *Belemnites acutus*; on peut étudier là une coupe fort belle qui comprend l'infrà-lias, le lias complet et l'oolite inférieure.

Les calcaires, exploités à plusieurs niveaux, permettent d'y recueillir d'assez nombreux fossiles ; dans la partie supérieure du lias inférieur, on remarque une petite couche, dont je n'ai pas pu déterminer l'épaisseur, et qui renferme en nombre immense les valves du *Pecten priscus*, de grande taille et en assez bon état. Je ne l'ai pas rencontré ailleurs aussi bien développé.

Localités : Saint-Fortunat, Saint-Cyr, Limonest, Puget-de-Cuers. *c.*

Explication des figures : Pl. XLVIII, fig. 4, *Pecten priscus*, de Puget-de-Cuers, de grandeur naturelle. De ma collection.

Pecten acutiradiatus (Munster in Goldfuss).

(Pl. XLVIII, fig. 5 et 6.)

(Voir dans la zone inférieure, page 72.)

Petite coquille équilatérale, peu bombée, à contour parfaitement circulaire; les côtes, au nombre de 24 environ, diminuent en largeur et en importance, en approchant des côtés; elles sont coupantes, séparées par des sillons arrondis, deux fois plus larges qu'elles-mêmes ; de plus, toute la surface est couverte de stries concentriques, fines, profondes, coupantes, très-serrées, qui forment crénelure sur l'arête des côtes; ces stries, qui sont fines et très-rapprochées dans le voisinage de la région palléale, sont au contraire plus grosses et plus écartées à mesure qu'on se rapproche des crochets : là elles forment avec les côtes, dont elles égalent l'importance, un treillis régulier caractéristique; cette disposition est très-apparente dans les petits exemplaires; les bords des valves, fortement ondulés; les côtes sont bien marquées à l'intérieur de la coquille.

Le nombre des côtes sépare ce *Pecten* du *P. acuticosta* (Lamarck, *Anim. sans vert.*, 2e édit., 1836, t. VII, pag. 157); il est d'ailleurs impossible de le confondre, comme font quelques auteurs, avec le *P. æquivalvis*, la forme des côtes et celle des oreilles sont très-différentes.

Il est fort difficile de rencontrer le *P. Acutiradiatus* avec ses ornements si délicats : le hasard m'a fait découvrir un exemplaire de moyenne taille, logé tout à fait au fond d'une valve inférieure de la *Gryphæa obliqua* et préservé de la sorte de tout frottement; les stries concentriques y sont parfaitement conservées.

Localités : Saint-Fortunat, Saint-Cyr, Pommiers, Saint-Didier. *c.*

Explication des figures : Pl. XLVIII, fig. 5, *Pecten acutiradiatus*, de Saint-Cyr, grossi deux fois; fig. 6, fragment du test, fortement grossi. De ma collection.

Harpax spinosus (SOWERBY, spec.).

1821. Sowerby, *Plicatula spinosa*, *Miner. Conch.*, pl. 245, fig. 1 à 4.

La coquille que j'inscris sous ce nom vient des couches à *Terebratula cor* de Saint-Fortunat; c'est une valve droite, ou adhérente; elle est ovale, arrondie, couverte de lignes rugueuses, concentriques, dont les franges sont munies d'épines très-peu saillantes : la coquille est d'une épaisseur singulière, quoique, évidemment, une partie des lames centrales inférieures manque; cette épaisseur dépasse 4 millim. pour une valve qui n'a que 34 millim. de longueur; la surface d'adhérence occupe un peu plus du tiers de la valve.

Localité : Saint-Fortunat. *rr*.

Harpax Parkinsoni (Bronn).

1824. Bronn, *Syst. urwelt. Konchili*, t. 6, fig. 16.

Dimensions : Longueur, 17 millim.; largeur, 12 millim.

Petite coquille dont je ne possède que la valve gauche ou libre : elle est très-convexe, on croirait voir la moitié d'une petite amande; l'état de la surface indique que la valve adhérente était fixée sur un *Pecten textorius;* malgré la complication qui résulte de cette circonstance, les stries concentriques sont néanmoins très-apparentes, la coquille est assez épaisse.

Localité : Saint-Fortunat. *rr*.

Harpax nitidus (Nov. spec.).

(Pl. XLIX, fig. 5, 6, 7.)

Testa parva, obliqua, elliptica, convexa, subauriculata; valva sinistra gibbosa, lœvigata; dextra plano-concava, undique adherente, margine angulo acutissimo, ad totam peripheriam conspicua.

Dimensions : Longueur, 11 millim.; largeur, 10 millim.; épaisseur, 4 milllim.

Petite coquille arrondie, un peu oblique, plus ou moins allongée, auriculée; valve gauche bombée, très-lisse; sommet très-petit mais saillant et dépassant un peu le bord cardinal, on remarque à peine deux ou trois lignes d'accroissement ; valve droite entièrement adhérente, lisse ou moulée sur la coquille qui lui sert de support : elle est un peu moins grande que la valve libre qui la recouvre en la débordant de toute part (voir fig. 7), la commissure des valves forme un angle très-aigu, coupant ; l'épaisseur totale de la coquille bivalve varie entre 2 et 4 mill.

La charnière m'est inconnue, car je ne possède que des coquilles fermées ; cependant en interposant certains exemplaires entre l'œil et une vive lumière, les dents se laissent apercevoir par transparence ; aussi ce caractère joint à la forme extérieure et au mode d'adhérence, me paraissent laisser peu de doutes sur le genre. Quoique la surface soit lisse et brillante, en l'examinant à l'aide de la loupe, on peut apercevoir les rudiments de quelques tubercules épineux.

Ce *Harpax* est invariablement posé sur la *Waldheimia cor*, du moins je ne l'ai jamais rencontré parasite sur une autre coquille ; il suffit d'un choc modéré pour le détacher et l'obtenir isolé et bivalve.

Le petit échantillon, dessiné fig. 5 et 6, reproduit sur la valve libre l'image de deux petites serpules qui se trouvaient sur la térébratule au point d'adhérence.

Localités : Saint-Fortunat, Sarry. r.

Explication des figures : Pl. XLIX, fig. 5 et 6, *Harpax nitidus*, de Sarry, vu par dessus et de profil, de grandeur naturelle ; fig. 7, autre exemplaire de Sarry, vu par dessous. De ma collection.

Gryphœa obliqua (GOLDFUSS).

1840. Goldfuss, *Petrefacta*, pl. 85, fig. 2.
1832. Zieten, *Würtembergs*, *Gryphœa Macullochi*, pl. 49, fig. 3.

Quoiqu'il soit des plus difficiles de tracer les limites certaines qui séparent la *Gryphœa obliqua* de la *Gryphœa arcuata*, on peut signaler cependant des différences importantes :

L'obliquité constante de la coquille qui n'est qu'à peine indiquée chez la *Griphœa arcuata*.

Le crochet, moins recourbé, montre toujours un point d'attache visible ; le sinus est moins fortement indiqué.

La valve operculaire est plus carrément coupée vers la charnière dans la *Gryphœa arcuata*, plus rétrécie dans la *Grypœa obliqua ;* un autre caractère, que donne cette même valve et qui me paraît assez constant, est tiré de la forme de l'empreinte musculaire. Chez la *Gryphœa arcuata*, cette empreinte (sur la valve supérieure) est ronde et tronquée en avant, dans la *Gryphœa obliqua*, elle est allongée, elliptique ; je crains cependant que ce caractère ne présente un peu d'incertitude : on sait, en effet, que chez ces mollusques, la forme des empreintes musculaires dépend en partie de l'âge de la coquille.

La *gryphœa obliqua* n'offre pas la variété à crochets très-courts, qui accompagne toujours la *gryphœa arcuata* ; de plus, tandis qu'on trouve cette dernière en nombre assez grand pour former à elle seule des couches entières, la *gryphœa obliqua*, quoique fort abondante, n'offre plus ce prodigieux amas de coquilles, excluant tout autre corps étranger ; elle se propage dans toutes les couches, jusqu'aux limites du lias moyen, sans changer de caractères d'une manière appréciable.

L'on trouve quelquefois une très-petite gryphée à test mince, d'une forme globuleuse, à crochets très-petits, je crois qu'il faut la regarder comme une variété de la *gryphœa obliqua*, jeune : j'en ai des échantillons, recueillis à Pommiers, qui représentent par leur forme exactement une moitié de cerise ; le point d'attache est si petit qu'il faut une certaine attention pour l'apercevoir.

Il faut encore mentionner, dans les forme exceptionnelles, certains exemplaires fortement tronqués, avec un point d'attache plus ou moins grand ; dans cet état, ces gryphées se rapprochent de la forme de l'*Ostrea irregularis* ou de celle de l'*Ostrea sportella* (1)

---

(1) *Note sur quelques fossiles peu connus ou mal figurés du lias moyen*, in-8°. Lyon, 1857, p. 3, pl. 1.

(E. Dumortier) ; pour reconnaître si ces exemplaires tronqués appartiennent encore à la *Gryphea obliqua*, il est nécessaire d'observer la valve operculaire, qui est construite sur un plan très-différent et qui permet ainsi de trancher immédiatement la question.

Localité : Partout. *cc.*

Ostrea arietis (QUENSTEDT).

(Pl. XLVIII, fig. 7 et 8.)

(Voir dans la zone inférieure, page 76.)

Dimensions : Longueur, 45 millim.; largeur, 58 millim.; épaisseur, 18 millim.

Coquille peu épaisse ; valve inférieure adhérente par une grande partie de sa surface ; le bord palléal se relève brusquement en formant un angle obtus, et ce bord relevé présente 20 à 24 côtes rugueuses, arrondies, séparées par des intervalles de la même largeur qu'elles-mêmes ; ces côtes sont plus développées et plus importantes sur le point directement opposé au sommet ; des lignes d'accroissement inégales et lamelleuses passent sur le tout.

La valve supérieure est unie, légèrement convexe, munie sur le bord de plis très-courts, analogues à ceux de l'autre valve, avec lesquels ils paraissent s'engrener.

La coquille bivalve complète, montrant bien les rapport de ses parties, est représentée fig. 7, pl. XLVIII, où l'on voit un exemplaire de l'*Ostrea arietis*, de Saint-Christophe, vu du côté de sa valve supérieure ; le mouvement des côtes verticales se voit bien dans le dessin, fig. 8, qui représente une valve inférieure, de Saint-Fortunat, vue de côté et de profil.

Cette jolie ostrea, qui est assez rare, semble bien distincte des espèces analogues. Oppel l'inscrit sous le nom d'*Ostrea semipli-*

cata (Münster in Goldfuss, pl. 72, fig, 7), mais cette figure de Goldfuss me paraît peu distincte et représente, dans tous les cas, un exemplaire trop imparfait et trop jeune pour former le type d'une espèce.

L'*Ostrea electra*, de d'Orbigny (*Prodrome Sinémurien*, n° 140) est très-différente de l'*Ostrea arietis ;* en effet, sa valve inférieure ne se relève pas brusquement comme chez cette dernière.

Localités : Saint-Fortunat, Nandax, Saint-Christophe. *r*.

Explication des figures : Pl. XLVIII, fig. 7, *Ostrea arietis ;* coquille bivalve, de Saint-Christophe, de grandeur naturelle, vue par dessus; fig. 8, la même, valve inférieure, de Saint-Fortunat, de grandeur naturelle, vue de côté et de profil. De ma collection.

Ostrea irregularis (Münster *in* Goldfuss).

(Pl. XLIX, fig. 1, 2, 3.)

(Voir zone inférieure, page 77.)

L'*Ostrea irregularis* est a peu près aussi répandue dans la zone supérieure que dans la zone à *Ammonites Bucklandi ;* elle me paraît même y être un peu plus abondante.

On remarque souvent, comme dans la zone inférieure, que prenant son point d'appui sur une ammonite, elle se moule complétement sur cette coquille, dont elle reproduit les ornements sur sa valve supérieure, avec beaucoup de fidélité; cette circonstance se reproduit d'ailleurs à tous les niveaux des dépôts jurassiques, mais ce sont les couches *Oxfordiennes* qui fournissent les exemples les plus curieux de ces moulages.

Quenstedt inscrit, sous le nom de *Gryphea arcuata* (*Der Jura*, p. 77, pl. 9, fig. 9) une coquille qui me paraît bien rapprochée de l'*Ostrea irregularis ;* je ne vois pas, en vérité, ce qui pourrait engager à réunir à la *Gryphœa arcuata* les échantillons dont je donne le dessin pl. XLIX, et tous ceux qui leur ressemblent. Indépendamment de la forme, il y a des différences spécifiques considérables : ainsi, pour la valve inférieure (voir fig. 3), l'empreinte musculaire est placée tout à fait contre le bord postérieur ; la valve operculaire est construite sur un autre plan que celle de la *Gryphœa arcuata* ou *obliquata*, elle est convexe au lieu d'être concave, et ne peut pas d'ailleurs se confondre.

Localités : Saint-Fortunat, Ville-sur-Jarnioux, Limonest, Génelard, Puget-de-Cuers. *r*.

Explication des figures : Pl. XLIX, fig. 1, *Ostrea irregularis*, de Saint-Fortunat, vue par sa valve operculaire, de grandeur naturelle ; fig. 2, la même, de Génelard, vue de profil ; fig. 3, la même, vue intérieure de la grande valve. De ma collection.

Anomya striatula (Oppel).

(Pl. XLIX, fig. 13 et 14.)

1856. Oppel, *Die Juraformation*, p. 227.
1865. Terquem et Piette, *Lias inférieur*, p. 113, pl. 14, fig. 5.

Dimensions : Longueur, 22 millim.; largeur, 21 millim.; épaisseur, 10 millim.

Cette anomie, très-bombée, est uniformément couverte de petites stries rayonnantes très-fines, très-serrées, un peu irrégulières, disposées par séries concentriques et changeant chaque fois de direction ; la surface n'est point régulière, mais descend des crochets en formant des ondulations irrégulières qui n'ont pas d'action sur le mouvement des stries. Le grossissement, fig. 4, ne réussit pas à rendre les ornements si remarquables de cette coquille dont le test, toujours conservé, est d'une grande

beauté ; elle paraît fort abondante à la carrière de la Balme, à la
Meillerie, et sa taille varie peu.

MM. Terquem et Piette la décrivent de la zone à *Ammonites
Bucklandi* ; il paraît qu'elle se montre à plusieurs niveaux différents, car j'en ai un exemplaire de Bourgogne qui est accolé à
une ammonite du lias moyen.

Localités : La Meillerie, carrière de la Balme.

Explication des figures : Pl. XLIX, fig. 13, *Anomya
striatula*, de la Meillerie ; fig. 14, grossissement d'une portion du test. De la collection de M. A. Falsan.

Terebratula (WALDHEIMIA) **Cor** (LAMARCK).

(Pl. XLIX, fig. 11 et 12.)

1819. Lamarck, *Anim. sans vert.* 2e éd., 7e vol., p. 336.
1850. D'Orbigny, *Terebratula Causoniana, Prodrome sinémurien*,
    n° 157.
1863. E. Deslongchamps, *Paleont. franç. Jurass.* pl. 9, 10, 11.

Coquille des plus variées dans sa forme, sans dépasser cependant les limites qui caractérisent l'espèce ; c'est surtout l'épaisseur
de la coquille qui montre, quelquefois, des différences étonnan-
tes ; pour donner une idée de ces oscillations, j'ai fait figurer,
pl. XLIX, fig. 12, un échantillon de Saint-Denis-de-Vaux, vu par
les crochets, qui est absolument globuleux ; c'est la limite extrême
et fort rare, du reste, du renflement de l'espèce. La figure 11,
même planche, représente un échantillon de Borgy, fortement
cornu et d'une forme singulière.

M. E. Deslongchamps, parlant des déformations accidentelles
des térébratules, mentionne une *Terebratula numismalis* de
l'Ecole des mines et dont il donne le dessin pl. 5, fig. 14 ; on y
voit une petite dépression circulaire, très-symétrique, et deux
grands lobes latéraux soudés et réunis. Il faut que la cause de ce

genre de déformation, quelle qu'elle soit, soit assez générale et régulière dans les effets qu'elle produit, car je possède une *Tereb atula cor*, de Saint-Fortunat, qui reproduit exactement la forme singulière de l'accident figuré par M Deslongchamps.

Localité : Partout. *r*. Dans toute l'épaisseur de la zone, mais plus abondante dans les couches inférieures.

Explication des figures : Pl. XLIX, fig. 11, *Terebratule cor*, de Borgy, forme cornue, de grandeur naturelle; fig. 12, le même, de Saint-Denis-de-Vaux, forme globuleuse, vue par les crochets. De ma collection.

Terebratula punctata (SOWERBY).

1812. Sowerby, *Miner. Conch.*, pl. 15, fig. 4.
1851. Davidson, *Paleontographica*, pl. 6, fig 4. à 6.

Cette térébratule est assez répandue dans toute la zone, quoiqu'elle se montre en nombre infiniment moindre que la *Terebra tula cor*.

Quelques exemplaires sont assez allongés et étroits, d'autres se rapprochent de la forme de la *Terebratula Sinemuriensis*.

Localités : Saint-Fortunat, Saint-Cyr, Poleymeux, Dardilly, Limonest, Pommiers, Lournand, Sarry, Pouilly, Lous-le-Saunier. *c*.

Terebratula Sinemuriensis (OPPEL).

(Pl. XLIX, fig. 4.)

1853. Oppel, *Die Juraformation*, p. 227.
1861. Oppel, *Ueber die Brachiopoden des untern Lias*, pl. 10, fig. 2.

Dimensions : Longueur, 35 millim.; largeur, 28 millim.; épaisseur, 17 millim.

Coquille ovale; les deux valves également et médiocrement

bombées ; commissure des valves sans inflexion ; forme de la région palléale carrée arrondie, crochet petit, peu recourbé ; foramen petit, deltidium caché.

Forme rapprochée de la *Terebratula punctata*.

Localité : Saint-Fortunat. *r*. Dans les couches à *Ammonites oxynotus*.

Explication des figures : Pl. XLIX, fig. 4, *Terebratula Sinemuriensis*, de Saint-Fortunat, de grandeur naturelle. De ma collection.

Spiriferina Walcotti (SOWERBY, spec.).

(Voir dans la zone inférieure, page 81.)

Cette spiriferina, souvent de très-grande taille, est plus répandue que les autres, surtout dans les couches inférieures de la zone.

Localités : Saint-Cyr, Saint-Fortunat, Limonest, Pommiers, Saint-Didier, Cogny, Saint-Denis-de-Vaux, Sarry, Jambles. *c*.

Spiriferina rostrata (SCHLOTHEIM, spec.).

(Pl. XLIX, fig. 17.)

1822. Schlotheim, *Terebratulites rostratus. Petref. Nachtr.*, pl. 16.

La *Spiriferina rostrata*, que l'on trouve beaucoup plus abondante dans le lias moyen, se montre cependant quelquefois dans la zone de l'*Ammonites oxynotus* ; on la rencontre assez souvent, mais rarement en bon état, dans le Mont-d'Or. Généralement, elle est globuleuse et couverte de stries d'accroissement fortes et

serrées; l'échantillon dessiné pl. XLIX, fig. 17, vu du côté de la
grande valve, donne une idée de cette variété.

Localités : Saint-Fortunat, Berzé-le-Châtel, Dracy, Pannessières.

Explication des figures : Pl. XLIX, fig. 17, *Spiriferina
rostrata*, de Saint-Fortunat, de grandeur naturelle. De ma
collection.

Spiriferina Hartmanni (ZIETEN, spec.).

(Pl. XLIX, fig. 15 et 16.)

1838. Zieten, *Delthyris Hartmanni, Würtembergs*, pl. 38, fig. 1.
1862. E. Deslongchamps, *Spiriferina Hartmanni, Bull. Soc. lin.
de Normandie*, pl. 2, fig. 10 et 11.

Cette espèce est rare dans la zone supérieure du lias inférieur.

Le magnifique échantillon, de Saint-Fortunat, représenté
pl. XLIX, fig. 15 et 16, est recouvert partout de cicatricules
laissées par de très-petites épines; l'area, très-grande, est bien
limitée par un espace lisse sans ponctuation; l'ouverture très-
grande; la petite valve très-bombée; les plis latéraux, au nombre
de 10 au moins de chaque côté, sont très-faiblement marqués.

Des lamelles d'accroissement nombreuses forment, au-dessus
et au-dessous de la commissure des valves. des franges ondulées
du plus joli effet.

Cette espèce, signalée par M. Deslongchamps dans le lias
moyen inférieur, a été recueillie à Saint-Fortunat, dans les couches qui sont immédiatement au-dessous où pullule l'*Ammonites raricostatus*.

Localité : Saint-Fortunat. *rr.*

Explication des figures : Pl. XLIX, fig. 15, *Spiriferina
Hartmanni*, de Saint-Fortunat, de grandeur naturelle.
Fig. 16, valve perforée, de la même, vue du côté de l'ou-
verture, grossie deux fois. De ma collection.

Spiriferina pinguis (ZIETEN, spec.).

1838. Zieten, *Delthyris pinguis, Würtembergs*, pl. 38, fig. 5.
1851. Davidson, *Spirifer rostratus, paleontographica*, pl. 2.

La variété la plus répandue est celle figurée dans le mémoire de Davidson, pl. 2, fig. 7, 8 et 9.

Localités : Saint-Fortunat, Sarry, Pouilly.

Rhynchonella oxynoti (QUENSTEDT).

1852. Quenstedt, *Handbuch der Petrefaktenkunde*, p. 451, pl. 36, fig. 4 et 5.

Petite espèce très-abondante à tous les niveaux de la zone, mais surtout avec l'*Ammonites oxynotus*.

Généralement, elle porte trois plis dans le sinus, quelquefois, mais rarement, deux ou quatre ; elle me paraît difficile à distinguer de la *Rhynchonella variabilis*, jeune.

Localité : Partout. *cc.*

Rhynchonella plicatissima (QUENSTEDT).

1852. Quenstedt, *Handbuch d. P.*, pl. 36, fig. 3.

Un peu plus grande que la *Terebratula oxynoti*, elle porte un assez grand nombre de plis, se rencontre peu souvent.

Localités : Saint-Fortunat, Sarry, Nolay, Puget-de-Cuers. *r.*

Rhynchonella variabilis (Schlotheim, spec.).

(Pl. XLIX, fig. 8. 9. 10.)

(Voir dans la zone inférieure, page 80.)

Répandue dans toute la zone supérieure, elle y est plus commune que dans la zone de l'*Ammonites Bucklandi ;* sa taille est assez variable.

La curieuse variété que je fais dessiner pl. XLIX, fig. 8, 9 et 10, et que j'inscris sous le nom de *Rhynchonella variabilis*, me semble mériter une place à part : sa forme triangulaire, ses plis volumineux et inégaux et surtout le limbe très-net, très-large, très-rigoureusement vertical qui l'entoure sur les côtés et sur le front, me paraissent l'éloigner des variétés les plus exagérées de la *Rhynchonella variabilis :* ce n'est pas, du reste, une forme accidentelle, j'en ai plusieurs exemplaires très-semblables et d'une taille un peu moindre. Je ne connais cette variété que de Saint-Fortunat.

Localité : Partout. *c.*

Explication des figures : Pl. XLIX, fig. 8, 9 et 10, *Rhynchonella variabilis*, variété extrême, de Saint-Fortunat, de grandeur naturelle. De ma collection.

Serpula Etalensis (Piette, spec.).

(Pl. XLIX, fig. 21 et Pl. L, fig. 3 et 4.)

1856. Piette, *Ancyloceras Etalense, Bull. soc. géol,* 2ᵉ série, t. 13, pl. 10, fig. 24.
1857. E. Dumortier, *Serpula Branoviensis , note sur quelques fossiles. Ann. des sci. phys. de Lyon,* p. 224, pl. 10, fig. 4 à 8.

Ce n'est que très-rarement que l'on rencontre cette jolie serpule dans le lias inférieur, tandis qu'elle est d'une abondance extrême dans la partie supérieure du lias moyen, pour certaines régions du bassin du Rhône.

Si j'avais pu conserver quelques doutes sur le niveau de mes échantillons, le mémoire de MM. Terquem et Piette, sur le lias inférieur de l'est de la France, les ferait cesser ; j'y vois, en effet, que la *Serpula Etalensis* est assez abondante dans les grès à *Belemnites acutus* de Chilly et d'Etales, dès lors les échantillons que m'ont fournis les calcaires du même niveau sont bien vraiment à leur place.

Le spécimen de Nolay, figuré pl. L, fig. 3 et 4, montre une disposition particulière, dans l'arrangement des anneaux l'ornement ; on voit que ces anneaux sont inégaux et qu'après cinq anneaux ordinaires, il y en a un plus élevé, qui les dépasse notablement, sans que les distances qui les séparent soient modifiées. L'échantillon de Drevain, pl. XLIX, fig. 21, montre une tendance à la même irrégularité, mais les côtes dominantes sont plus larges et plus fortes, et les autres, au contraire, moins espacées et moins apparentes.

Faut-il voir dans ces changements une raison pour séparer l'espèce de la serpule du lias moyen supérieur ? C'est ce que des observations plus multipliées permettront de décider.

Localités : Nolay, Sainte-Hélène, Drevain. *rr.*

Explication des figures : Pl. XLIX, fig. 21, *Serpula Etalensis*, de Drevain, grossie 2 fois, collection de M. Pellat : pl. L, fig. 3, la même, de Nolay, de grandeur naturelle, fig. 4, la même, grossie 2 fois. De ma collection.

Serpula quinquesulcata (MÜNSTER IN GOLDFUSS).

(Pl. XLIX, fig. 18 et 19.)

Goldfuss, *Petrefacta*, p. 226, pl. 67, fig. 8.

Dimensions : Longueur, 13 à 14 millim. ; diamètre, 2 mill.

Petite coquille tubulaire, légèrement recourbée, portant 5 carènes obtuses ; la surface paraît lisse et présente des étranglements ou rétrécissements irréguliers ; la coquille est assez épaisse ; l'ouverture est parfaitement ronde.

Cette petite serpule remplit une couche entière d'un calcaire blanc jaunâtre subcristallin, au-dessous de l'*Ammonites oxynotus*, mais rien n'est plus rare que de pouvoir recueillir un spécimen détaché : le plus souvent on peut observer seulement la coupe oblique ou transverse de la coquille dans les cassures du calcaire.

Localités : Saint-Fortunat, Saint-Cyr, Saint-Germain.

Explication des figures : Pl. XLIX, fig. 18, *Serpula quinquesulcata*, de Saint-Fortunat, grossie 4 fois ; fig. 19, coupe en travers de la même. De ma collection.

Serpula composita (Nov. spec.).

(Pl. XLIX, fig. 20.)

Testa elongata, subrecta, cylindracea, irregulariter quasi tubulorum fragmentis composita.

Tube cylindrique assez gros, dont le diamètre peut dépasser 5 millim. ; arrondi, muni de lignes d'accroissement régulières, puis d'autres lignes plus saillantes, très-nettes, qui donnent à la coquille le même aspect que si elle était formée de fragments de tubes rajustés à la suite les uns des autres, souvent avec une très-légère déviation de l'axe.

Localités : Lournand, Pouilly. r.

Explication des figures : Pl. XLIX, fig. 20, *Serpula composita*, de Pouilly, de grandeur naturelle. De ma collection.

Talpina mandarini (Nov. spec.) (1).

(Pl. L, fig. 6.)

En supposant que le fragment que j'ai fait représenter P. L., doive les petits rameaux dont il est couvert à une cause analogue à celle qui a sillonné la surface des bélemnites de la craie de *Rugen*, je crois être très-rapproché de la vérité : les contours capricieux des petites perforations cylindriques, sur un diamètre toujours parfaitement égal, m'ont paru remarquables et former une espèce différente de celle établie dans le lias inférieur, par MM. Terquem et Piette ; ces canaux se replient de mille manières en imitant les contours bizarres de l'alphabet chinois.

Le fossile qui sert de support à la *Talpina mandarini* est un beau fragment de l'*Ammonites Æduensis*, de Saint-Fortunat, qui n'est cependant qu'un moule intérieur. Les perforations ont été probablement creusées dans la couche intérieure de la coquille.

Localité : Pl. L, fig. 6, *Talpina mandarini*, de Saint-Fortunat, grossie deux fois. De ma collection.

Pentacrinus tuberculatus (MILLER).

(Pl. L, fig. 9, 10, 11, 12, 13.)

1821. Miller, *Crinoïdes*, p. 64, fig. 1 et 2.

J'ai fait figurer les formes que l'on rencontre le plus ordinairement ; la portion de tige comprend le plus souvent 14 à 16 articles cohérents ; elle ne s'élève pas verticalement, mais en s'ar-

(1) Le genre talpina a été établi en 1840 par Hagenow, pour les petits canaux, d'origine organique, qui couvrent souvent les bélemnites : *Neues Jahrbuch für miner*. Jahrg. 1840, p. 670.

rondissant suivant un rayon quelquefois assez court ; d'autrefois cependant la courbure de la tige est nulle ; les articulations des verticilles laissent une empreinte ovale, assez allongée ; la tranche des articles est couverte partout de petites protubérances régulières ; on voit souvent les articles varier en épaisseur, en suivant une combinaison régulière ; ainsi, après 3 articles également épais, on en compte un quatrième plus fort et ainsi de suite.

Les portions de tiges, qui s'élèvent verticalement, sans courbure, sont composées d'articles plus épais relativement.

Le *Pentacrinus tuberculatus* est un des fossiles les plus important de la zone supérieure. Il commence tout à coup à se montrer avec les premiers spécimens du *Belemnites acutus*, dans les couches les plus inférieures, où il accompagne les *Ammonites Davidsoni, lacunatus*, etc. Il se trouve là avec une abondance extraordinaire et c'est un des meilleurs guides pour se reconnaître dans les couches, quelquefois si semblables, minéralogiquement, du lias inférieur.

Localité : Partout. *cc.*

Explication des figures : Pl. L, fig. 9, *Pentacrinus tuberculatus*, de Pommiers, de grandeur naturelle ; fig. 10 et 11, surfaces inférieure et supérieure du même, grossies au double ; fig. 12, tige du même, de Borgy, de grandeur naturelle ; fig. 13, tige de Saint-Fortunat, de grandeur naturelle. De ma collection.

Pentacrinus subsulcatus (Münster in Goldfuss).

1836. Goldfuss, *Petrefacta*, p. 175, pl. 53, fig. 4.

Petite espèce, à angles très-arrondis ; tige composée d'articles égaux et assez épais, dont la surface paraît lisse, mais qui laissent cependant voir, à la loupe, de petites protubérances distribuées sans ordre, empreintes des verticilles elliptiques ; sur face articulaire, ornée d'une étoile à forte saillie, mais peu compliquée, à lobes arrondis ; le contour extrême paraît bordé par une très-petite bandelette lisse ; la surface supérieure des articles ne présente qu'une empreinte effacée sur une surface concave.

Une série régulière de petites dépressions marque les angles rentrants, aux points de contact des articles.

Localité : Saint-Fortunat. *r*.

Explication des figures : Pl. L, fig. 14, tige de *Pentacrinus subsulcatus*, de Saint-Fortunat, grossie 2 fois; fig. 15, surface articulaire du même, grossie 4 fois. De ma collection.

Pentacrinus moniliferus (Münster in Goldfuss).

(Pl. L, fig. 16.)

1841. Goldfuss, *Petrefacta*, p. 175, pl. 53, fig. 3.

Petite espèce à tige pentagonale, les angles arrondis et peu saillants ; les articles, d'une épaisseur uniforme, sont ornés de tubercules très-gros, par rapport au petit diamètre de la tige et au milieu d'une barre horizontale, saillante; de plus, une profonde dépression marque les angles rentrants de la tige.

Les articles fortement denticulés au contact ; surface articulaire...? Empreinte des verticilles parfaitement rondes : ces appendices paraissent se succéder régulièrement à des intervalles très-rapprochés, soit à chaque 8e article de la tige qui compte 25 articles en total.

J'ai recueilli ce beau fragment à Borgy, dans les couches les plus inférieures, en compagnie des *Ammonites Davidsoni, lacunatus*, etc.

Localité : Borgy. *rr*.

Explication des figures : Pl. L, fig. 16, tige de *Penta-*

crinus moniliferus, de Borgy, grossie 3 fois. De ma collection.

Cidaris...

(Pl. L, fig. 5.)

Fragment de radiole cylindrique, mince, garni d'épines rares, saillantes, implantées perpendiculairement et espacées d'une manière arbitraire ; la tige est couverte de fines lignes serrées, longitudinales, microscopiques.

Ce radiole paraît fort rare, je n'ai jamais rencontré dans la zone *Ammonites oxynotus*, d'autres fragments que celui-ci : je me contente d'en donner le dessin et la description, sans le désigner par un nom spécial. Il ne peut se rapporter à aucune des trois espèces que d'Orbigny donne pour le sinémurien, dans le Prodrome.

Localité : Buges (Ain). *rr.*

Explication des figures : Pl. L, fig. 5, fragment de radiole de Buges, grossi deux fois. De ma collection.

Neuropora hispida (TERQUEM et PIETTE).

(Pl. L, fig. 7 et 8.)

(Voir dans la zone inférieure, page 84.)

Le *Neuropora hispida* est très-rare dans la zone supérieure. L'échantillon que j'ai fait figurer pl. L est fort bien conservé et très-grand, je l'ai recueilli à Nolay ; le testier, engagé en partie dans le calcaire, mesure plus de 80 millim. de longueur ; il recouvre sur les deux faces, un débris d'une coquille de grande taille.

Localité : Nolay. *rr.*

Explication des figures : Pl. L, fig. 7, *Neuropora hispida*, grand échantillon de Nolay, de grandeur naturelle ; fig. 8, portion de la surface grossie. De ma collection.

Neuropora mamillata (E. de Fromentel).

(Voir, zone inférieure, page 85.)

Ce bryozoaire, très-répandu dans la zone de l'*Ammonites Bucklandi* et même dans les couches supérieures de l'infrà-lias, se trouve très-rarement dans la zone supérieure ; je ne l'ai rencontré qu'une seule fois dans les couches à *Ammonites oxynotus.*

Localité : Saint-Fortunat. *rr.*

Eryma Jourdani (Nov spec.)

(Pl. L, fig. 1 et 2.)

Grande et belle espèce, connue seulement par le fragment figuré pl. L ; ce fragment est malheureusement fort incomplet. La portion du céphalothorax qui n'est pas cachée par le calcaire, mesure une largeur de 50 millim., la longueur restant inconnue ; toute la surface est ornée de petites épines répandues sans ordre apparent, et qui sont plus fortes et plus grandes dans les parties qui se rapprochent de la carène ; celle-ci paraît fortement comprimée ; probablement cette compression est, en grande partie, accidentelle ; les sillons de la carapace sont très-bien indiqués, mais il est évident que mon échantillon est trop imparfait pour que l'on puisse se faire une idée à peu près exacte du crustacé auquel il appartenait.

M. Woodward a décrit, dans le *Quarterly Journal of the geological Society of London* (vol. 19, p. 318, pl. XI), un crustacé de

Lyme-Régis, sous le nom de *Scaphens ancylochelis*, qui me paraît rapproché du crustacé de Saint-Fortunat.

Il me semble que ce crustacé de Lyme-Régis montre encore un frappante analogie avec le fragment de crustacé de la zone inférieure que j'ai figuré pl. XV, fig. 4.

Localité : Saint-Fortunat. *rr.* Couches de l'*Ammonites oxynotus*.

Explication des figures : Pl. L, fig. 1, *Eryma Jourdani*, de grandeur naturelle, de Saint-Fortunat, vu par côté ; fig. 2, le même fragment vu par dessus. De ma collection.

GÉNÉRALITÉS SUR LES FOSSILES
de la zone à Ammonites oxynotus.

Quand on étudie les fossiles de la zone de l'*Ammonites oxynotus*, le fait qui frappe le plus est la place importante qu'y occupent les ammonites. Le nombre et la variété des espèces, l'abondance de certains types et surtout l'invariable régularité de leurs niveaux méritent de fixer l'attention.

Sous le rapport de la forme, les ammonites de la zone supérieure ne peuvent être rattachées de préférence à aucun type particulier, puisqu'on y rencontre, en même temps, des coquilles à tours nombreux et étroits, pourvues d'ombilics énormes relativement, aussi bien que des espèces entièrement enveloppantes et sans traces d'ombilic ; certaines montrent un dos large et arrondi, tandis que d'autres sont munies de carènes extraordinairement aiguës ; les ornements extérieurs montrent la même variété, depuis la coquille la plus unie, jusqu'à la surface pourvue de la plus riche décoration.

Les gastéropodes, moins rares que dans la zone inférieure, n'ont pas toutefois une grande importance et, sauf quelques pleurotomaires, sont encore des accidents.

Les bivalves méritent davantage de fixer l'attention ; certaines espèces, comme la *Gryphæa obliqua*, occupent une position exceptionnelle par le nombre immense des individus. Les *Pleuromya* arrivent, dans cette subdivision du lias, à leur maximum de développement ; deux coquilles, la *Cardinia philea*, et l'*Hippopodium ponderosum*, en considération de leur forme remarquable et de la sûreté de leur horizon, doivent être notées spécialement.

Les brachiopodes sont ici représentés par des *Spiriferina* et des *Rhynchonella* assez abondantes en individus, mais surtout par la *Terebratula* (*Waldheimia*) *cor*, espèce dont l'importance est capitale.

Les animaux rayonnés, peu répandus et peu variés, comptent cependant une espèce, le *Pentacrinus tuberculatus*, qui ne le cède à aucun des fossiles de la zone pour l'importance et le nombre des individus ; les échinides continuent à faire défaut d'une manière presque absolue.

Si l'on recherche quels sont les fossiles de la zone supérieure, les plus répandus et les plus importants, sans considérer ces fossiles sous un autre point de vue, on arrive à les classer de la manière suivante, en les disposant d'après leur importance relative ; je ne tiens pas compte des espèces connues par des spécimens isolés.

LISTE DES FOSSILES LES PLUS RÉPANDUS
dans la zone de l'Ammonites oxynotus.

Belemnites acutus.
Ammonites stellaris.
Ammonites oxynotus.
Ammonites planicosta.
Ammonites viticola.
Ammonites rarirostatus.
Gryphæa obliqua.
Lima succincta.

Terebratula cor.
Pentacrinus tuberculatus.
Nautilus pertextus.
Ammonites lacunatus.
Ammonites geometricus.
Ammonites Nodotianus.
Ammonites tardecrescens.
Pleuromya striatula.
Cardinia philea.
Lima punctata.
Avicula Sinemuriensis.
Pecten Hehli.
Spiriferina Walcotti.
Rhynchonella variabilis.
Ammonites Davidsoni.
Ammonites Hartmanni.
Ammonites Œduensis.
Ammonites Birchi.
Ammonites Aballoensis.
Pleurotomaria similis.
Hippopodium ponderosum.
Pinna Hartmanni.
Pecten textorius.
Ostrea irregularis.
Terebratula punctata.

Au lieu de rechercher quels sont les fossiles les plus importants et les plus nombreux, si nous voulons signaler ceux qui
sont spéciaux à la zone supérieure et que l'on ne rencontre ni
au-dessous, ni au-dessus, nous aurons, au contraire, l'ensemble
que voici :

LISTE DES FOSSILES CARACTÉRISTIQUES
de la zone à **Ammonites oxynotus**.

Belemnites acutus.
Nautilus pertextus.
Ammonites resurgens.
   —   *Hartmanni.*
   —   *Berardi.*
   —   *Patti.*
   —   *lacunatus.*
   —   *obtusus.*
   —   *stellaris.*
   —   *Œduensis.*
   —   *Landrioti.*
   —   *Locardi.*
   —   *Birchi.*
   —   *Sauzeanus.*
   —   *Victoris.*
   —   *Aballoensis.*
   —   *oxynotus.*
   —   *altus.*
   —   *Driani.*
   —   *Salisburgensis.*
   —   *Sœmanni.*
   —   *Bonnardi.*
   —   *Nodotianus.*
   —   *Pellati.*
   —   *armentalis.*
   —   *Edmondi.*
   —   *Oosteri.*
   —   *planicosta.*
   —   *subplanicosta.*
   —   *tardecrescens.*

Ammonites viticola.
— *raricostatus.*
— *vellicatus.*
— *Ziphus.*
Pleurotomaria gigas.
Pleuromya Toucasi.
Pleuromya cylindrata.
Hippopodium ponderosum.
Myoconcha oxynoti.
Harpax nitidus.
Terebratula cor.

Il est à remarquer que les fossiles de la zone à *Ammonites oxy-notus* ne passent point dans les couches du lias moyen ; la seule exception importante est fournie par la *Gryphœa obliqua*, que l'on retrouve dans la partie inférieure du lias moyen : on peut observer, il est vrai, que les valves y sont un peu plus larges et généralement moins arquées ; il faut excepter aussi quelques *Pleuromya* et quelques espèces qui se propagent sans interruption dans toutes les couches successives du Jurassique inférieur, comme le *Pecten Hehli*, le *Pecten textorius*, la *Lima pectinoïdes*, la *Lima punctata* et quelques autres. Si l'on ne tient pas compte de ces très-rares exceptions, on peut dire que la faune du lias inférieur reste nettement séparée de celle du lias moyen.

Il n'en est pas de même de la zone de l'*Ammonites Bucklandi* ; la faune de la zone de l'*Ammonites oxynotus* fournit un bon nombre de fossiles communs avec celle-ci. Si l'on fait le relevé de ces espèces, qui passent de la zone inférieure à la zone supérieure, on remarque que l'ensemble ne comprend, pour la plus grande partie, que des coquilles bivalves, tandis que les ammonites de chaque zone restent spéciales et cantonnées à leurs niveaux ; il est ainsi curieux de voir les fossiles qui s'élèvent d'une zone à l'autre, se répartir, dans la classe des mollusques, d'une manière si inégale ; on pourrait presque dire, qu'au point de vue des coquilles acéphales, les zones inférieures t supérieures du lias inférieur, ne forment qu'un seul ensemble, où l'on retrouve les mêmes espèces à tous les niveaux, tandis que, si l'on considère les céphalopodes, il n'est pas possible de trouver deux niveaux de la série Jurassique, qui soient plus nettement séparés ; les *Ammonites Scipionianus, geometricus* et *Davidsoni*, passent, il est vrai, de la zone inférieure à la zone supérieure, mais il ne s'agit ici que d'ammonites peu nombreuses et peu importantes ; ce passage ne peut donc compter que pour une très-minime exception.

Les fossiles qui se rencontrent, à la fois, dans les deux zones du lias inférieur sont indiqués dans la liste que l'on trouvera dans le résumé de la partie inférieure, page 90.

Nous avons indiqué que l'épaisseur des couches de la zone à *Ammonites oxynotus*, ne paraissait pas dépasser en moyenne 7 mètres, épaisseur bien peu considérable si l'on considère la quantité et la variété des fossiles que fournit cette division du lias. La zone à *Ammonites Bucklandi*, comme nous l'avons vu, arrive à 13 mètres. On peut donc évaluer l'épaisseur totale du lias inférieur, dans le bassin du Rhône, à 20 mètres environ.

APPENDICE.

Les pages qui précèdent étaient sous presse, lorsque j'ai pu constater la présence, dans notre lias inférieur, de deux fossiles assez importants et dont il ne m'a pas été possible de donner la description à leur place naturelle.

Le premier, qui appartient à la zone de l'*Ammonites Bucklandi* est l'*Ammonites Sinemuriensis*, d'Orbigny ; j'en ai rapporté tout récemment un exemplaire en bon état des carrières du lias inférieur de l'Arbresle (Rhône) ; ces carrières sont situées sur la route de Tarare, en un point très-rapproché de l'Arbresle, au-dessus du four-à-chaux où l'on exploite les calcaires marneux de l'infrà-lias, lieu dit le Font-Devay.

M. Arnould Locard a bien voulu me communiquer, de plus, un autre échantillon de la même espèce, de Saint-Fortunat, voici les dimensions :

Ammonite de l'Arbresle. Diamètre, 130 millim.

Ammonite de Saint-Fortunat,   174 millim.

Les proportions, tout à fait semblables du reste, pour les deux échantillons, donnent :

Largeur du dernier tour, 22/100 ; épaisseur, 23/100 ; ombilic, 59/100.

Ces proportions s'éloignent assez de celles données par d'Orbigny, pour un spécimen de Semur (Côte-d'Or); il faut remarquer pourtant que cet échantillon de Semur n'a qu'un diamètre de 40 millim.

Le nombre des côtes est aussi beaucoup plus grand sur nos échantillons, car, au diamètre de 60 millim., il s'élève à près de 40 ; le nombre des côtes qui se réunissent en haut des tours est à peu près de 20, formant 10 groupes séparés les uns des autres, tantôt par une seule côte, tantôt par deux ou trois.

Cette combinaison de côtes réunies par deux, d'une manière assez irrégulière, du reste, ne paraît pas persister au-delà du diamètre de 100 millim.; l'ammonite alors, dans les deux échantillons que j'ai sous les yeux, prend les côtes simples, régulièrement espacées de l'*Ammonites Bucklandi* ; à 160 millim. de diamètre, ces côtes simples s'élèvent au nombre de 36 environ, sur le dernier tour.

Les tours sont plus épais extérieurement que du côté de l'ombilic ; cependant le grand exemplaire, à 170 millim. semble perdre à son dernier tour cette forme élargie vers le dos. La forme du dos et celle des sillons ne me paraît pas différer de celle des *Ammonites Bucklandi* et *bisulcatus*, les lobes que je ne puis découvrir qu'en partie semblent très-semblables aussi.

On pourrait d'après cela supposer que cette forme, avec côtes régulièrement noueuses et réunies par deux, qui persiste jusqu'au diamètre de 100 millim., n'est qu'une modification assez habituelle, dans le jeune âge, de l'*Ammonites Bucklandi*, c'est l'opinion d'Oppel. (Voyez *Der Juraformatioa*, p. 197.) Pour trancher la question, il faudrait avoir un certain nombre de spécimens de l'*Ammonites Bucklandi*, montrant les tours intérieurs malheureusement rien n'est plus rare que les ammonites de cette espèce dans cet état, car les échantillons ne montrent presque jamais que les tours extérieurs.

Il est à remarquer que toutes les ammonites, des autres niveaux du lias, qui présentent ces côtes irrégulièrement conjuguées, se terminent, dans l'âge adulte, par des ornements très-réguliers et qui n'offrent aucune anomalie.

L'*Ammonites Sinemuriensis*, tout en conservant l'aspect général des *Arietes*, ainsi que les lobes de ce groupe d'ammonites, commence donc, dans la série des temps, cette famille singulière de coquilles, à côtes grossièrement et irrégulièrement réunies, que nous voyons bien plus tard, dans le lias supérieur, prendre une grande importance; famille nombreuse aussi bien en espèces qu'en individus et dont les *Ammonites variabilis*, *Lilli* et *Erbaeucis* fournissent les types les plus répandus.

L'*Ammonites Sinemuriensis* doit être ajoutée sur la liste des fossiles de la zone à *Ammonites Bucklandi* que j'ai donnée pag. 13, aussi bien que sur celle de la page 89, qui comprend les fossiles caractéristiques de la même zone.

Le second fossile dont la présence dans le bassin du Rhône a été constatée après l'impression de la plus grande partie des pages qui précèdent, est un brachiopode que M. A. Locard m'a communiqué tout récemment; c'est une térébratule du lias inférieur de Saint-Fortunat, d'une forme tout à fait remarquable et dont voici la description :

Longueur, 30 millim. ; largeur, 30 millim. ; épaisseur, 18 mill.

Le contour est rond, le crochet est excessivement peu saillant, sans carène anguleuse, le foramen petit ; les deux valves également bombées ; la commissure des valves forme presque une ligne droite, avec un faible mouvement sinueux.

Je l'inscris sous le nom de *Terebratula Jauberti* (E. Deslongchamps) dont elle a tous les caractères, en les exagérant : ainsi, par exemple, dans toutes les figures de cette espèce données par M. Deslongchamps, dans la *Paléontologie française*, il n'y a aucun exemplaire aussi rigoureusement circulaire que la térébratule de

Saint-Fortunat; il n'y en a aucun dont le crochet soit aussi petit relativement, et aussi peu saillant sur le contour de la coquille ; il en résulte que les deux diamètres pris en y comprenant le crochet, sont parfaitement égaux. L'épaisseur la plus grande est au centre, les valves s'abaissent de ce point par une pente égale partout et se réjoignent sur les bords sous un angle aigu et régulier.

La *Terebratula Jauberti*, de Bleymard, que représente la fig. 3, de la pl. 47 de la *Paléontologie française* et qui vient de la partie supérieure du lias moyen, s'éloigne beaucoup de notre variété du lias inférieur, le contour est plus irrégulier et son crochet, avec une carène fortement marquée, est beaucoup plus grand.

Celle de Molina, figurée pl. 48, fig. 1, du lias moyen d'Espagne, est encore plus éloignée de notre type.

Le plus grand nombre de vraies *Terebratula Jauberti*, que je possède, vient des couches les plus inférieures de l'oolite inférieure ; je les ai recueillies à ce niveau, à Cuers (Var), Solliès-Ville, Belgentier, ainsi qu'à Vérinnes, près de Thouars ; ce sont les échantillons de Belgentier qui s'accordent le mieux avec la *Terebratula Jauberti*, de Saint-Fortunat, tout en étant de taille moindre.

Quoiqu'il en soit, la présence de cette forme remarquable est certaine dans la zone supérieure du lias inférieur, soit dans la zone de l'*Ammonites oxynotus*, où elle est caractérisée par un spécimen des plus nets et des moins douteux ; je regrette de ne pouvoir pas en donner le dessin.

Il faudra donc ajouter la *Terebratula Jauberti* à la liste des fossiles de la zone à *Ammonites oxynotus*. Très-rare . Localité, Saint-Fortunat, dans les couches inférieure de la zone.

TABLE ALPHABÉTHIQUE DES FOSSILES

La 1re colonne indique la première partie *infrà lias*, publiée en 1864; la 2me colonne indique la seconde partie *lias inférieur*, c'est-à-dire le présent volume.

Les espèces nouvelles sont précédées d'une astérisque.

TABLE

DE LA SECONDE PARTIE

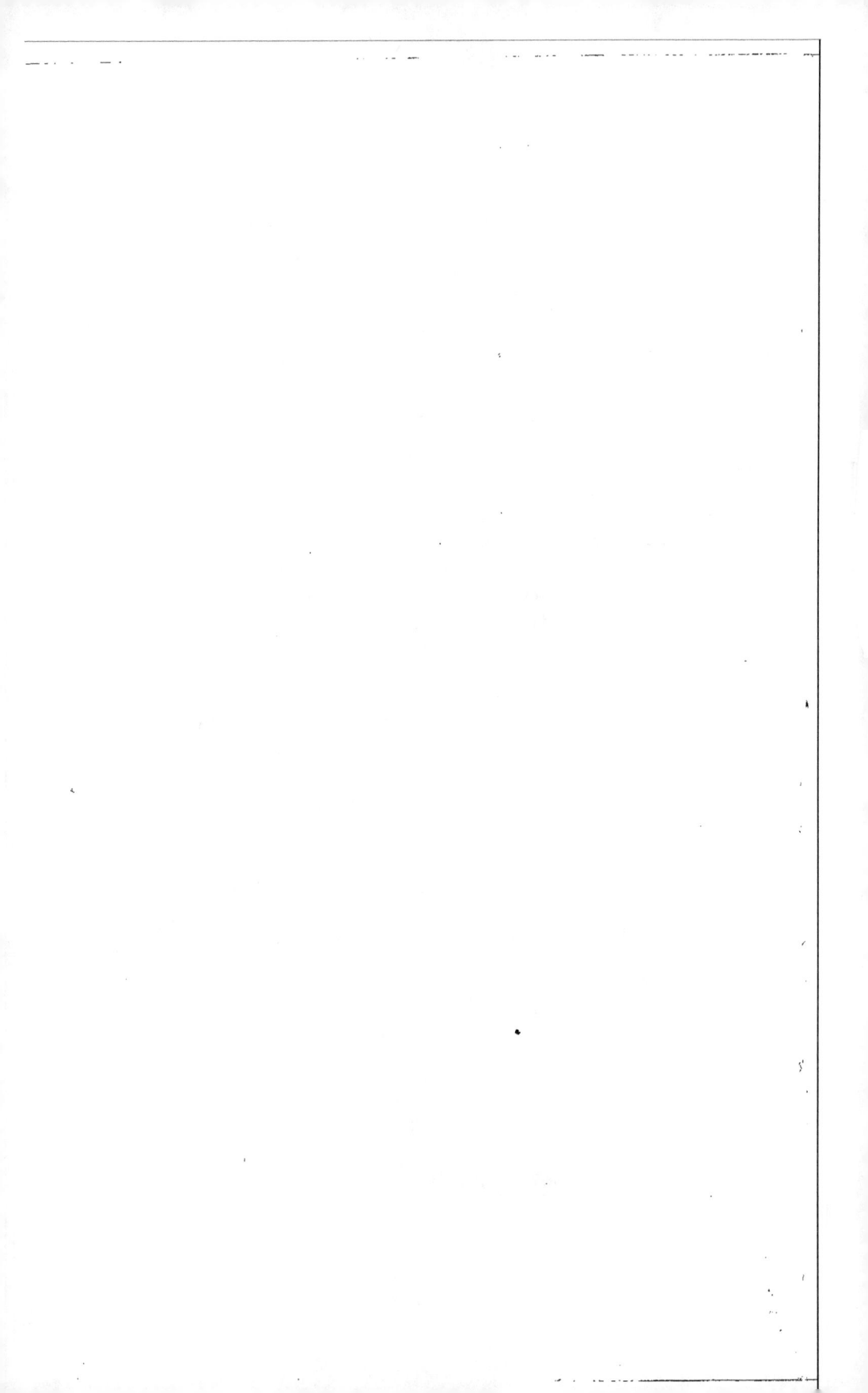

ERRATA

Pages	Lignes	au lieu de	lisez
2.	28.	*augulatus*	*angulatus.*
34.	26.	dessinées	dessinés.
37.	15.	**serebrans**	**terebrans.**
38.	16.	petits sillons	petit sillon.
74.	5.	**Griphœa**	**Gryphœa.**
98.	25.	Couliège	Conliège.
138.	7.	de grandeur naturelle . .	réduite aux 3/4.
143.	23.	les côtes	les cotés.
163.	1.	irrégulières d'abord . . .	irrégulières d'ailleurs
171.	12.	*plano-discoida*	*plano-discoidea.*
182.	2.	*aptichus*	*aptychus.*
195.	1.	**subdonosa**	**subnodosa.**
195.	17.	*sabcalloso*	*subcalloso.*
212.	8.	*minutus*	*minimus.*
212.	16.	*l'hermanni*	*L. Hermanni.*
Pl. X.	7.	Bergy-le-Châtel	Berzé-le-Châtel.
Pl. XXIII.	1.	Laudrioti	Landrioti.

PLANCHE I.

Zone de l'Ammonites Bucklandi.

Fig. 1. 2. 3. **Ichthyodorulite,** page 18.

    1. Ichthyodorulite, fragment de Saint-Fortunat, de gran
    deur naturelle, vu en dessus.

    2. 3. Coupes du même fragment, prises aux points
    marqués *a* et *b* de la fig. 1.

4. 5. 6. **Ammonites aureus** (Nov. sp.) page 23.

    4. Ammonites aureus, de Saint-Fortunat, de grandeur
    naturelle.

    5. Coupe de la bouche.

    6. Lobes grossis 1 fois 1/2.

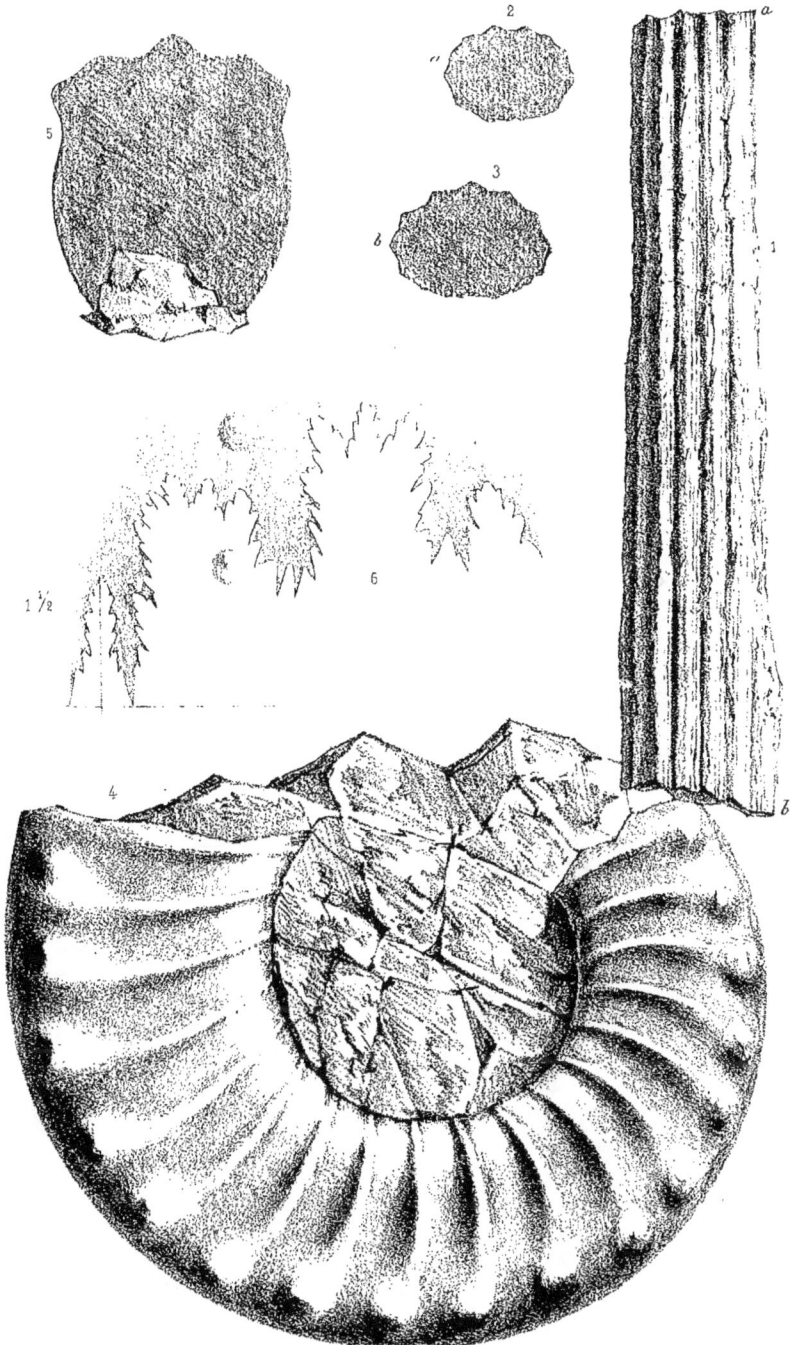

PLANCHE II.

Zone de l'Ammonites Bucklandi.

Fig. 1. 2. **Ammonites bisulcatus** (Bruguière), page 20.

    1. Ammonites bisulcatus, fragment de Sainte-Hélène, de grandeur naturelle.

    2. Vue d'une partie de même fragment, prise en-dessous.

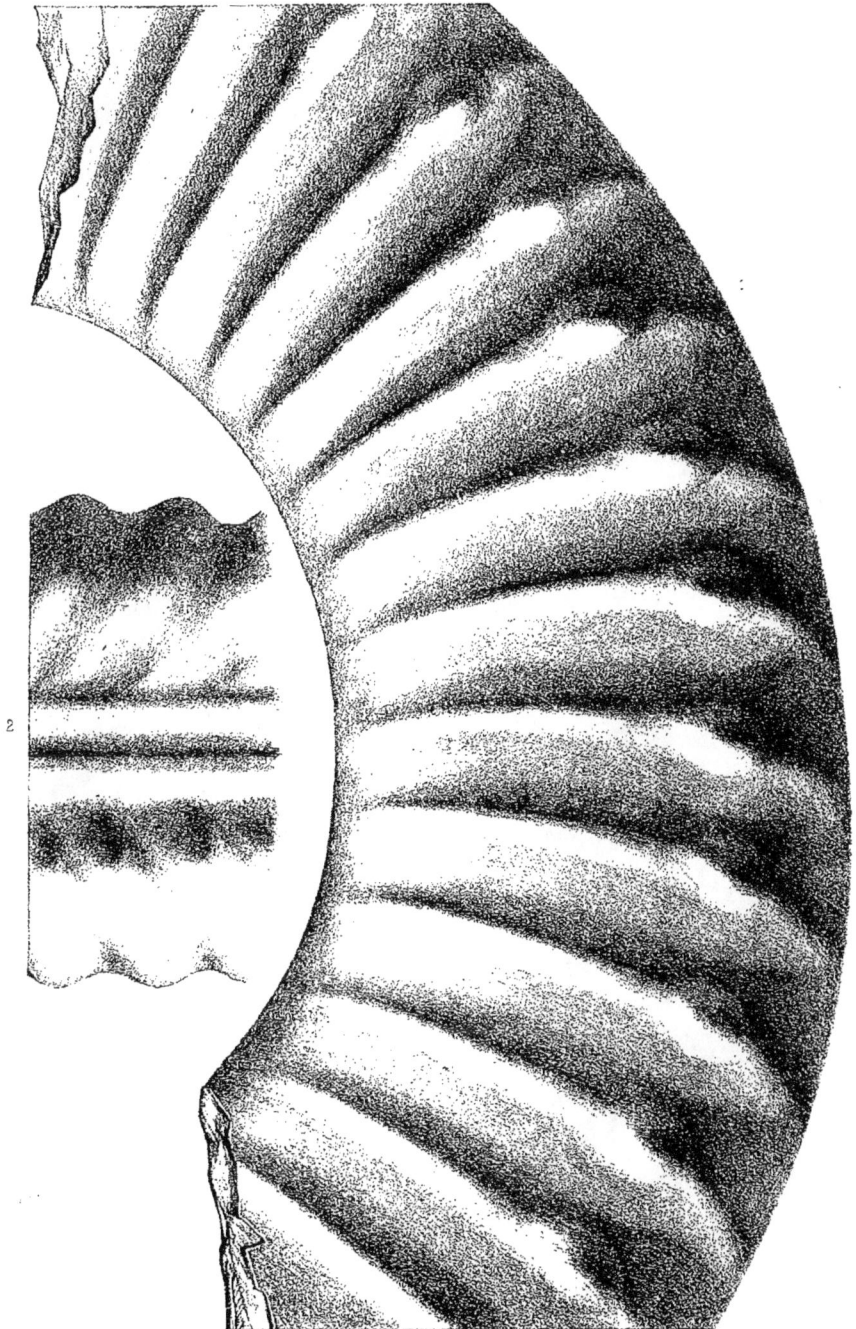

2

PLANCHE III.

Zone de l'Ammonites Bucklandi.

Fig. 1. 2. 3. **Ammonites bisulcatus** (Bruguière), page 20.

    1. Ammonites bisulcatus, de Cogny, de grandeur naturelle.

    2. La même, vue du côté du dos.

    3. Lobes grossis deux fois.

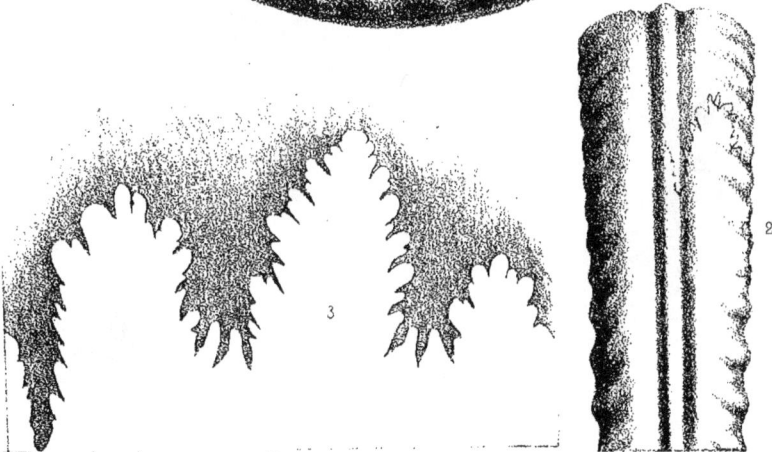

PLANCHE IV.

Zone de l'Ammonites Bucklandi.

Fig. 1. 2. **Ammonites Falsani** (Nov. spec.), page 25.

      1. Ammonites Falsani, de Saint-Fortunat, de grandeur naturelle avec les lobes.

      2. La même, vue en face du côté de la bouche.

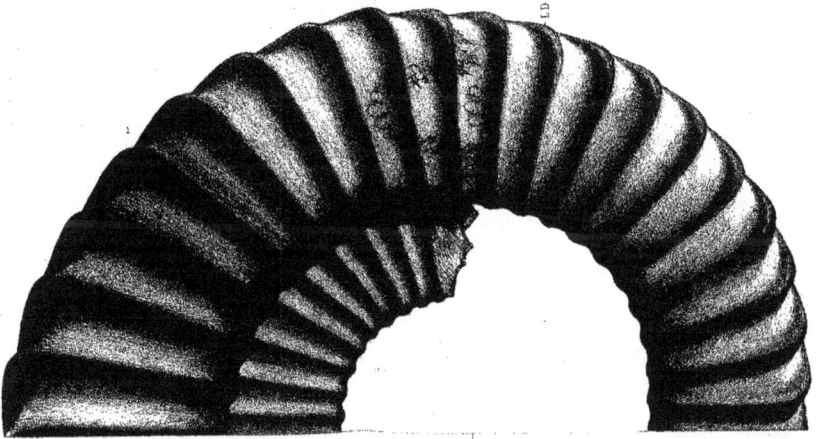

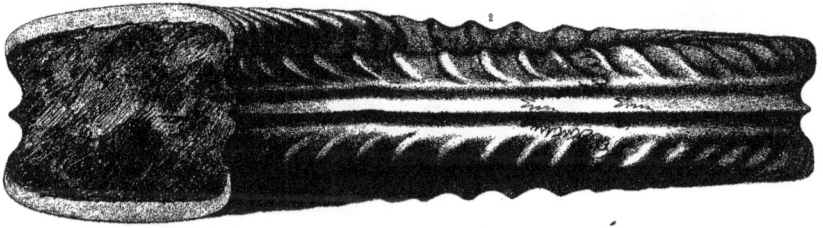

Lyon. Lith. Vᵉ Lépagnez et Fils.

PLANCHE V.

Zone de l'Ammonites Bucklandi.

Fig. 1. 2. **Ammonites Arnouldi** (Nov. spec.), page 27.

    1. Ammonites Arnouldi, de Saint-Fortunat, fragment de grandeur naturelle.

    2. Bouche de la même.

3. 4, 5. **Ammonites Gmündensis** (Oppel), page 24.

    3. Ammonites Gmündensis, fragment de Poleymieux, de grandeur naturelle.

    4. Bouche de la même.

    5. Lobes de la même, de grandeur naturelle.

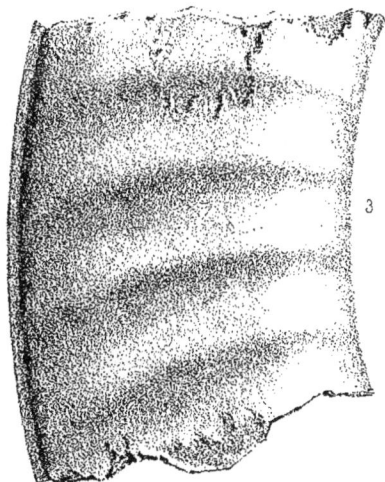

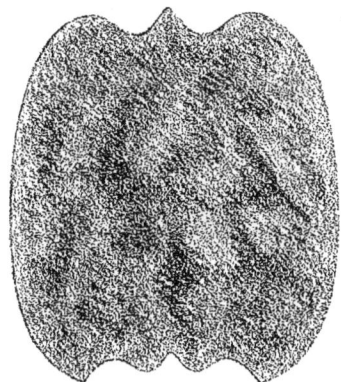

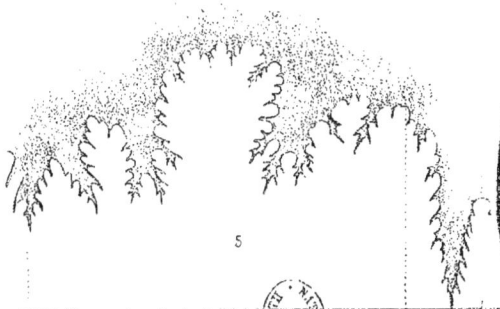

PLANCHE VI.

Zone de l'Ammonites Bucklandi.

Fig. 1 à 6 **Ammonites Arnouldi** (Nov. spec.), page 27.

  1. Ammonites Arnouldi, fragment de Saint-Fortunat, de grandeur naturelle.

  2. Le même, vue par le dos.

  3. Le même, coupe de la bouche.

  4. Le même, vue par dessous.

  5. Ammonites Arnouldi, fragment de Saint-Cyr, de grandeur naturelle.

  6. Le même, coupe de la bouche.

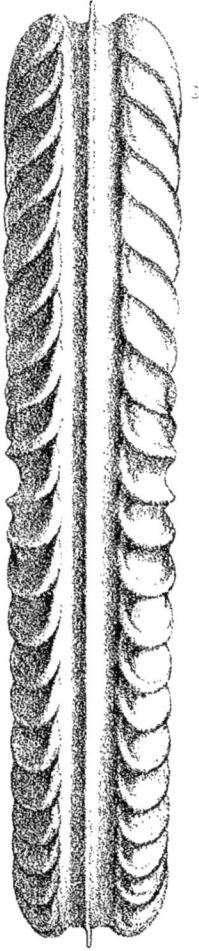

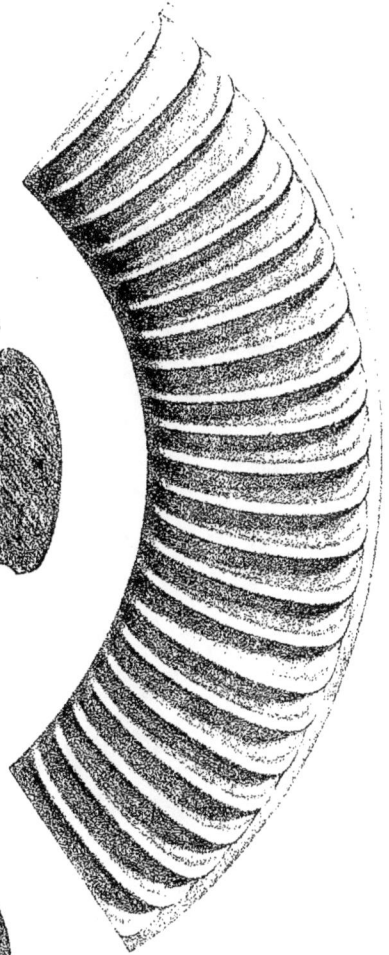

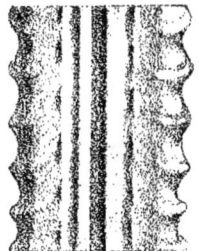

Lyon Lith Vᵉ Lépagnez et Fils.

PLANCHE VII.

Zone de l'Ammonites Bucklandi.

Fig. 1. 2. **Ammonites Gmündensis** (Oppel), page 24.

    1. Ammonites Gmündensis, de Saint-Fortunat, fragment de grandeur naturelle.

    2. Le même, coupe de la bouche.

3 à 8 **Ammonites geometricus** (Oppel), page 31.

    3. Ammonites geometricus, de Saint-Germain, de grandeur naturelle.

    4. La même, vue de face, du côté de la bouche.

    5. Lobes de la même, grossis 2 fois.

    6. La même, de Saint-Fortunat, variété déprimée, de grandeur naturelle.

    7. La même variété, coupe de la bouche.

    8. La même variété, vue par le dos.

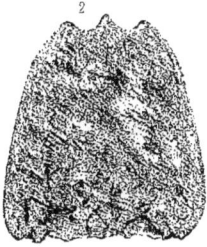

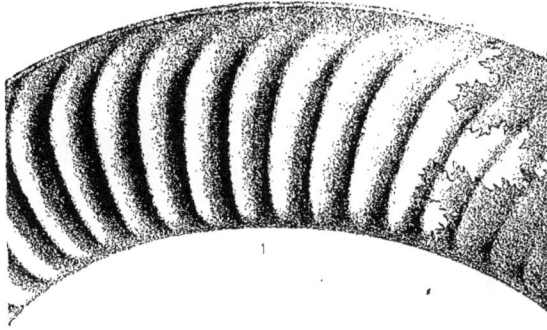

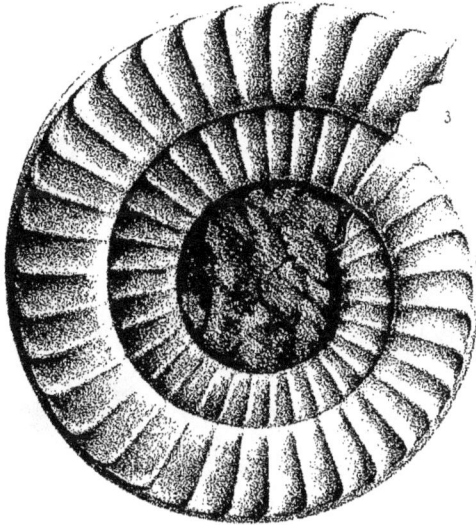

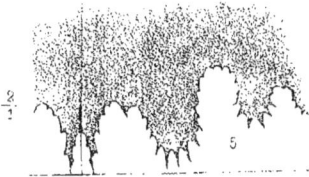

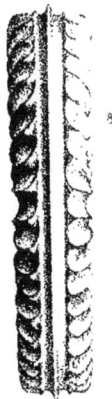

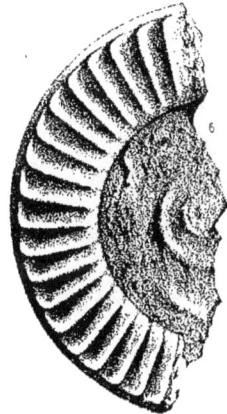

At nat in lap J Bérard   Lyon Lith Vᵉ Lepagnez et Fils.

PLANCHE VIII.

Zone de l'Ammonites Bucklandi.

Fig. 1. 2. **Ammonites Scipionianus** (d'Orbigny), page 33.

      1. Ammonites Scipionianus, d'Avallon, de grandeur naturelle.

      2. Lobes de la même, de grandeur naturelle.

1

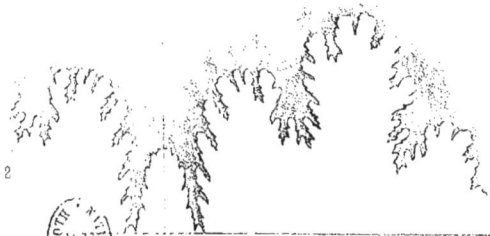

2

Ad nat. in lap J. Bérard   Lyon, Lith. Vᵉ Lépagnez et Fils.

PLANCHE IX.

Zone de l'Ammonites Bucklandi.

Fig. 1. **Ammonites Scipionianus** (d'Orbigny), d'Avallon, de grandeur
naturelle, vu de face, page 33.

2. **Pleurotomaria rotundata** (Münster in Goldfuss), moule de la
Glande, de grandeur naturelle, page 44.

3. **Turritella Meyrannensis** (Nov. Spec.), de Meyranne : fragment de grandeur naturelle, page 36.

4. **Pholadomya Fortunata** (Nov. spec.), de Saint-Fortunat, de
grandeur naturelle, p. 47.

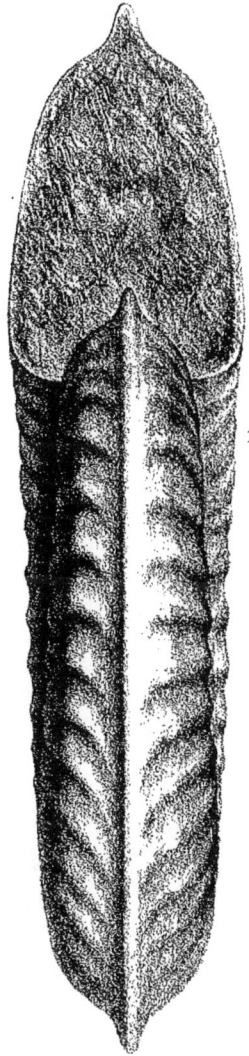

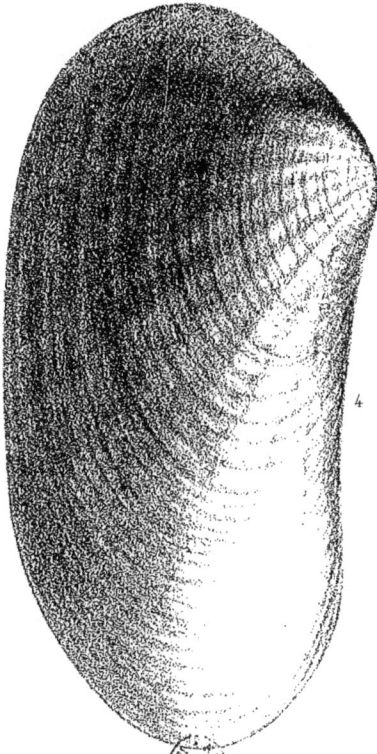

PLANCHE X.

Zone de l'Ammonites Bucklandi.

Fig. 1. 2. 3. **Pleuromya striatula** (Agassiz), page, 49.

    1. Pleuromya striatula, de Saint-Fortunat, de grandeur naturelle.

    2. Autre échantillon de la Glande.

    3. Autre échantillon, de Saint-Sernin.

4. 5. **Cardinia copides** (de Ryckholt), page, 53.

    4. Cardinia copides, moule de Bergy-le-Châtel, de grandeur naturelle, vue du côté des crochets.

6. **Myoconcha scabra** (Terquem et Piette), moule de Saint-Fortunat, de grandeur naturelle, page 60.

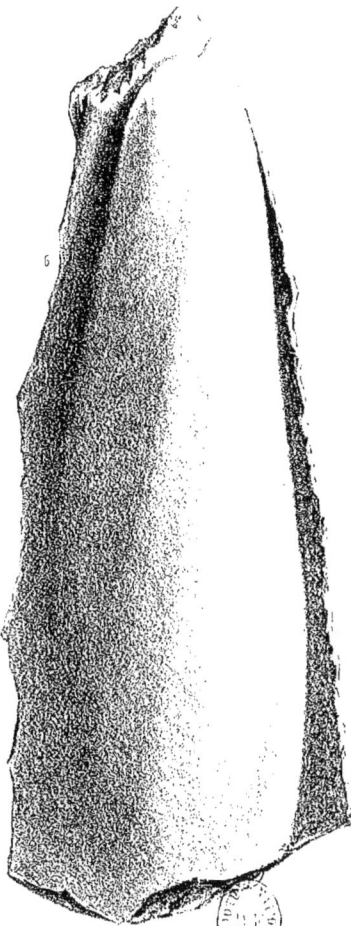

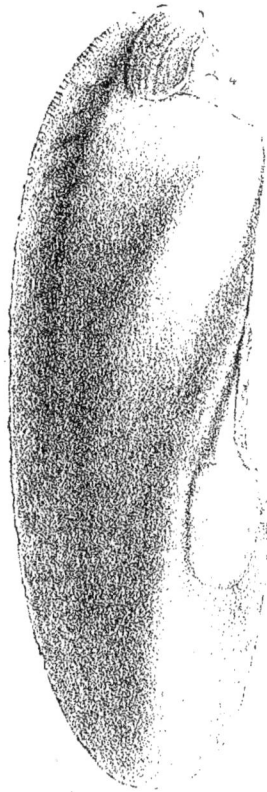

Lyon Lith Vᵉ Lépagnez et Fils.

PLANCHE XI.

(Zone de l'Ammonites Bucklandi.

Fig. 1. 2. **Pinna folium** (Young et Bird), page 59.

    1 Pinna folium, de Saint-Fortunat, réduite à moitié grandeur.

    2. Coupe en travers de la même, de grandeur naturelle, aux points marqués *A* et *B* sur la fig. 1. Les lettres indiquent la direction.

Ainsi in lap J Bérard

Lyon, lith V.te Lépagnez et Fils.

PLANCHE XII.

Zone de l'Ammonites Bucklandi.

Fig. 1. 2. **Mytilus morrisi** (Oppel), de Saint-Fortunat, de grandeur naturelle, page 61.

3. 4. **Perna infraliasica** (Quenstedt), de Cogny, de grandeur naturelle, page 68.

5. 6. **Pecten hehli** (d'Orbigny), page 70.

      5. Pecten hehli, de Saint-Didier, de grandeur naturelle.

      6. Le même, aussi de Saint Didier.

7. **Harpax sarcinulus** (Münster, spec.), de Saint-Cyr, de grandeur naturelle, page 73.

8. 9. 10. **Gryphœa arcuata** (Lamarck), page 74.

      8. Gryphœa arcuata, moule de Saint-Fortunat, de grandeur naturelle, vu par dessus.

      9. Le même, vu par dessous.

      10. Le même, vu de côté.

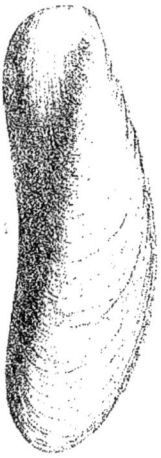
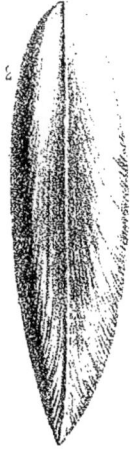
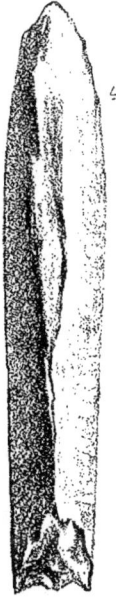
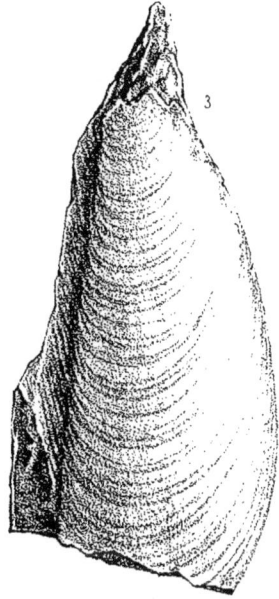
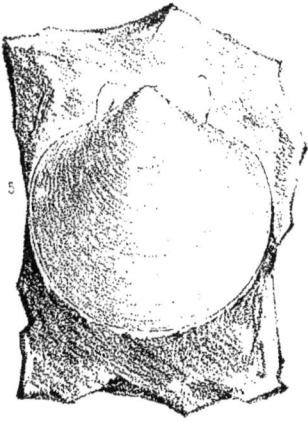

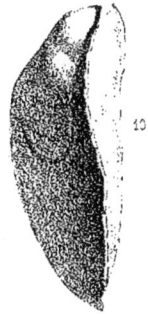
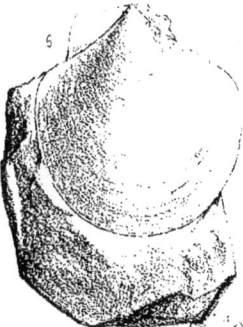
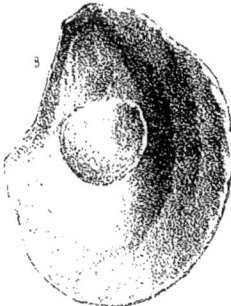
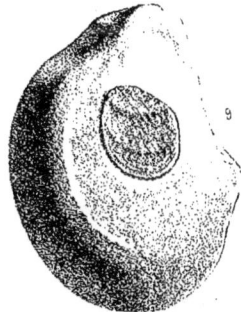

Lyon. Lith Vᵉ Lepagnez et Fils.

PLANCHE XIII.

Zone de l'Ammonites Bucklandi.

Fig. 1. **Pecten textorius** (Schlotheim), de Belmont, de grandeur naturelle, page 71.

2 à 5. **Ostrea irregularis** (Münster), page 77.

2. Ostrea irregularis, de Belmont, vue par dessus, de grandeur naturelle.

3. Même échantillon, vu de profil.

4. Ostrea irregularis, de Ville-sur-Jarnioux, vue par dessus, de grandeur naturelle.

5. La même, de côté et de profil.

6. **Ostrea electra** (d'Orbigny), de Saint-Fortunat, de grandeur naturelle, page 76.

7. 8. **Terebratula subpunctata** (Davidson), de Saint-Cyr, de grandeur naturelle, page 80.

9 à 12. **Terebratula gregaria** (Suess), de la Meillerie, page 79, (probablement de l'infra-lias).

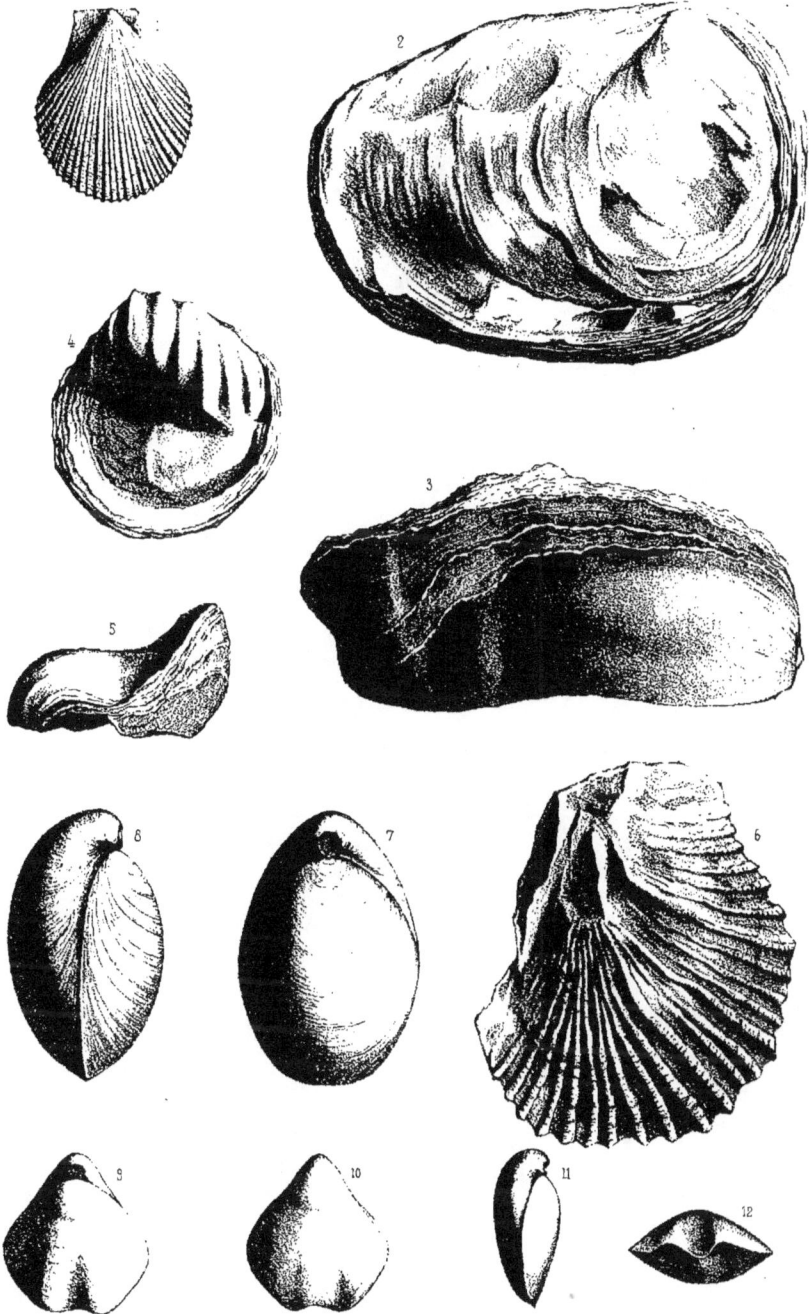

Lyon, Lith. Vᵉ Lépagnez et Fils.

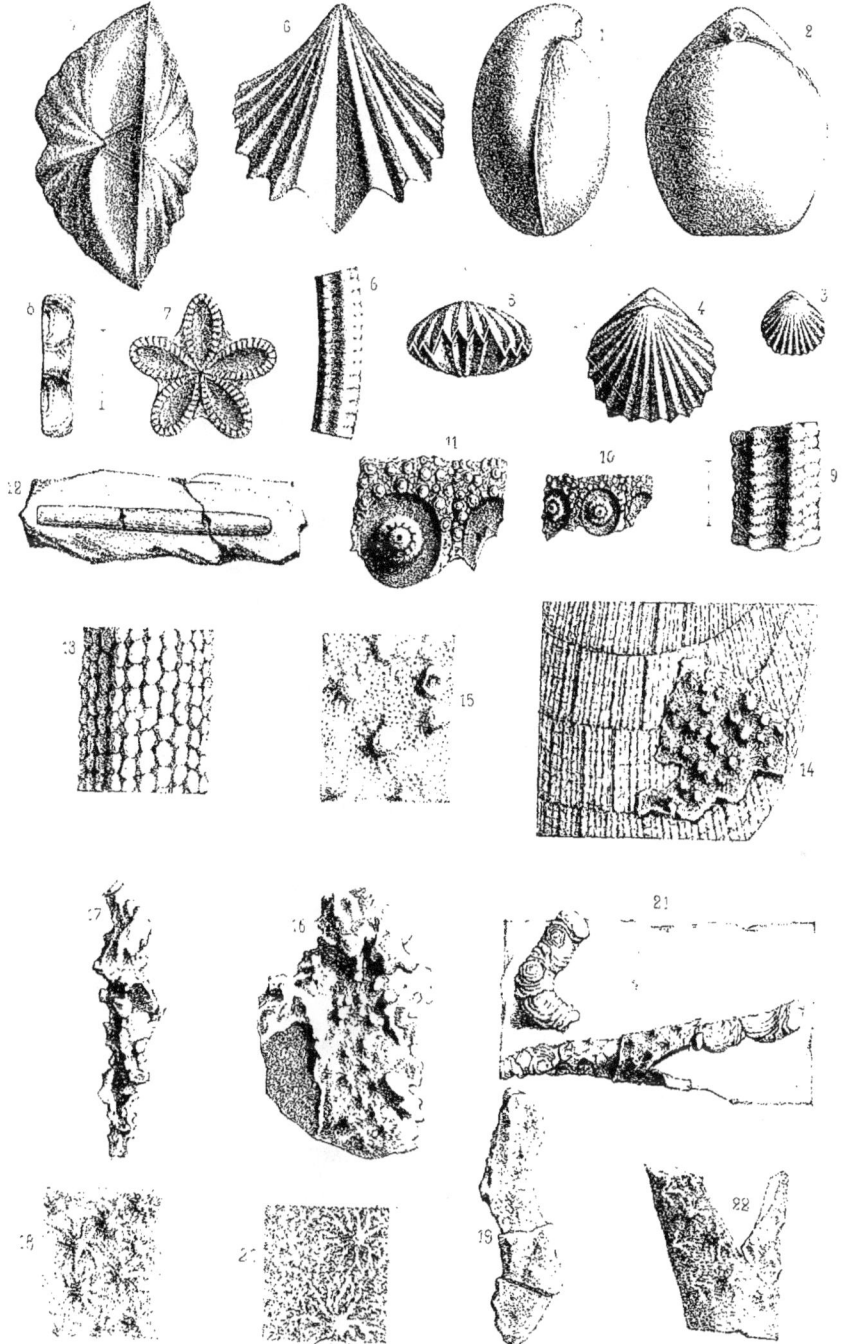

PLANCHE XV.

Zone de l'Ammonites Bucklandi.

Fig. 1. 2. 3. **Eryma Falsani** (Nov. spec.), page 86.

    1. Eryma Falsani, de Saint-Didier, de grandeur naturelle.

    2. 3. Autre fragment, aussi de Saint-Didier, de grandeur naturelle, vu en dessus et en dessous.

Crustacé, de Saint-Fortunat, débris de grandeur naturelle, page 87.

5. 6. **Pholadomya fortunata** (Nov. spec.), de Saint-Fortunat, de grandeur naturelle, vue de côté et de profil, page 47.

7. **Pleuromya liasina** (Schübler, spec.), de Limonest, de grandeur naturelle, page 48.

8. **Avicula sinemuriensis** (d'Orbigny), de Saint-Fortunat, grossie d'un demi-diamètre, page 68.

9. **Ichthyodorulite...** empreinte d'un fragment, de Saint-Fortunat, de grandeur naturelle, page 18.

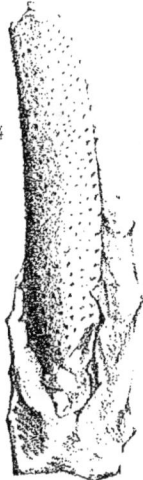

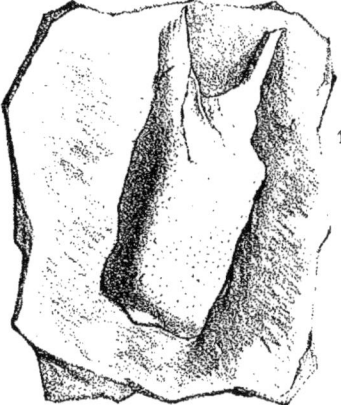

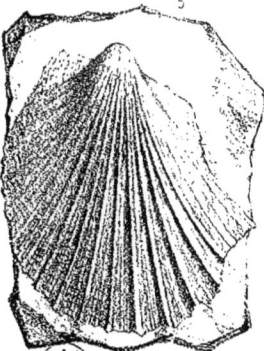

Lyon. Lith. Vᵗ Lepagnez et Fils

PLANCHE XVI.

Zone de l'Ammonites Bucklandi.

Fig. 1. 2. **Turritella geometrica** (Nov. spec.), page. 36.

      1. Turritella geometrica, de Sivry, de grandeur naturelle.

      .2. Détail grossi, de la même.

3. 4. **Trochus geometricus** (Nov. spec.), page 39.

      Trochus geometricus de Sivry, de grandeur naturelle.

      4. Détail de la surface supérieure, grossi.

5. 6. 7. **Phasianella OEduensis** (Nov. spec.), page 41.

      5. Phasianella OEduensis, de Sivry, grossie trois fois.

      6. La même, de Drevain, grossie quatre fois.

      7. Un tour, de la même, fortement grossi.

8. 9. 10. **Pleurotomaria rotellœformis** (Dunker), page 44.

      8. 9. Pleurotomaria rotellœformis, de Drevain, grossi deux fois.

      10. Portion du test, du même, fortement grossi.

11. **Orthostoma terebrans** (Nov. spec.), de Drevain, grossi quatre fois, page 37.

12. **Orthostoma Drevaini** (Nov. spec.), de Drevain, grossi quatre fois, page 38.

13. 14. **Turbo diadematus** (Nov. spec.), de Drevain, grossi six fois, page 40.

15. 16. **Lima stigma** (Nov. spec.), de Drevain, de grandeur naturelle, et portion du test fortement grossi, page 66.

17. 18. **Lima charta** (Nov. spec.), de Drevain, de grandeur naturelle, et portion du test fortement grossi, page 67.

19. 20. **Pleuromya Charmassei** (Nov. spec.), de Sivry, fragment de grandeur naturelle et portion du test fortement grossi, page 49.

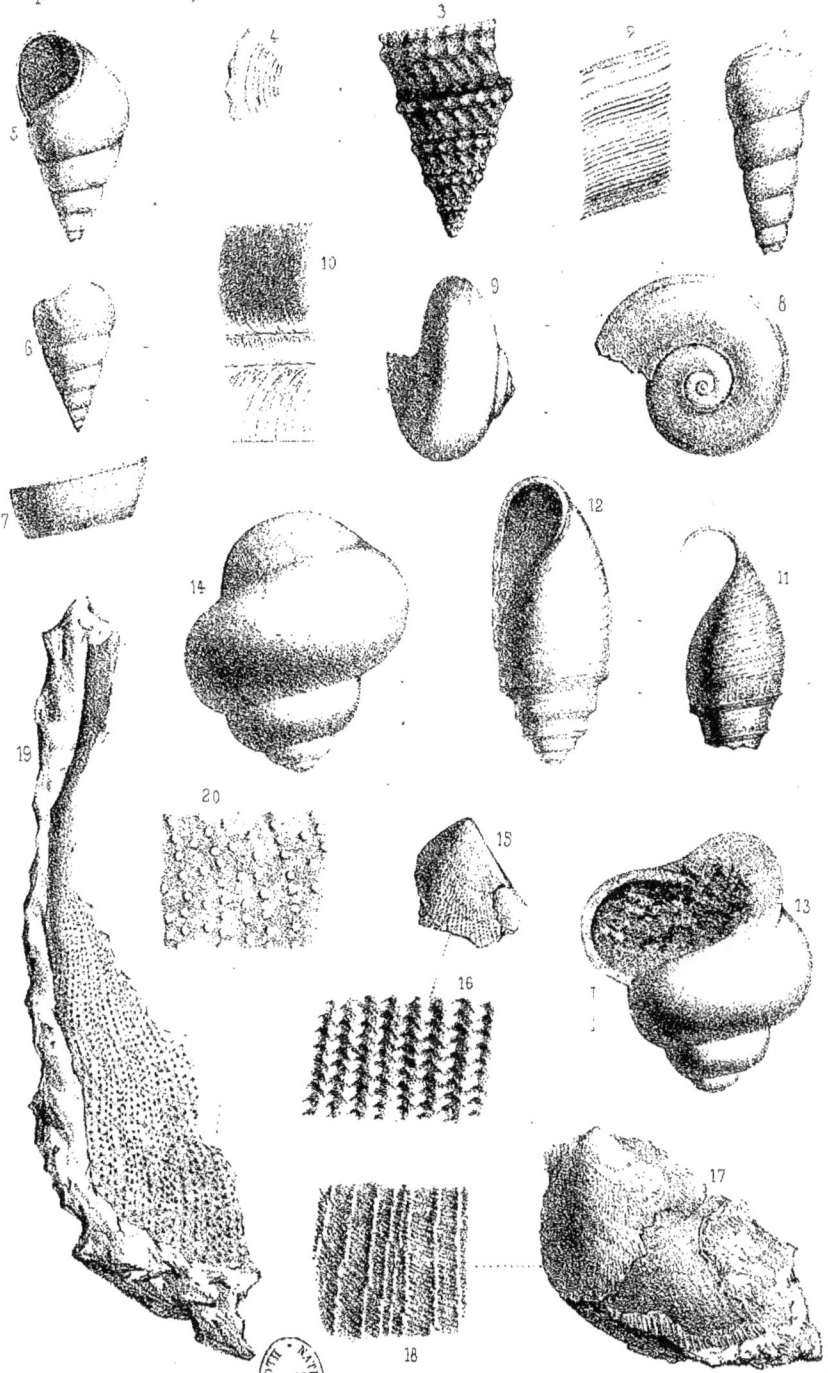

PLANCHE XVII.

Zone de l'Ammonites Bucklandi.

Fig. 1 à 4. **Ammonites Charmassei** (d'Orbigny), page 29.

      1. 2. Ammonites Charmassei, de Drevain, de grandeur naturelle.

      3. 4. La même, aussi de Drevain, de grandeur naturelle.

5. **Goniomya rombifera** (Goldfuss, spec.), de Drevain, de grandeur naturelle, page 52.

6. **Cardinia crasiuscula** (Sowerby, spec.), de Drevain, de grandeur naturelle, page 55.

7. **Myoconcha scabra** (Terquem et Piette), de Drevain, de grandeur naturelle, page 60.

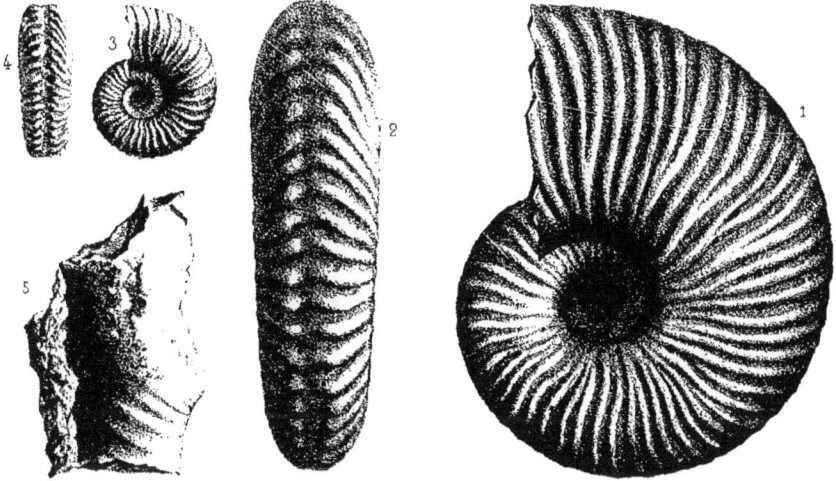

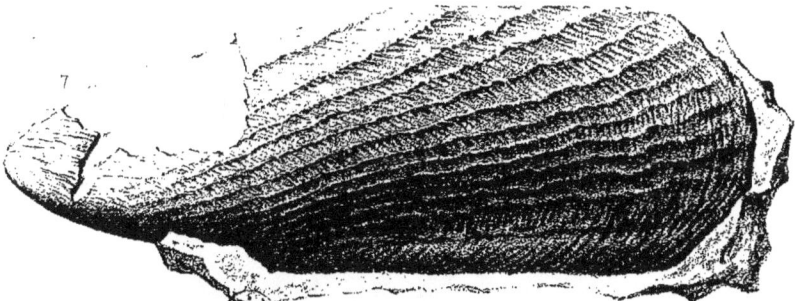

Lyon, Lith. Vᵉ Lépagnez et Fils

PLANCHE XVIII.

Zone de l'Ammonites Bucklandi.

Fig. 1. **Cardinia crassiuscula** (Sowerby, spec.), moule intérieur, de
Drevain, de grandeur naturelle, page, 55.

2. **Perna Pellati** (Nov. spec.), de Drevain, de grandeur naturelle,
page 69.

3. 4. **Pholadomya ventricosa** (Agassiz, spec.), de Drevain, de
grandeur naturelle, page 45.

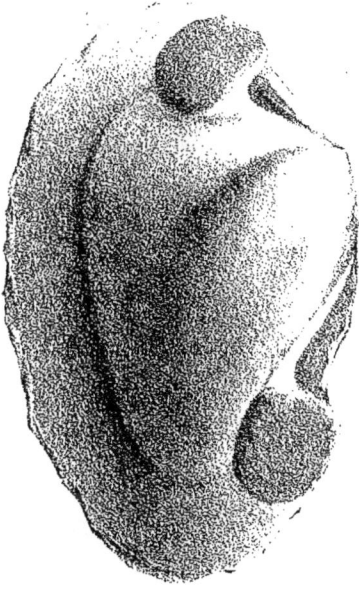

2

4

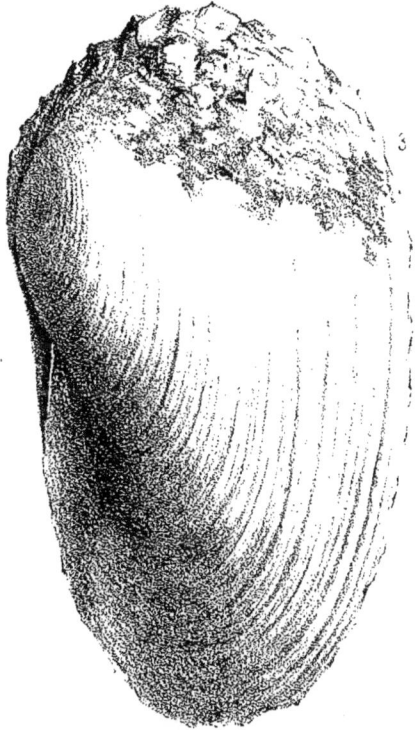

3

PLANCHE XIX.

Zone de l'Ammonites Bucklandi.

Fig. 1. 2. **Cardinia philea** (d'Orbigny), de Drevain, de grandeur naturelle, page 56.

3. **Mytilus glabratus** (Dunker, spec.), de Drevain, de grandeur
naturelle, page 62.

4. **Lucina liasina** (Agassiz, spec.), de Drevain, de grandeur naturelle, page 58.

5. **Ostrea arietis** (Quenstedt), de Drevain, de grandeur naturelle,
page 76.

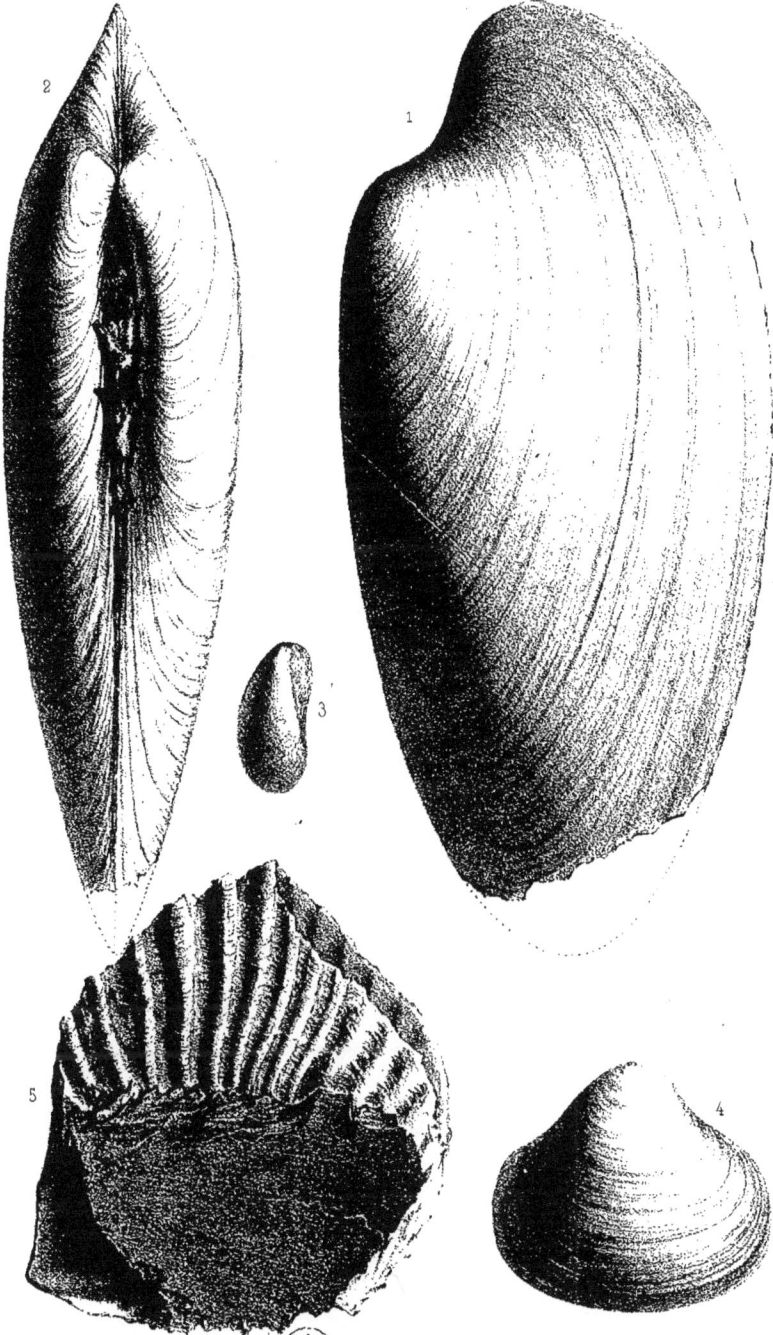

Lyon, Lith Vᵉ Lépagnez et Fils.

PLANCHE XX.

Zone de l'Ammonites Oxynotus.

Fig. 1 à 7. **Nautilus pertextus** (Nov. spec.), page 110.

    1. Nautilus pertextus, fragment de Saint-Fortunat, variété à côtes serrées.

    2. Fragment du même, de Saint Fortunat, variété à grosses côtes.

    3. Autre fragment, vu par le dos.

    4. Autre fragment, aussi de Saint-Fortunat, à stries longitudinales très-rapprochées.

    5. 6. Une cloison, vue de face et de profil.

    7. Exemplaire du même, de Lournaud.

      Tous les dessins de la pl. XX sont de grandeur naturelle.

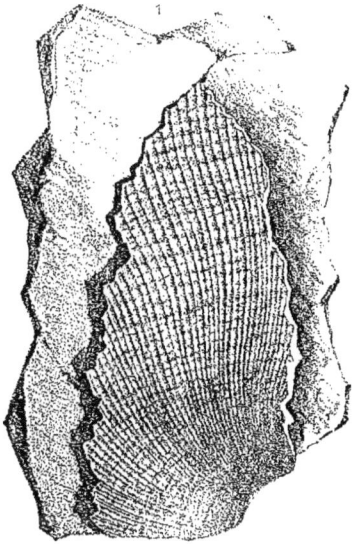

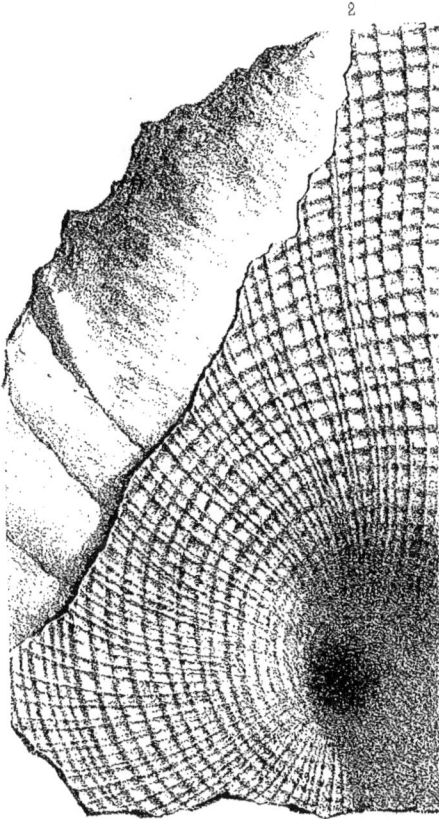

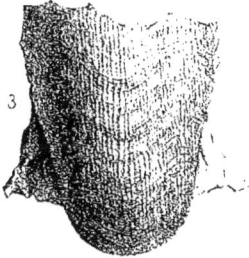

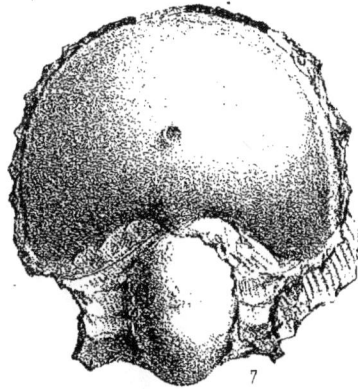

PLANCHE XXI.

Zone de l'Ammonites oxynotus.

Fig. 1. à 4. **Ammonites Davidsoni** (d'Orbigny), page 112.

    1. Ammonites Davidsoni, de Borgy, de grandeur naturelle.

    2. 3. La même, grossie deux fois.

    4. La même, moule grossi deux fois, vu par le dos, de Lournand.

5. 6. 7. **Ammonites Berardi** (Nov. spec.), page 118.

    5. Ammonites Berardi, de Borgy, de grandeur naturelle.

    6. 7. La même, grossie deux fois.

8 à 15. **Ammonites Hartmanni** (Oppel), page 116.

    8. 9. Ammonites Hartmanni jeune, de Clomot, grossie deux fois.

    10. 11. Fragment, de Borgy, grossi deux fois.

    12. 13. La même, de Sivry, grossie deux fois.

    14. 15. Fragment, de Sivry, grossi deux fois.

16. 17. **Ammonites Patti** (Nov. spec.), page 119.

    16. Ammonites Patti, de Borgy, grossie à 3/2.

    17. Coupe de la bouche, de la même

18. 19. 20. **Ammonites lacunatus** (Buckman), de Nolay, de grandeur naturelle, vue de trois côtés différents.

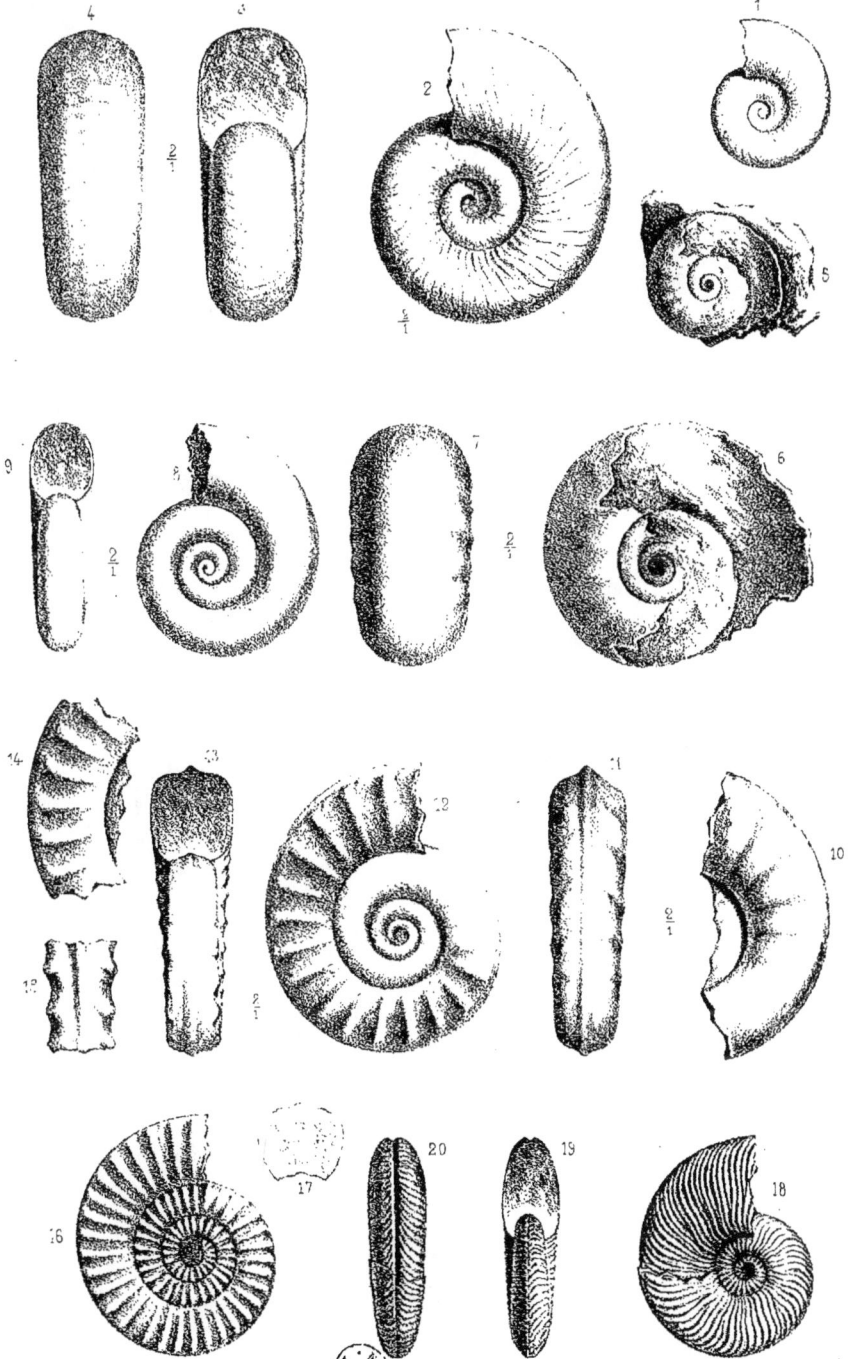

Lyon, Lith.Vᵉ Lépagnez et Fils.

Zone de l'Ammonites oxynotus.

Fig. 1. 2. **Ammonites œduensis** (Desplaces de Charmasse), de Borgy,
réduite aux 2/3.

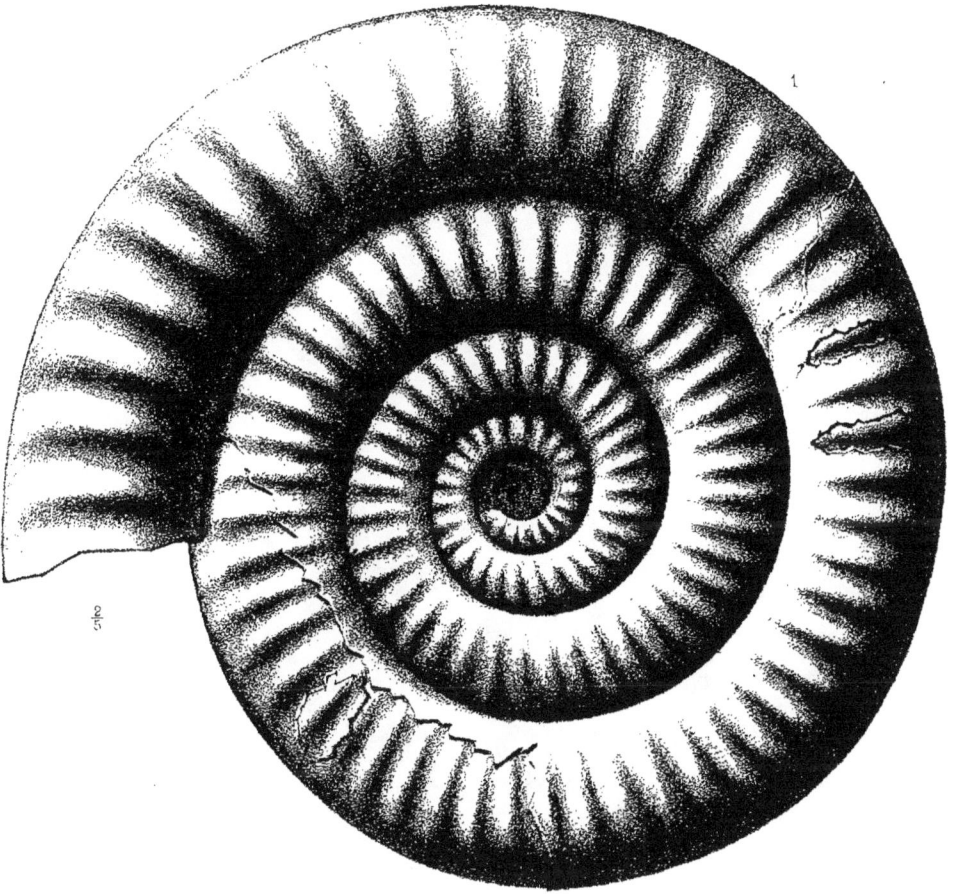

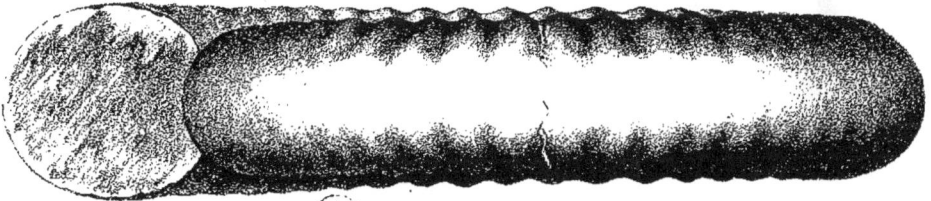

Ad nat.in lap. J. Berard

Lyon Lith.V.e Lépagnez et Fils

PLANCHE XXIII.

Zone de l'*Ammonites oxynotus.*

Fig. 1. 2. **Ammonites Landrioti** (d'Orbigny), de Borgy, vue de côté
et de face, réduite aux 2/3 de la grandeur naturelle,
page 128.

3 à 6. **Ammonites resurgens** (Nov. spec.), page 114.

3. 4. Ammonites resurgens, de Borgy, de grandeur naturelle.

5. 6. La même, petit fragment, aussi de Borgy, grossi
deux fois pour les détails du test.

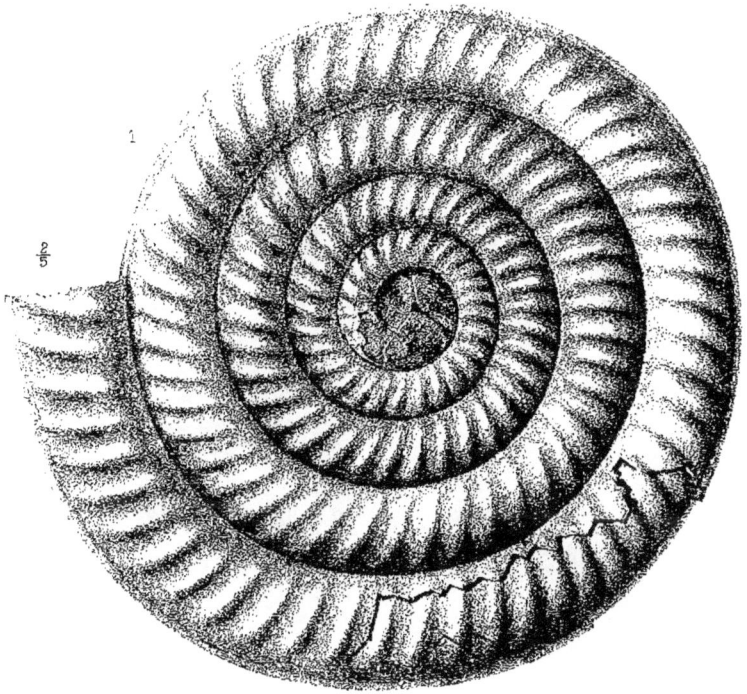

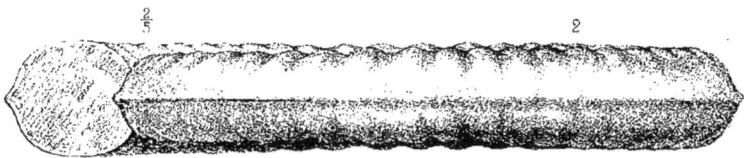

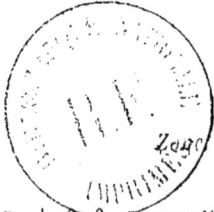

PLANCHE XXIV.

Zone de l'Ammonites oxynotus.

Fig. 1. 2. 3. **Ammonites Sauzeanus** (d'Orbigny), page 132.
    1. 2. Ammonites Sauzeanus, de Borgy, moule intérieur, de gran-
        deur naturelle.
        3. Lobes de la même, de grandeur naturelle.

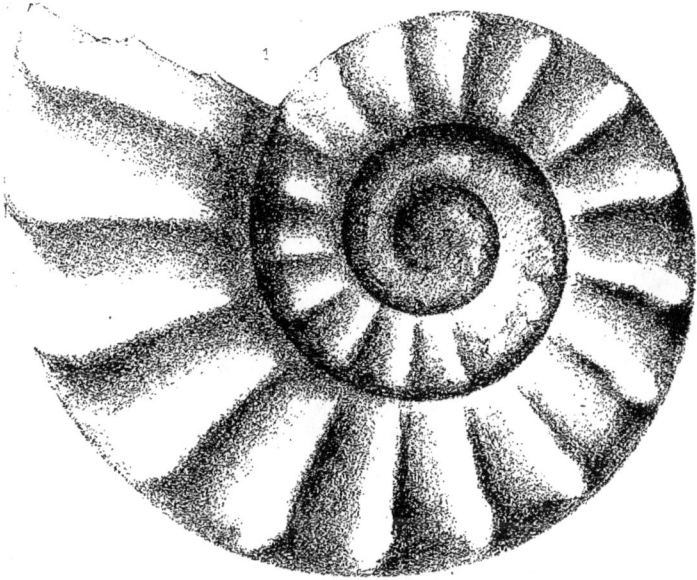

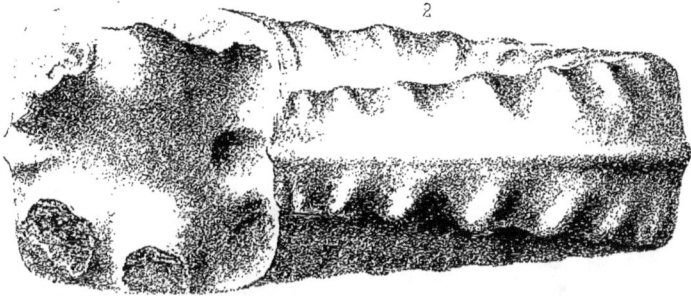

PLANCHE XXV.

Zone de l'*Ammonites oxynotus*.

Fig. 1. 2. 3. **Ammonites planicosta** (Sowerby), page 166.

    1. 2. Ammonites planicosta, de grandeur naturelle.

    3. Lobes.

4 à 7. **Ammonites raricostatus**, page 173.

    4. 5. Ammonites raricostatus, de grandeur naturelle.

    6. 7 Autre exemplaire, de variété à côtes serrées.

8. **Ammonites Cluniacensis** (Nov. spec.), page 148.

    8. Ammonites Cluniacensis, de Lournand, fragment de grandeur naturelle.

    9. Fragment de la même, de Borgy, de grandeur naturelle.

    10. Portion du test, grossi.

11. **Ammonites tamariscinus** (Schloenbach), fragment de Nolay, de grandeur naturelle, page 149.

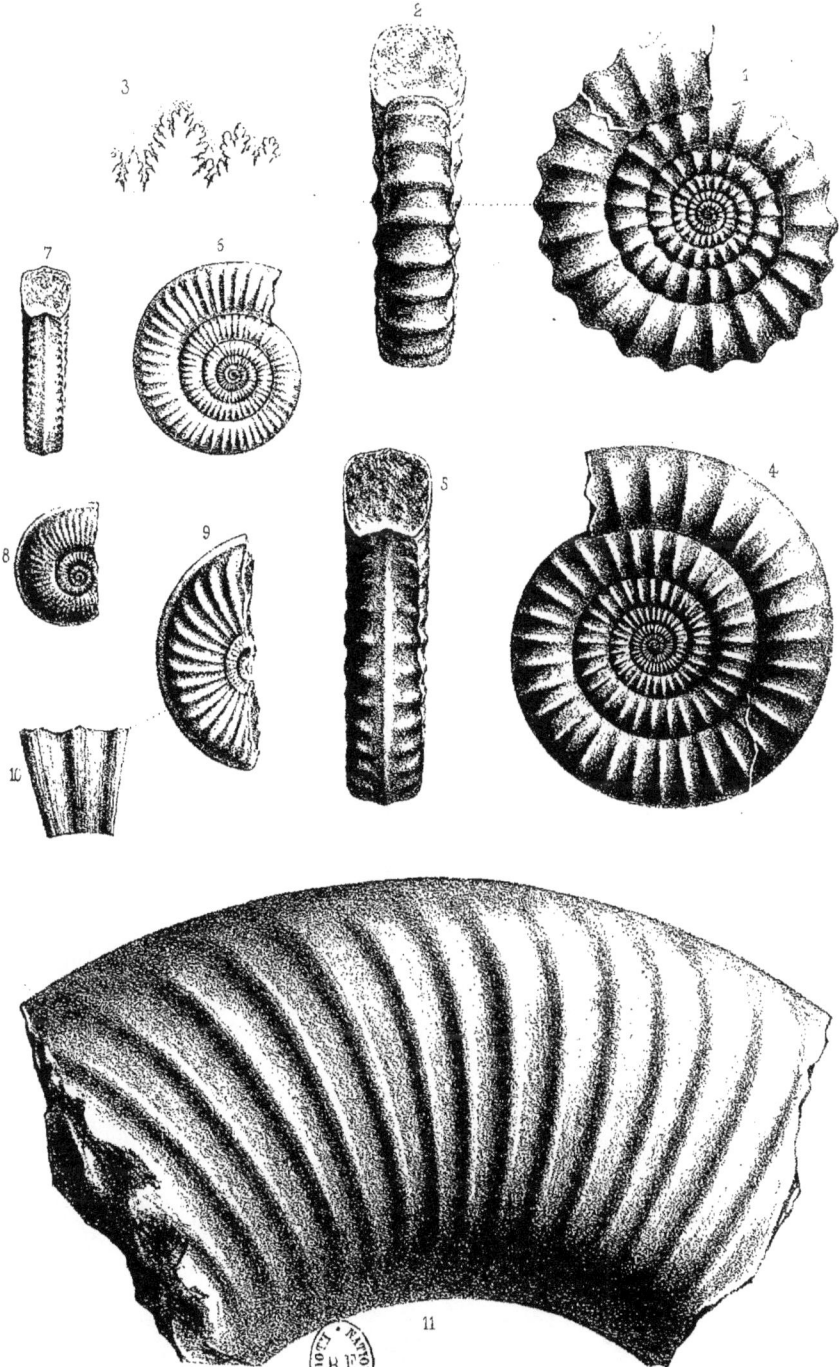

PLANCHE XXVI.

Zone de l'Ammonites oxynotus.

Fig. 1 à 3. **Ammonites Locardi** (Nov. spec.), page 129.

     1. Ammonites Locardi, de Saint-Fortunat, réduite de moitié.

     2. Coupe de la bouche, de grandeur naturelle.

     3. Portion des lobes, de grandeur naturelle.

4. **Ammonites spiratissimus** (Quenstedt), fragment de Limonest, de grandeur naturelle, page 133.

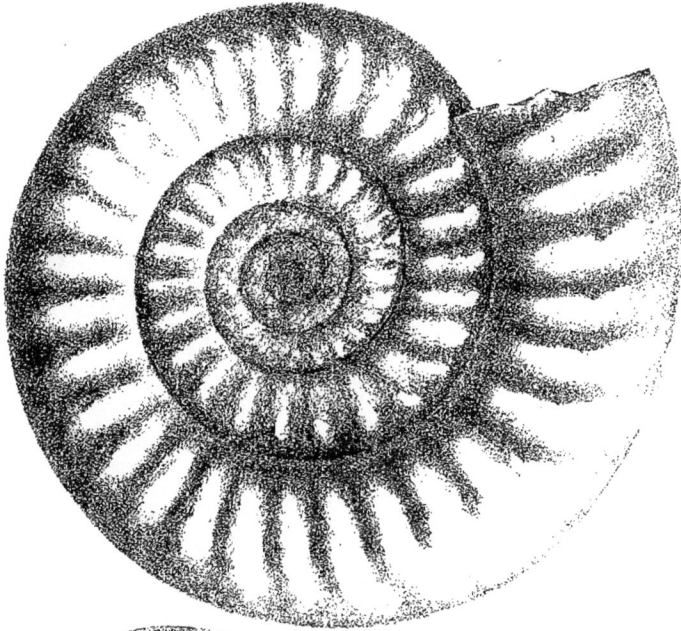

3

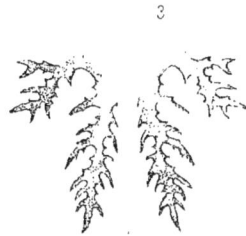

PLANCHE XXVII.

Zone de l'Ammonites oxynotus.

Fig. 1. **Ammonites Aballoensis** (d'Orbigny), de Curgy, vue par côté,
de grandeur naturelle, page 141.
2. La même, vue du côté de la bouche.

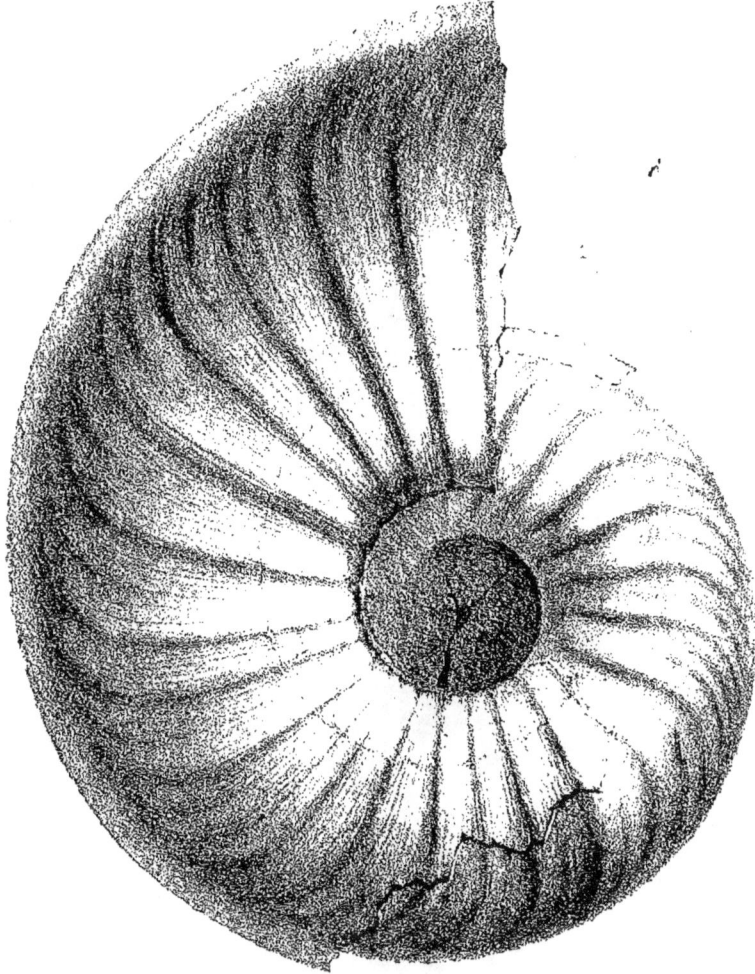

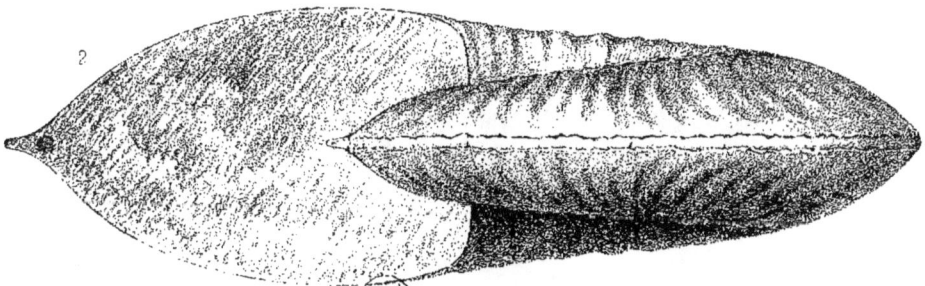

PLANCHE XXVIII.

Zone de l'Ammonites oxynotus.

Fig. 1. Lobes de l'**Ammonites Aballoensis** (d'Orbigny), de grandeur
naturelle, page 141.

2. 3. **Ammonites Bodleyi** (Buckman), de grandeur naturelle,
page 169.

4. 5. 6. **Ammonites altus** (Von Hauer), page 150.

4. 5. Ammonites altus, de Nolay, de grandeur naturelle.

6. Autre exemplaire, de Borgy, de grandeur naturelle.

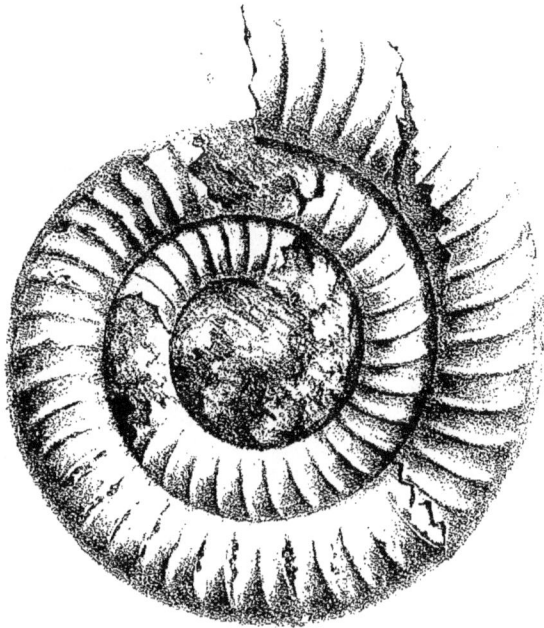

PLANCHE XXIX.

Zone de l'Ammonites oxynotus.

Fig 1. 2. **Ammonites armentalis** (Nov. spec.), de Sarry, de grandeur naturelle, page 162.

3. 4. **Ammonites Nodotianus** (d'Orbigny), page 158.

    3. Fragment d'Ammonites Nodotianus, de Moroges, garni de son test, grossi deux fois.

    4. Bouche de la même, de grandeur naturelle.

5. 6. **Ammonites Pauli**, de Sainte-Hélène, de grandeur naturelle, page 161.

7. 8. Dent de **Sargodon liasicus** (Nov. spec.), page 108.

    7. Dent, vue par dessus, grossie trois fois.

    8. La même, vue de côté.

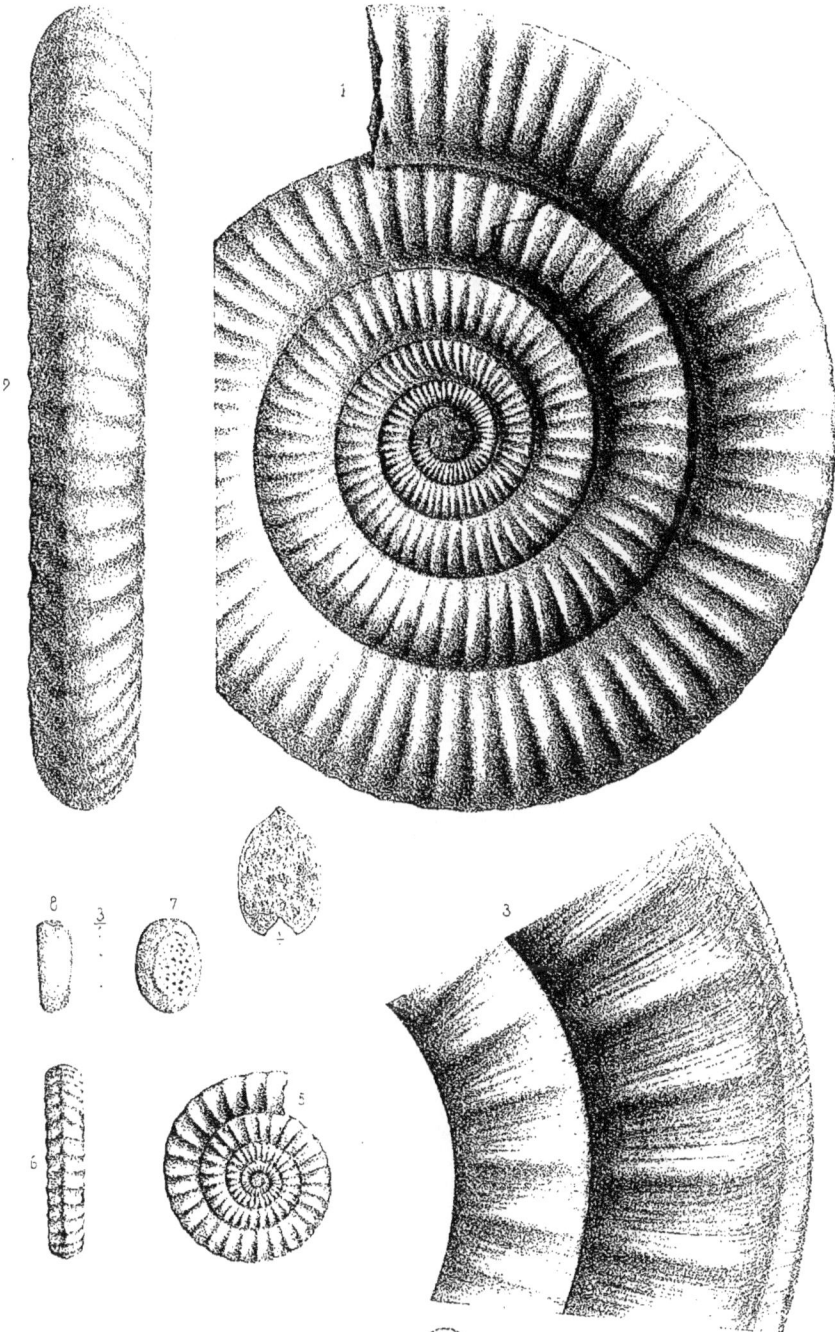

X

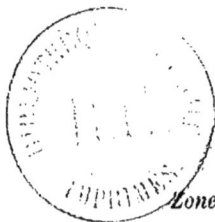

PLANCHE XXX.

Zone de l'Ammonites oxynotus.

Fig. 1. **Ammonites geometricus** (Oppel), de Borgy, variété de très
grande taille, de grandeur naturelle, page 133.

2. Coupe du dernier tour, de la même, de grandeur
naturelle.

3. **Ammonites Oosteri** (Nov. spec.), de Nolay, de grandeur naturelle, page 164.

4. La même, vue de face, du côté de la bouche.

1

4

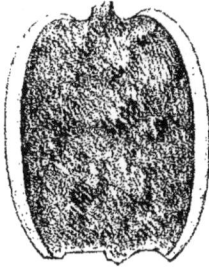

2

3

Lyon, Lith. Vᵉ Lépagnez et Fils.

PLANCHE XXXI.

Zone de l'Ammonites oxynotus.

Fig. 1. Lobes de l'**Ammonites victoris** (Nov. spec.), pris sur un échantillon de Lournand, de grandeur naturelle, page 136.

2. Détails de la surface et des ornements, grossis, pris
sur le même spécimen.

3. 4. 5. **Ammonites tardecrescens** (Von Hauer), page 170.

3. 4. Ammonites tardecrescens, de grandeur naturelle,
de Nolay.

5. Lobes, grossis deux fois.

6. 7. 8. **Ammonites jejunus** (Nov. spec.), fragment de Limonest, vu de trois côtés différents, de grandeur naturelle, page 156.

9 à 13. **Ammonites viticola** (Nov. spec.), page 171.

9. Ammonites viticola, de grandeur naturelle, variété à
côtes obliques, très-rare, de Sainte-Hélène.

10. Coupe de la bouche, de la même.

11. Lobes, de la même, grandeur naturelle.

12. Autre échantillon, de grandeur naturelle, variété
commune, aussi de Sainte-Hélène.

13. Bouche de la même.

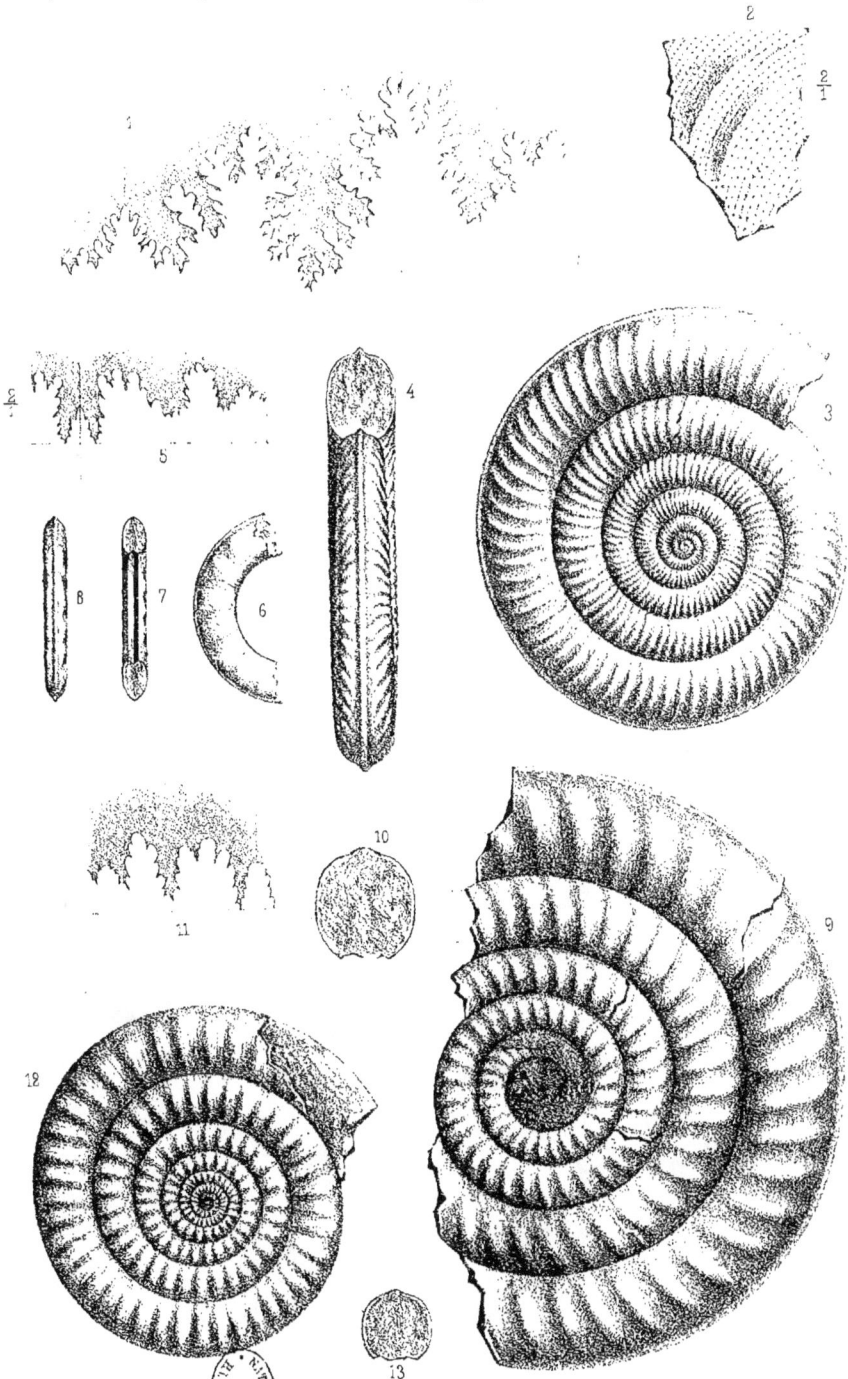

PLANCHE XXXII.

Zone de l'Ammonites oxynotus.

Fig. 1. **Ammonites salisburgensis** (Von Hauer), de Moroges, de grandeur naturelle, page 153.

2. La même, vue de face, du côté de la bouche; le
dernier tour, soit la partie non cloisonnée, manque.

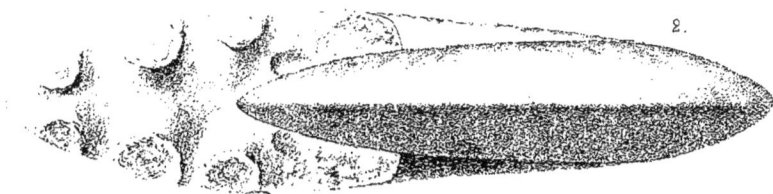

PLANCHE XXXIII.

Zone de l'Ammonites oxynotus.

Fig. 1 à 5. **Ammonites oxynotus** (Quenstedt), page 143.

1. Ammonites oxynotus, de Lournand, de grandeur naturelle.

2. Autre, de Sainte-Hélène, de grandeur naturelle, variété avec large ombilic.

3. Autre, de petite taille, de Jambles.

4. Coupe d'un exemplaire, de Jambles, à tours renflés, de grandeur naturelle.

5. Lobes de l'Ammonites oxynotus, de grandeur naturelle, pris sur un très-grand exemplaire de Saint-Fortunat.

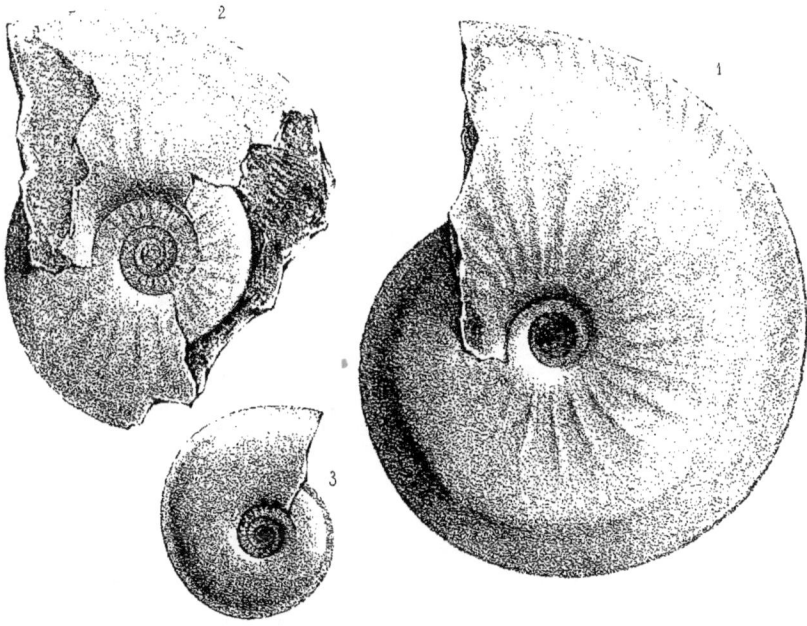

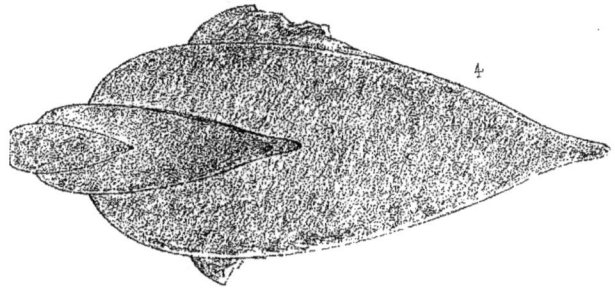

PLANCHE XXXIV.

Zone de l'Ammonites oxynotus.

Fig. 1. 2. **Ammonites Buvignori** (d'Orbigny), de Lournand, de grandeur naturelle, page 147.

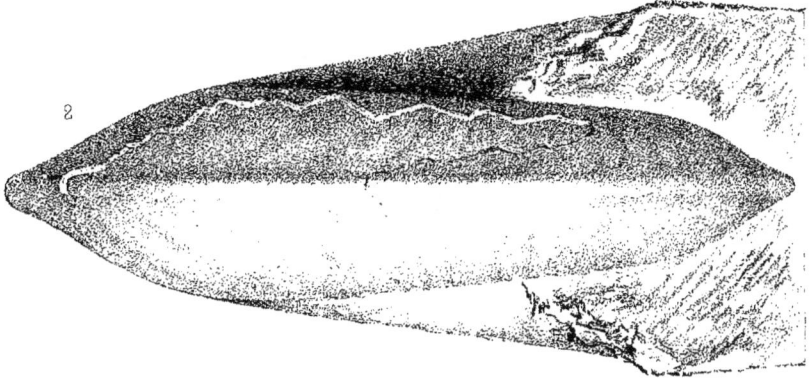

PLANCHE XXXV.

Fig. 1. 2. **Ammonites Oppeli** (U. Schloenbach), de Jambles, de grandeur naturelle, page 125.

Espèce du lias moyen placée ici par erreur, sera décrite dans la troisième partie.

Zone de l'Ammonites oxynotus.

Fig. 3 à 6. **Ammonites stellaris** (Sowerby), page 123.

3. Ammonites stellaris, jeune, de Jambles, de grandeur naturelle.

4. La même, de Jambles, de grandeur naturelle; variété à côtes arquées, munie de son test.

5. Coupe de la bouche.

6. Coupe de la bouche d'un autre exemplaire, de Nolay, avec très-grosse quille.

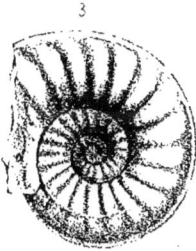

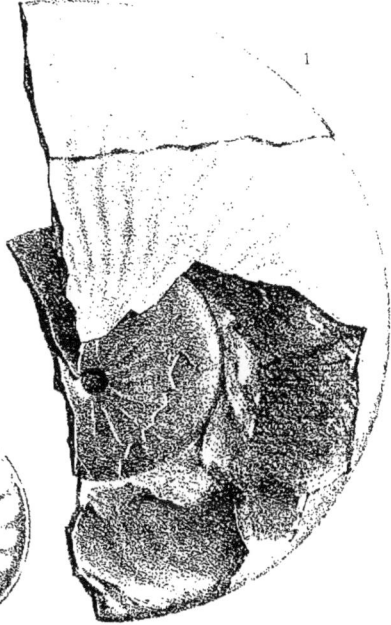

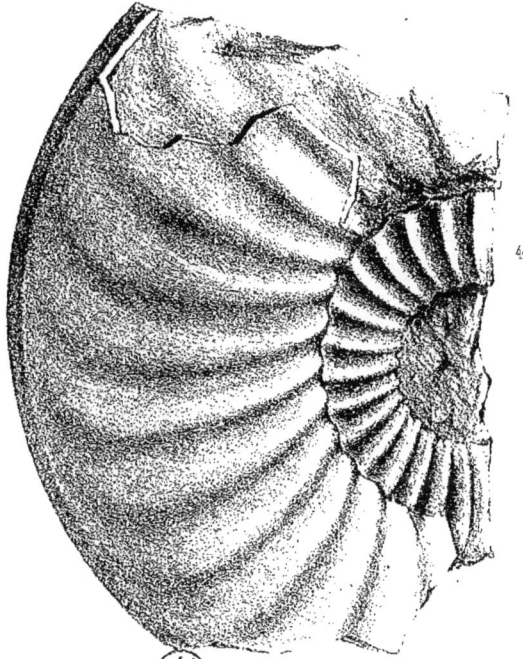

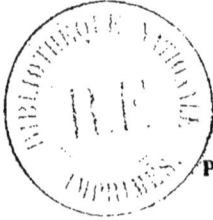

PLANCHE XXXVl.

Fig. 1. 2. **Ammonites Oppeli** (U. Schloenbach), de Lournand, réduite
aux 3/4 de la grandeur naturelle, page 125.
Ammonite du lias moyen, placée ici par erreur,
sera décrite dans la troisième partie.

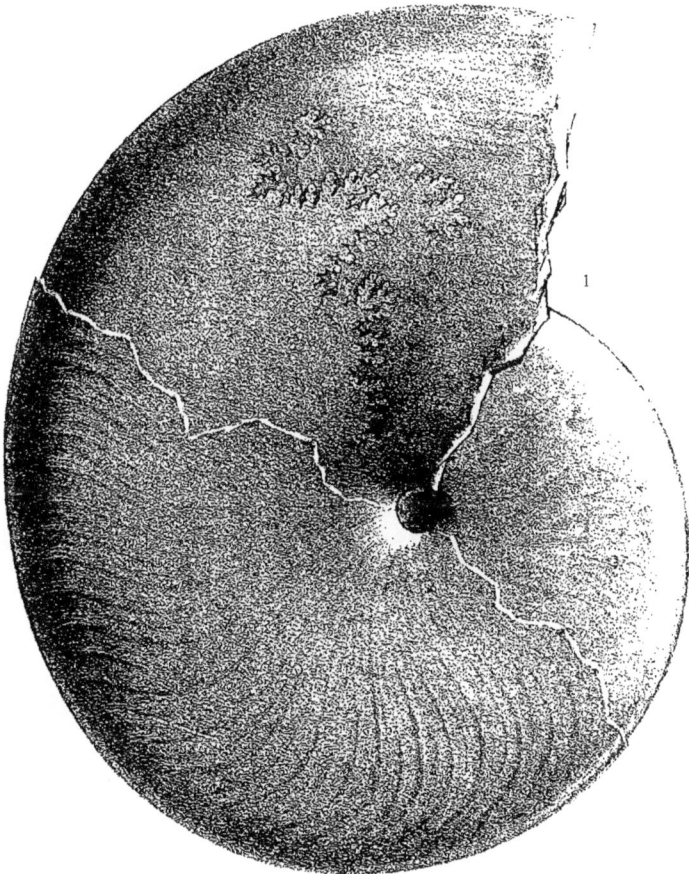

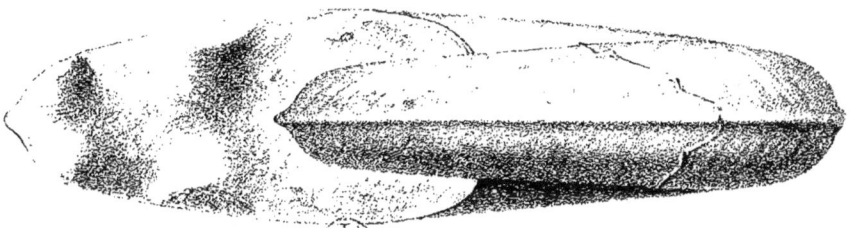

PLANCHE XXXVII.

Zone de l'Ammonites Oxynotus.

Fig. 1 à 6 **Ammonites Driani** (Nov. spec.), page 151.

     1. 2. Ammonites Driani, de Nolay, réduite aux 3/5 de la grandeur naturelle, vue de face et de profil.

     3. 4. La même, de Sainte-Hélène, de grandeur naturelle.

     5. 6. La même, aussi de Sainte-Hélène.

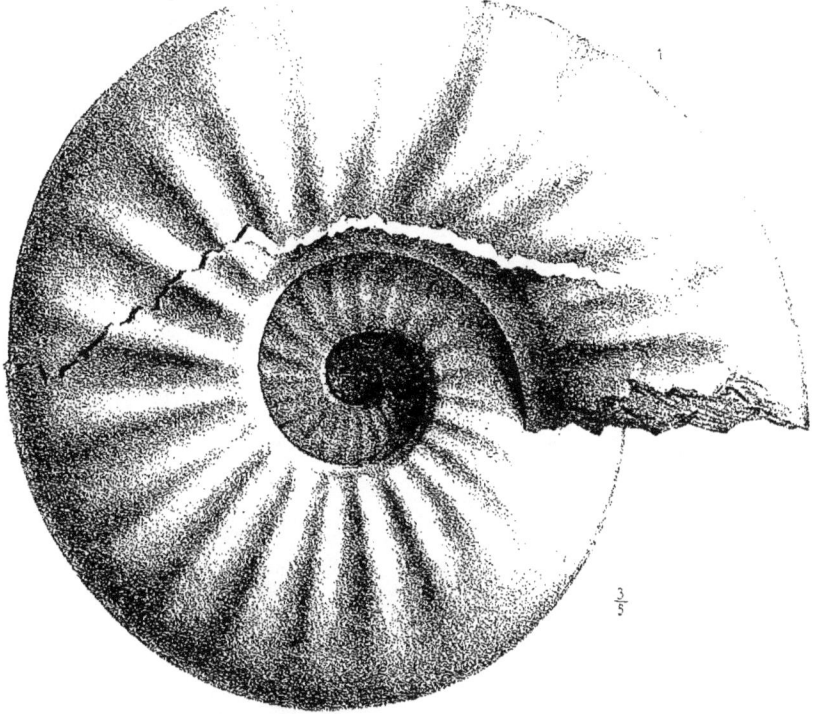

1

$\frac{3}{5}$

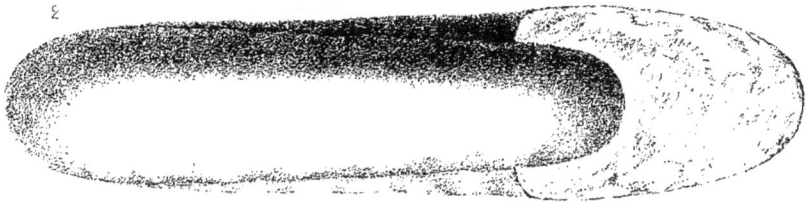

3

4

6

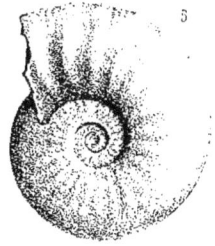

5

PLANCHE XXXVIII.

Zone de l'Ammonites oxynotus.

Fig. 1. 2. 3. **Ammonites Aballoensis** (d'Orbigny), page 141.

  1. 2. Ammonites Aballoensis, moule de Saint-Fortunat, de grandeur naturelle.

  3. Lobes du même échantillon, de grandeur naturelle.

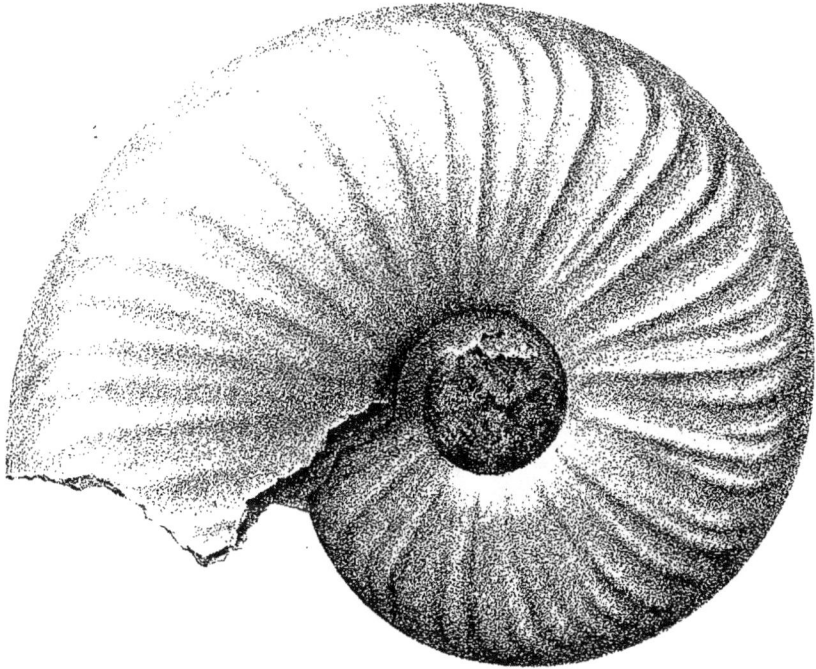

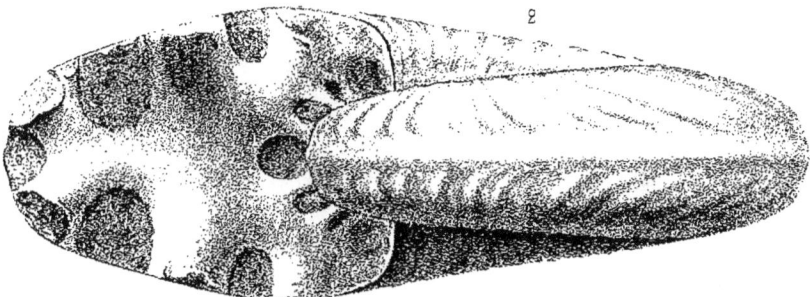

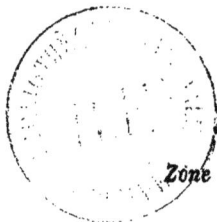

PLANCHE XXXIX.

Zone de l'Ammonites oxynotus.

Fig. 1. **Ammonites Boucaultianus** (d'Orbigny), fragment de grandeur naturelle, de Jambles, page 138.

2. Ammonites Boucaultianus, partie supérieure du même fragment, coupe de grandeur naturelle.

3. 4. **Ammonites Edmundi** (Nov. spec.), de Nolay, de grandeur naturelle, page 163.

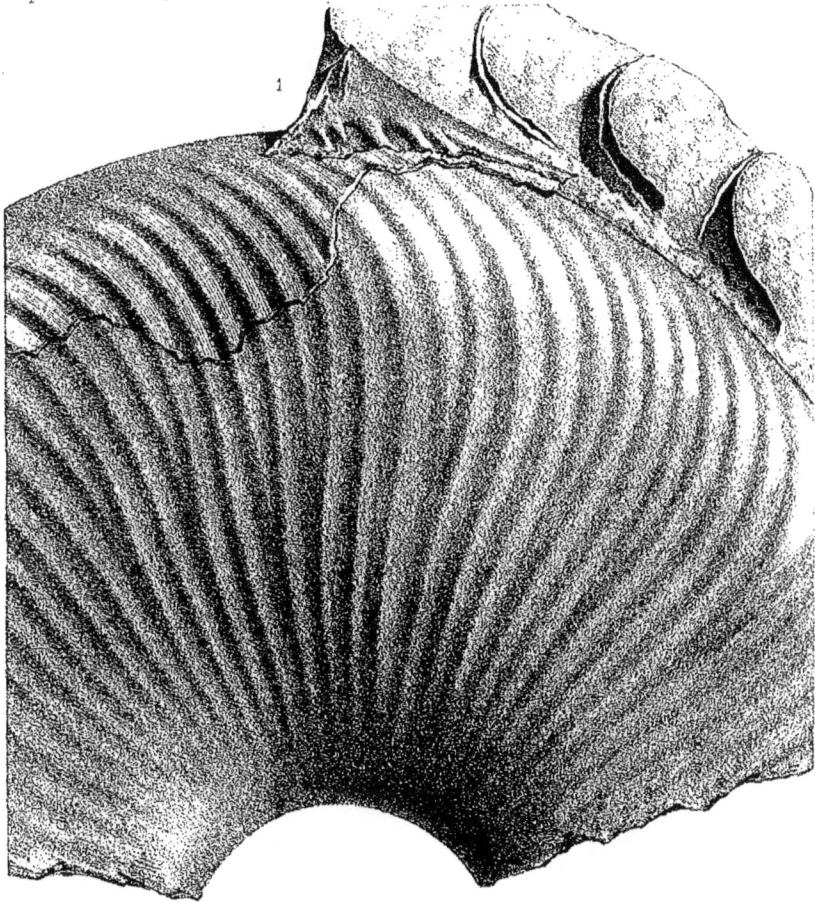

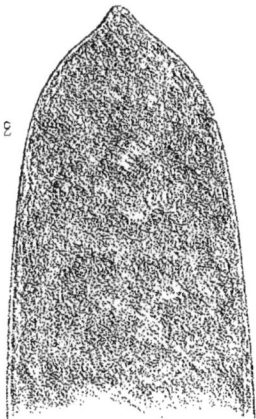

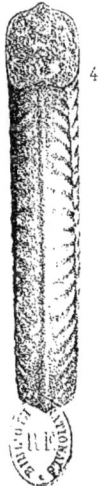

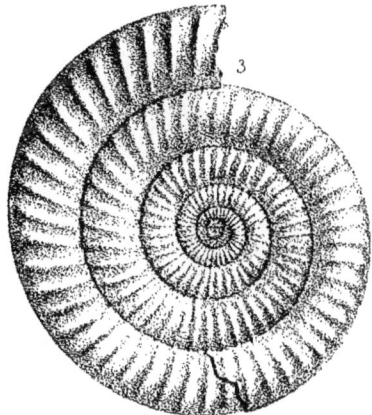

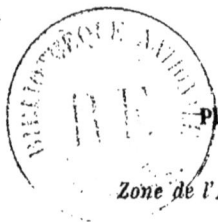

PLANCHE XL.

Zone de l'Ammonites oxynotus.

Fig. 1. **Ammonites Aballoensis** (d'Orbigny), fragment d'un exemplaire avec le test, de Saint-Fortunat, de grandeur
naturelle, page 141.

2. 3. 4. **Ammonites Sœmanni** (Nov. spec.), page 154.

    2. 3. Ammonites Sœmanni, de Saint-Fortunat, de gran-
deur naturelle.

    4. Lobes de la même, grossis deux fois.

5. à 8. **Ammonites vellicatus** (Nov. spec.), page 175.

    5. 6. Ammonites vellicatus, de Saint-Fortunat, de gran-
deur naturelle.

    7. 8. Autre exemplaire, fragment de la même localité.

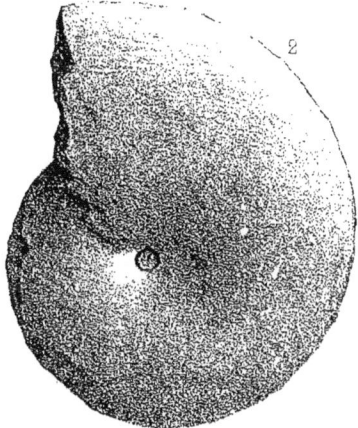

Zone de l'Ammonites oxynotus.

Fig. 1. 2. **Ammonites Birchi** (Sowerby), de Dracy-sur-Couches, variété déprimée, réduite de moitié, page 130.

3 à 5. **Ammonites Sauzeanus** (d'Orbigny), page 132.

3. Ammonites Sauzeanus, fragment de Saint-Fortunat, variété comprimée, vu de côté, de grandeur naturelle.

4. Le même fragment, vu par le dos.

5. Coupe du même fragment.

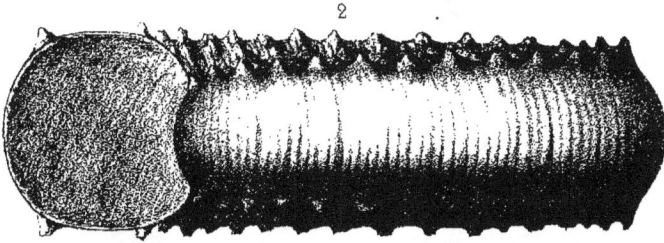

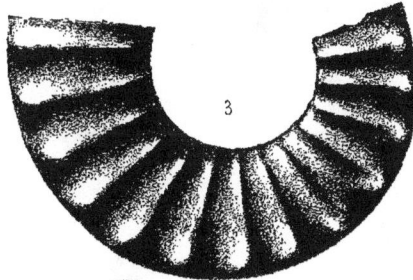

Ad.nat on. imp. J. Berard. Lyon, Lith.Vᵉ Lépagnez et Fils.

PLANCHE XLII.

Zone de l'Ammonites oxynotus.

Fig. 1. 2. **Ammonites Victoris** (Nov. spec.), de Nolay, figure réduite aux 3/4, vue de profil et de face, page 136.

3. Lobes de l'**Ammonites Bonnardi** (d'Orbigny), de Nolay, pris sur une coquille de 80 millim. de diamètre, grossis deux fois, page 157.

1

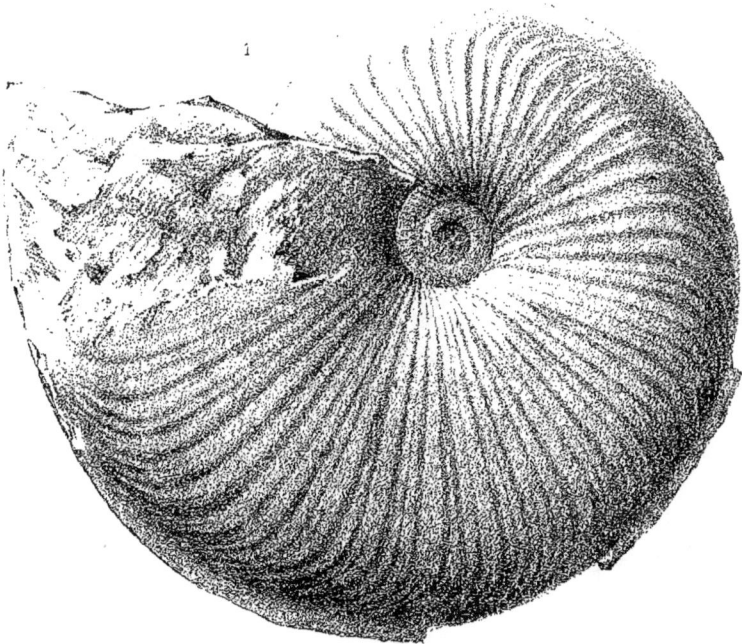

2

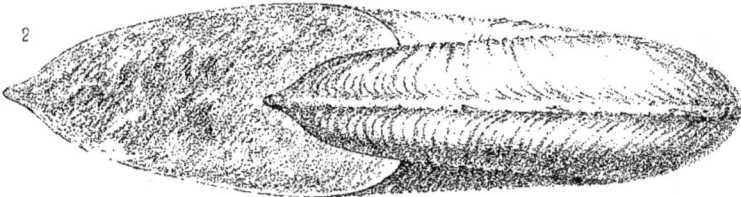

Ad nat. in lap .I. Bérard　　　　　　　　　Lyon, Lith V.ᵉ Lépagnez et Fils.

PLANCHE XLIII

Zone de l'Ammonites oxynotus.

Fig. 1. 2. **Ammonites sœmanni** (Nov. spec.), fragment de Saint-
Christophe, de grandeur naturelle, vu de côté et
de face, page 154.

3. **Ammonites Œduensis** (Desplaces de Charmasse), lobes grossis
deux fois, pris sur un échantillon de Saint-Christophe, page 126.

4 à 6. **Ammonites Pellati** (Nov. spec.), page 159.

4. Ammonites Pellati, de Borgy, de grandeur naturelle.

5. La même, vue de côté de la bouche.

5. Fragment de la même, vu par le dos et fortement
grossi pour montrer les détails du test.

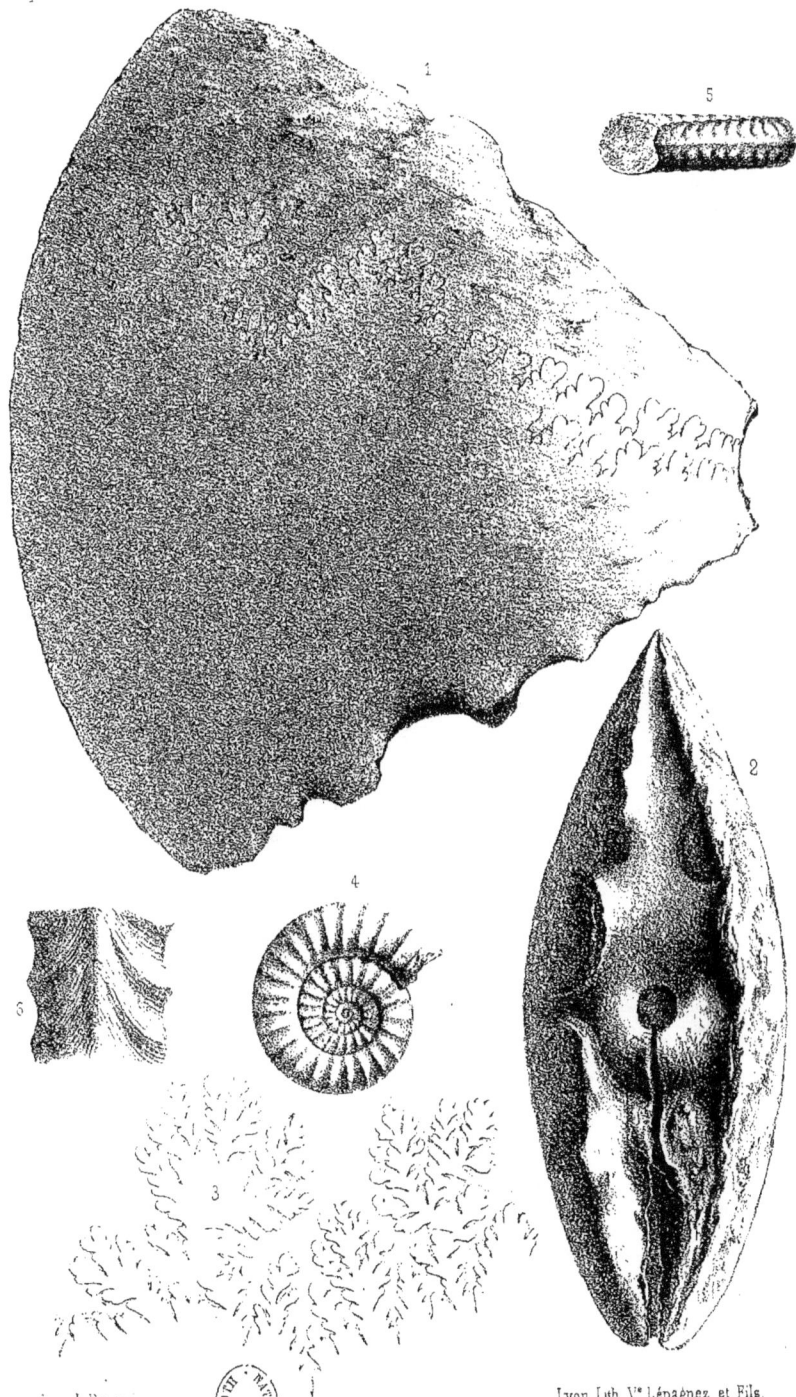

PLANCHE XLIV.

Zone de l'Ammonites oxynotus.

Fig. 1. **Pleurotomaria gigas** (E. Deslongchamps), de Saint-Fortunat, de grandeur naturelle, page 192.

2. **Pleurotomaria Charmassei** (Nov. spec.), de Sivry, de grandeur naturelle, page 195.

3. Le même, vu par dessus.

4 à 6. **Pleuromya Galatea** (Agassiz), page 199.

4. Pleuromya Galatea, de Lagnieu, de grandeur naturelle.

5. La même, vue du côté des crochets.

6. La même, vue du côté antérieur.

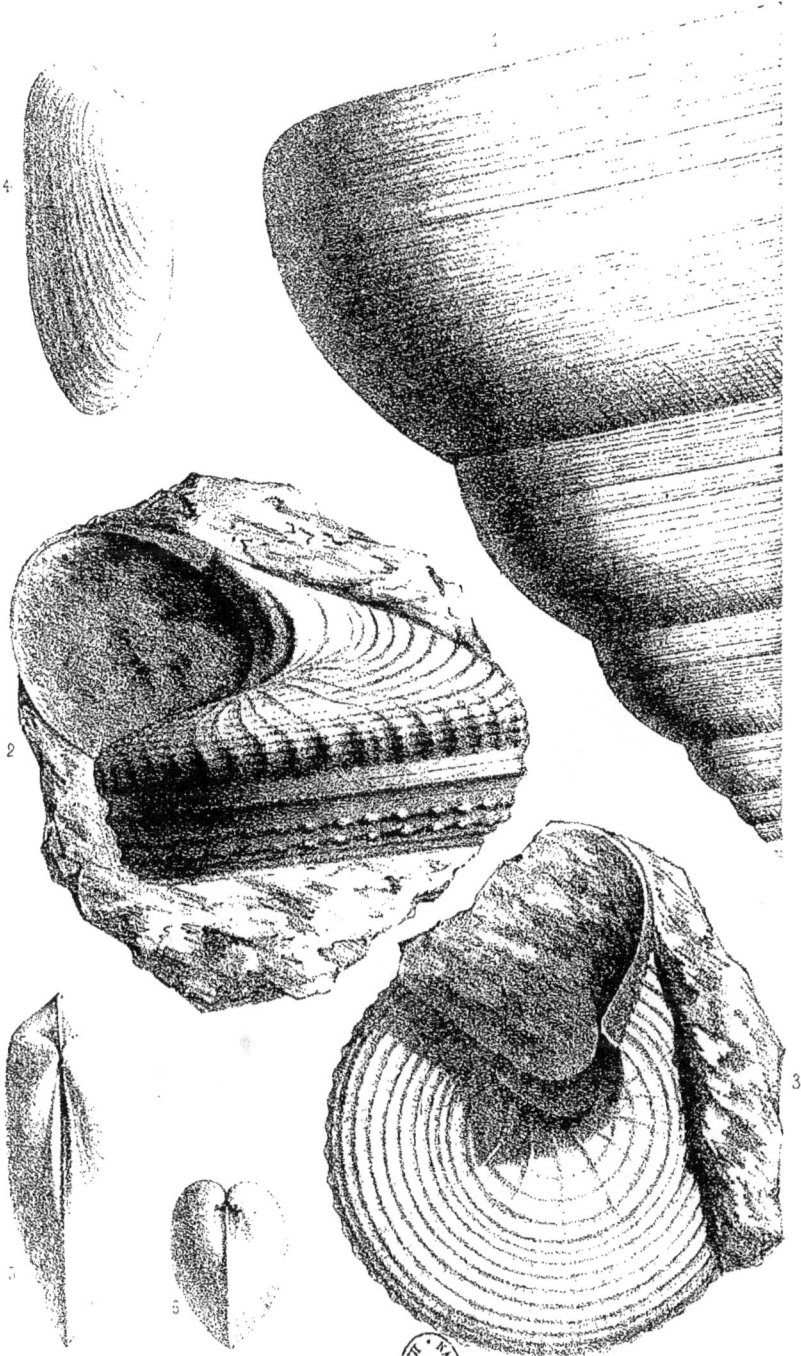

Imp. Lith. Vᵉ Lépagnez et Fils

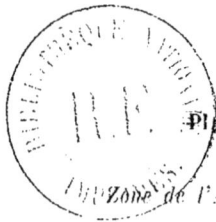

PLANCHE XLV.

Zone de l'Ammonites oxynotus.

Fig. 1. **Phasianella Œduensis** (Nov. spec.), de Lournand, grossie deux fois, page, 185.

2. **Chemnitzia Berthaudi** (Nov. spec.), de Péronne, grossie quatre fois, page 184.

3. **Turritella intermedia** (Terquem et Piette), moule de Nolay, de grandeur naturelle, 183.

4. 5. **Chemnitzia Noguesi** (Nov. spec.), de Nolay, de grandeur naturelle et grossie, page 183.

6. **Cerithium Ogerieni** (Nov. spec.), de Pannessières, grossi trois fois, page 198.

7. 8. **Turbo tiro** (Nov. spec.), de Borgy, grossi trois fois, page 191.

9. 10. **Turbo Chantrei** (Nov. spec.), de Lournand, grossi cinq fois, page 188.

11. **Trochus optio** (Nov. spec.), de Nolay, grossi trois fois, page 186.

12. **Turbo strophium** (N. sp.), de Borgy, grossi quatre fois, p. 190.

13. 14. 15. **Turbo Piatoni** (Nov. spec.), de Borgy, grossi quatre fois, page 189.

16. 17. **Trochus calcarius** (Nov. spec.), de Pouilly, grossi quatre fois, page 186.

18. 19. 20. **Pleurotomaria Humberti** (Nov. spec.), page 196.

    18. Pleurotomaria Humberti, de Saint-Fortunat, de grandeur naturelle.

    19. Profil de la bande du sinus, un peu grossi.

    20. Bande du sinus, un peu grossie.

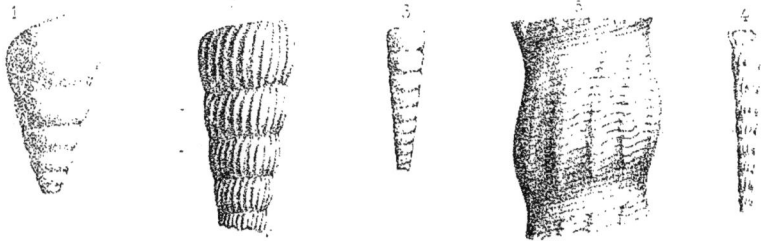

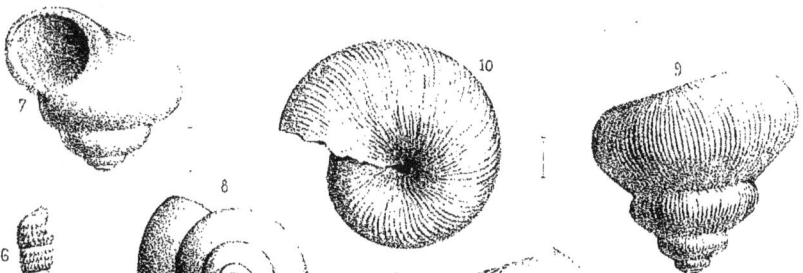

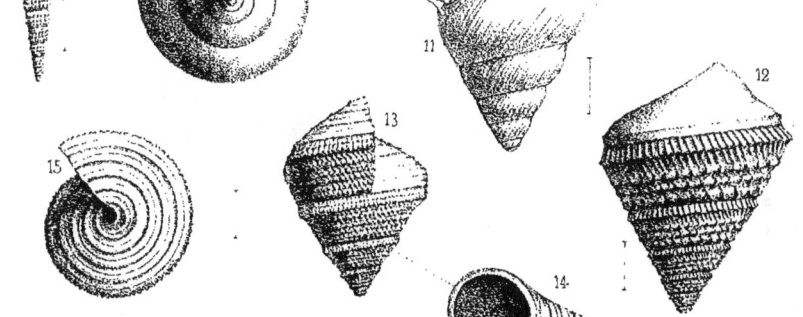

Ad nat in lap J Berard   Lyon, Lith Vᵉ Lépagnez et Fils.

PLANCHE XLVI.

Zone de l'Ammonites oxynotus.

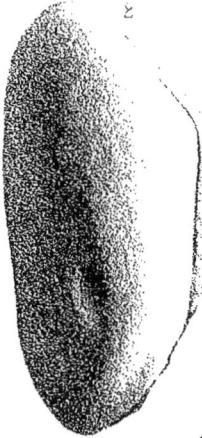

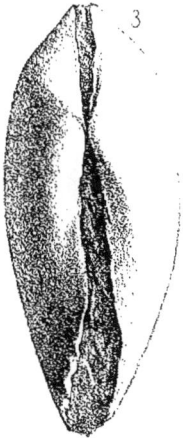

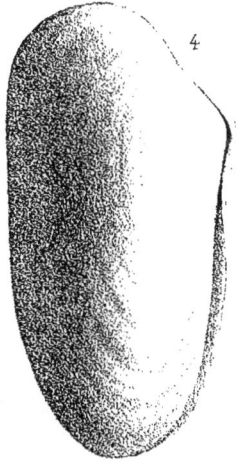

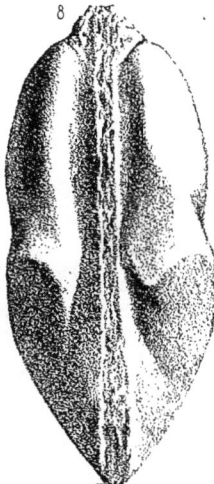

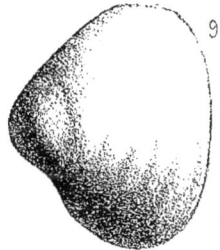

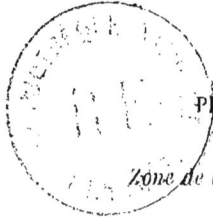

PLANCHE XLVII

Zone de l'Ammonites oxynotus.

Fig. 1. **Cardinia philea** (d'Orbigny), moule de Saint-Christophe, de grandeur naturelle, page 206.

2. 3. **Cardinia concinna** (Sowerby, spec.), page 207.

    2 Cardinia concinna, valve de Nolay, de grandeur naturelle, vue par l'intérieur.

    Le contour de la coquille est faux; il doit aller jusqu'au trait indiqué.

    3. La même, vue de profil.

4. 5. **Myoconcha oxynoti** (Quenstedt), page 210.

    4. Myoconcha oxynoti, moule de Saint-Fortunat, de grandeur naturelle, fragment.

    5. Le même, vu du côté des crochets.

6. 7. **Lima succincta** (Schlotheim, spec.), page 212.

    6. Lima succincta, de Saint-Fortunat, de grandeur naturelle.

    7. Portion du test, grossi.

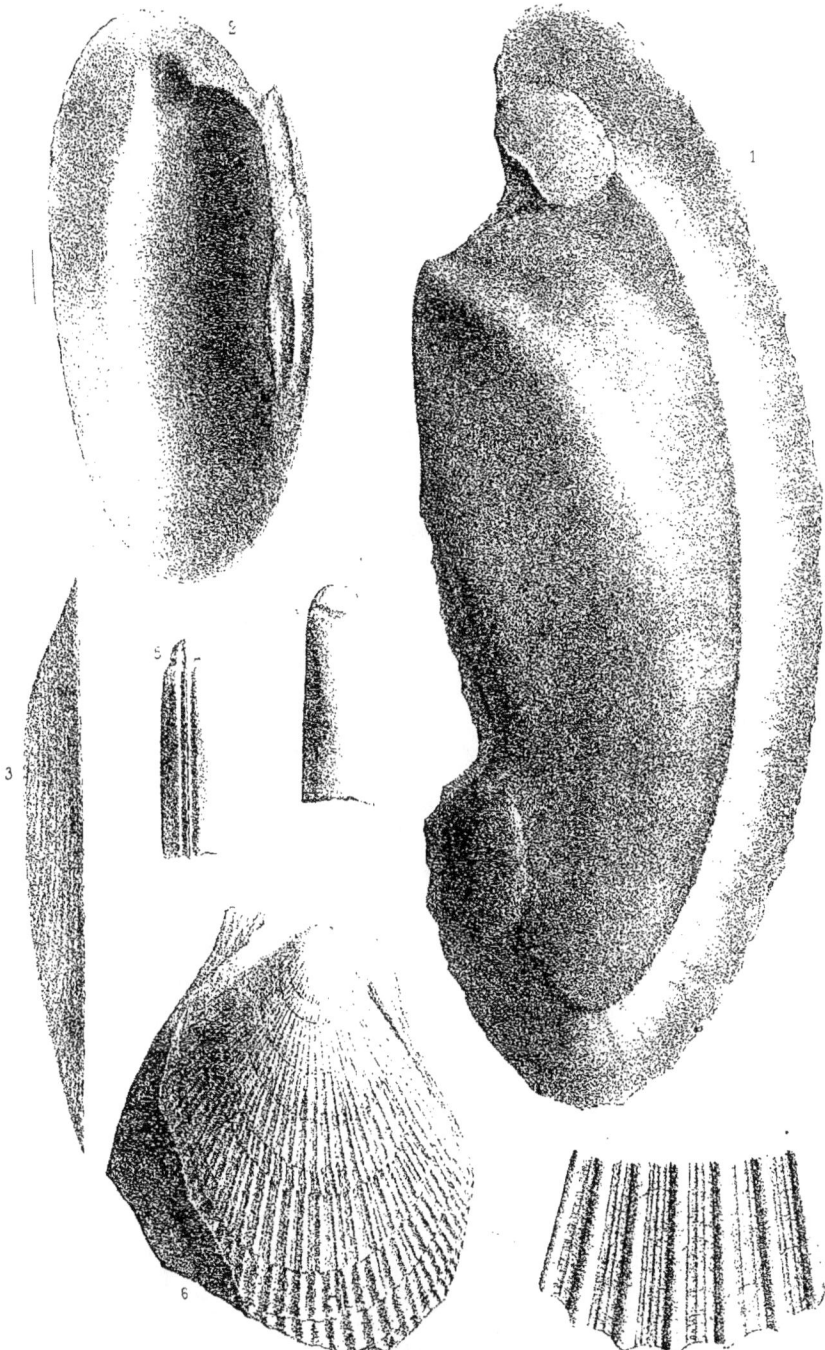

PLANCHE XLVIII.

Zone de l'Ammonites oxynotus.

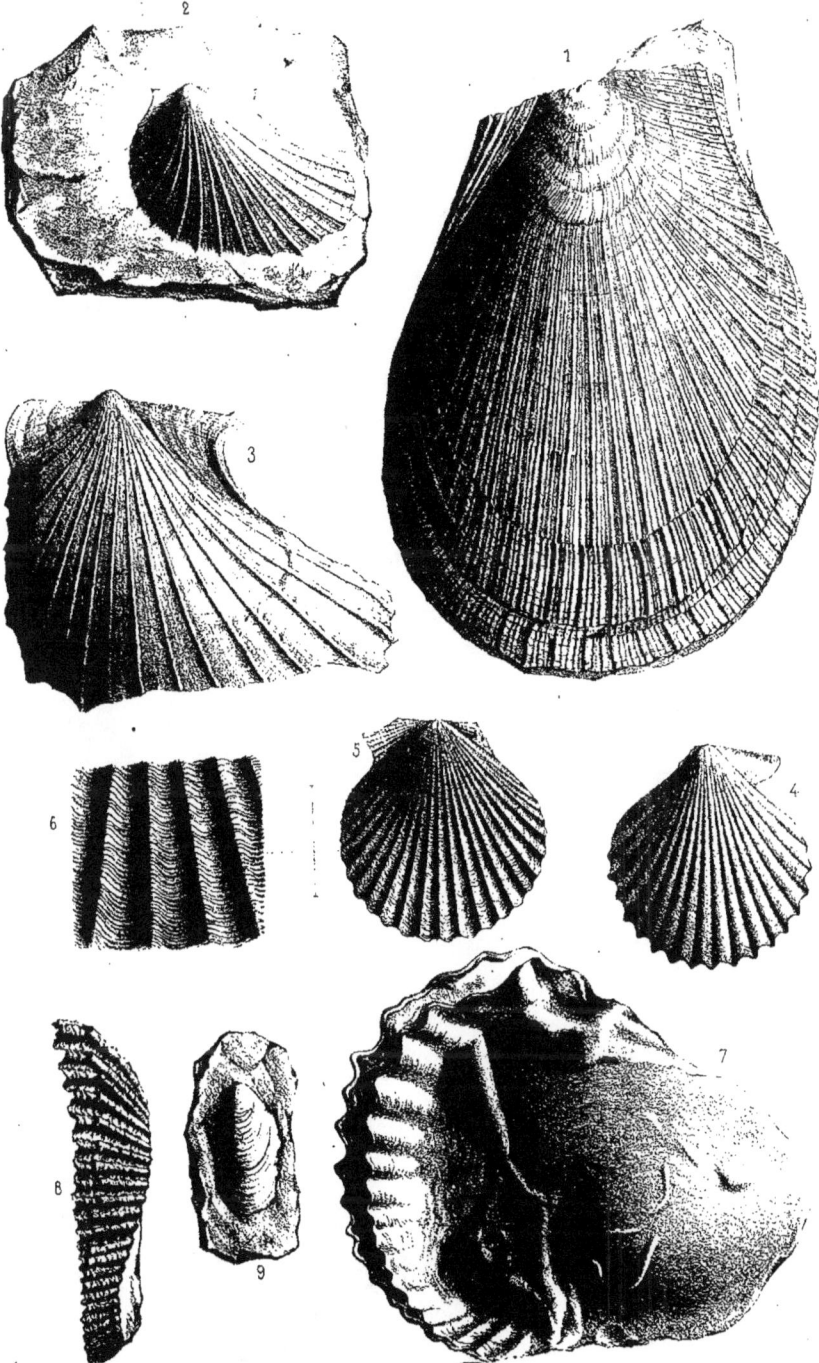

PLANCHE XLIX.

Zone de l'Ammonites oxynotus.

Fig. 1. 2. 3. **Ostrea irregularis** (Münster in Goldfuss), page 223.

    1. Ostrea irregularis, de Saint-Fortunat, de grandeur naturelle, bivalve, vue par desssus.

    2. La même, de Génelard, vue par côté.

    3. La même, intérieur de la grande valve.

4. **Terebratula Sinemuriensis** (Oppel), de Saint-Fortunat, de grandeur naturelle, page 226.

5. 6. 7. **Harpax nitidus** (Nov. spec.), page 219.

    5. 6. Harpax nitidus, de Sarry, de grandeur naturelle, vu par dessus et de côté.

    7. Le même, de Sarry, vu par dessous. Autre exemplaire de grandeur naturelle.

8. 9. 10. **Rhynchonella variabilis** (Schlotheim), de Saint-Fortunat, variété extrême, de grandeur naturelle, vue de trois côtés, page 230.

11. 12. **Terebratula cor** (Lamarck), page 225.

    11. Terebratula cor, de Borgy, forme extrême, de grandeur naturelle.

    12. La même, échantillon de Saint-Denis-de-Vaux, forme extrême, de grandeur naturelle.

13. 14. **Anomya striatula** (Oppel), page 224.

    13. Anomya striatula, de la Meillerie, de grandeur naturelle.

    14. Grossissement d'une portion du test.

15. 16. **Spiriferina Hartmanni** (Zieten, spec.), page 228.

    15. Spiriferina Hartmanni, de Saint-Fortunat, de grandeur naturelle.

    16. Grossissement d'une partie de la même.

17. **Spiriferina rostrata** (Schlotheim, spec.), de Saint-Fortunat, de grandeur naturelle, page 227.

18. 19. **Serpula quinquesulcata** (Münster in Goldfuss), page 231.

    18. Serpula quinquesulcata, de Saint-Fortunat, grossi quatre fois. 19. Coupe en travers de la même.

20. **Serpula composita** (Nov. spec.), de Pouilly, de grandeur naturelle, page 232.

21. **Serpula Etalensis** (Piette, spec.), de Drevain, grossie, p. 230.

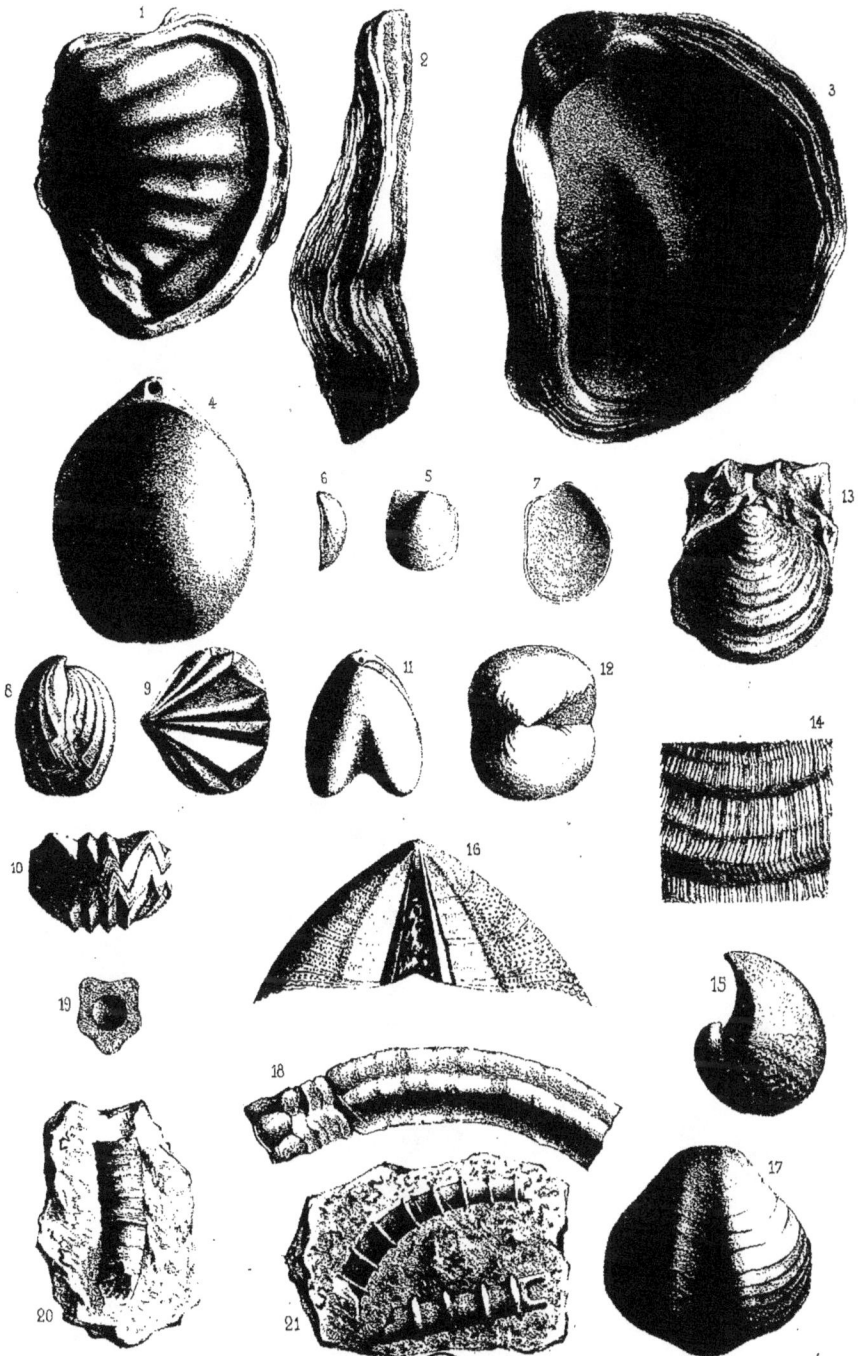

PLANCHE L.

Zone de l'Ammonites oxynotus.

Fig. 1. 2. **Eryma Jourdani** (Nov. spec.), page 237.

    1. Eryma Jourdani, de Saint-Fortunat, fragment de grandeur naturelle, vu par côté.

    2. Le même, vu par dessus.

3. 4. **Serpula Etalensis**, fragment de Nolay, de grandeur naturelle et grossi, page 230.

5. **Cidaris.** Fragment de radiole de cidaris, de Buges, grossi deux fois, page 236.

6. **Talpina mandarini** (Nov. spec.), fragment de Saint-Fortunat, grossi deux fois, page 233.

7. 8. **Neuropora hispida** (Terquem et Piette), page 236.

    7. Neuropora hispida, de Nolay, de grandeur naturelle.

    8. Portion du même, grossi.

9 à 13. **Pentacrinus tuberculatus** (Miller), page 233.

    9. Pentacrinus tuberculatus, tige de Pommiers, de grandeur naturelle.

    10. 11. Surface articulaire, du même, grossie deux fois.

    12. Tige de Borgy, de grandeur naturelle.

    13. Tige de Saint-Fortunat, de grandeur naturelle.

14. 15. **Pentacrinus subsulcatus** (Münster in Goldfuss), p. 234.

    14. Pentacrinus subsulcatus, tige de Saint-Fortunat, grossie deux fois.

    15. Surface articulaire, grossie quatre fois.

16. **Pentacrinus moniliferus** (Münster in Goldfuss), tige de Borgy, grossie quatre fois, page 235.

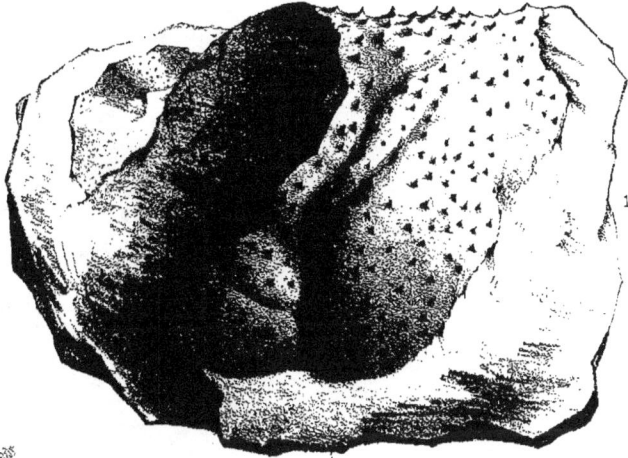

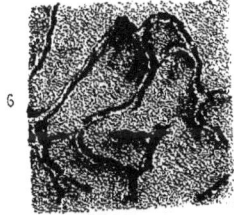

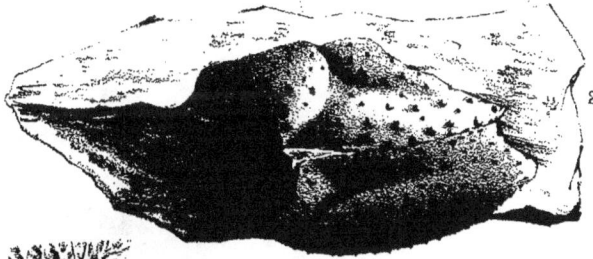

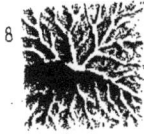

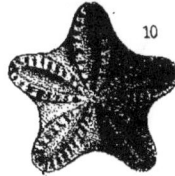

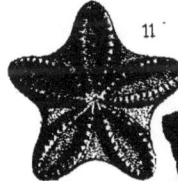

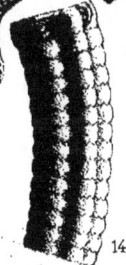

www.ingramcontent.com/pod-product-compliance
Lightning Source LLC
Chambersburg PA
CBHW060516220326
41599CB00022B/3349